"十三五"江苏省高等学校重点教材

高等学校计算机类专业课改系列教材

嵌入式 Linux 编程

主　编　孙成富　赵建洋

副主编　寇海洲　单劲松　陈礼青　邵鹤帅

西安电子科技大学出版社

内 容 简 介

本书主要介绍嵌入式 Linux 系统开发所涉及的相关知识，书中既包括基础知识，又给出翔实的案例讲解，旨在帮助读者全面、深入地掌握嵌入式 Linux 软硬件系统开发的技能。

本书共 9 章，可分为四大部分，即嵌入式 Linux 开发基础、嵌入式 Linux 系统移植、嵌入式 Linux 驱动程序开发和物联网网关项目实战。在开发基础部分主要讲述 Linux 基本命令、Shell 编程、常用开发工具(GCC、GDB 和 make)、Linux 进程和线程；系统移植部分主要讲解 u-boot 引导程序移植、Linux 内核移植以及根文件系统移植；驱动程序开发部分主要讲述内核模块、字符设备驱动、平台设备驱动以及设备树；物联网网关项目实战部分则结合理论知识和工程实践技能主要讲解一个物联网网关设计过程。

本书内容丰富，案例典型，可作为高等院校计算机、自动化、软件工程、网络工程、电子信息、物联网等相关专业高年级本科生、研究生学习嵌入式 Linux 开发课程的教材和实践类课程的教学参考书，也可供有志于从事嵌入式系统开发的科研和工程技术人员参考。

图书在版编目(CIP)数据

嵌入式 Linux 编程 / 孙成富，赵建洋主编. --西安：西安电子科技大学出版社，2023.7(2024.1 重印)
ISBN 978-7-5606-6917-5

Ⅰ. ①嵌…　Ⅱ. ①孙…　②赵…　Ⅲ. ①Linux 操作系统—程序设计　Ⅳ. ①TP316.85

中国国家版本馆 CIP 数据核字(2023)第 111975 号

策　　划　高樱
责任编辑　高樱
出版发行　西安电子科技大学出版社(西安市太白南路 2 号)
电　　话　(029)88202421　88201467　　邮　　编　710071
网　　址　www.xduph.com　　电子邮箱　xdupfxb001@163.com
经　　销　新华书店
印刷单位　陕西天意印务有限责任公司
版　　次　2023 年 7 月第 1 版　2024 年 1 月第 2 次印刷
开　　本　787 毫米×1092 毫米　1/16　印 张　17
字　　数　400 千字
定　　价　49.00 元
ISBN 978 - 7 - 5606 - 6917 - 5 / TP

XDUP　　7219001-2

*****如有印装问题可调换*****

前　　言

随着新一代信息技术的发展，嵌入式技术和嵌入式产品全面渗透到人们工作和生活的方方面面，相关产品日新月异，如智慧屏、智能手机、智能手环、智能穿戴产品等。“芯片堆叠”“芯片拼接”“3D光刻机”等技术变革，使得芯片性能得到极大提升，嵌入式微处理器的性能越来越强大，体积越来越小，在军事、工业、医疗、交通和家庭等领域带动相关产业飞速发展，使得其应用领域越来越广泛，如工业生产、智能交通、智能电网、航天航空等。随着嵌入式技术和产品的大规模应用，各行各业对于嵌入式专业人才的需求日益迫切，对人才培养也提出了更高的要求。

嵌入式 Linux 开发是高等院校计算机及相关专业的一门重要课程，也是信息技术相关行业专业技术人员必须掌握的技能之一。

本书针对嵌入式 Linux 系统开发所涉及的知识进行讲解，共9章，可分为嵌入式 Linux 开发基础、嵌入式 Linux 系统移植、嵌入式 Linux 驱动程序开发和物联网网关项目实战四大部分。本书各章在学习目标部分都提出了本章的知识目标、能力目标、素质目标和课程思政目标，便于读者有针对性地学习本章内容。书中各章都配有相关的视频资源，读者可扫码观看。

本书由孙成富、赵建洋担任主编，寇海洲、单劲松、陈礼青、邵鹤帅担任副主编，具体编写分工为：孙成富编写第1、2章，赵建洋编写第9章，寇海洲编写第3、4章，单劲松编写第5章，陈礼青编写第6、7章，邵鹤帅编写第8章。李晓晨、张东京、费宏彦、叶青平、杨雷、倪洋、徐振崴、呙晓驰等参与了程序开发及书稿整理。南京联迪信息系统股份有限公司部分工程师参与了教材电子资源建设。意法半导体大学计划部丁晓磊女士、江苏大学陈锦富教授、北京华晟经世信息技术有限公司蒋峰经理参与了本书编写大纲的讨论。西安电子科技大学出版社高樱等编辑为本书出版做了许多细致的工作。在此谨向以上人员一并致以衷心的感谢。

由于编者水平有限，书中难免存在不足之处，敬请广大专家和读者批评指正，以期进一步完善本书。编者 E-mail：ajason509@hyit.edu.cn。

编　者
2023年3月

目　　录

第 1 章　嵌入式 Linux 系统概述 1
1.1　嵌入式系统概述 1
1.2　嵌入式硬件系统 3
1.3　嵌入式 Linux 系统 9
1.3.1　Linux 操作系统及应用 9
1.3.2　嵌入式 Linux 系统架构 10
1.4　嵌入式产品研发流程 11
本章小结 13
复习思考题 14
工程实战 14
第 2 章　嵌入式 Linux 脚本编程 15
2.1　Linux 基本命令 15
2.1.1　文件目录管理 16
2.1.2　文件和目录备份 21
2.1.3　文件系统的挂载和卸载 21
2.1.4　网络管理 22
2.2　vi 编辑器及应用 23
2.2.1　vim 的三种工作模式 24
2.2.2　vi 工具使用 24
2.2.3　vi 基本命令 26
2.3　Shell 脚本编程 29
2.3.1　Shell 脚本编写及运行 29
2.3.2　Shell 变量及应用 30
2.3.3　常用表达式 32
2.3.4　Shell 基本控制结构 36
2.3.5　Shell 中的函数 42
本章小结 43
复习思考题 44
工程实战 44
第 3 章　嵌入式 Linux C/C++ 编程 45
3.1　编译器 GCC 46
3.2　库文件生成及应用 48
3.2.1　静态库的制作及应用 50
3.2.2　动态库生成及应用 53
3.3　调试器 GDB 53
3.3.1　GDB 使用过程 54
3.3.2　GDB 基本命令 54
3.3.3　GDB 应用示例 60
3.4　自动化工程管理工具——make 62
3.4.1　Makefile 文件结构 63
3.4.2　make 执行过程 66
3.4.3　Makefile 变量 66
3.4.4　自动变量 68
3.4.5　Makefile 常用规则 69
本章小结 70
复习思考题 70
工程实战 70
第 4 章　嵌入式 Linux I/O 编程 71
4.1　Linux 文件 I/O 71
4.1.1　文件描述符 72
4.1.2　不带缓存的 I/O 操作 72
4.1.3　带缓存的 I/O 操作 74
4.1.4　文件 I/O 应用实例 75
4.2　Linux 串口通信 79
4.2.1　串口通信协议 79
4.2.2　Linux 串口参数和结构体 80
4.2.3　Linux 串口通信参数配置 81
4.2.4　Linux 串口通信实例 86
4.3　I/O 多路复用 92
4.3.1　select 函数 92
4.3.2　poll 函数 95
4.3.3　epoll 函数 99

本章小结 104
复习思考题 104
工程实战 104
第 5 章 嵌入式 Linux 系统移植 105
5.1 u-boot 移植 105
5.1.1 建立交叉编译环境 106
5.1.2 u-boot 启动流程 106
5.1.3 u-boot 移植到 STM32MP 处理器 110
5.2 Linux 内核移植 113
5.2.1 Linux 内核及源码 113
5.2.2 Linux 内核移植流程 113
5.3 构建嵌入式根文件系统 116
本章小结 124
复习思考题 124
工程实战 124
第 6 章 嵌入式 Linux 高性能应用程序开发 125
6.1 Linux 进程控制编程 125
6.1.1 进程标识符 126
6.1.2 进程操作函数 126
6.1.3 进程执行程序 130
6.2 进程间的通信 131
6.2.1 管道通信 132
6.2.2 信号 137
6.2.3 共享内存 145
6.2.4 消息队列 150
6.2.5 信号量 155
6.3 Linux 线程控制编程 165
6.3.1 线程基本函数 165
6.3.2 线程同步与互斥 167
6.4 线程池及应用 169
6.4.1 线程池设计 170
6.4.2 线程池测试 175
本章小结 176
复习思考题 176
工程实战 177
第 7 章 嵌入式 Linux 高性能网络编程 178
7.1 基于套接字的网络编程 178
7.1.1 套接字简介 179
7.1.2 套接字编程 179
7.1.3 套接字编程示例 184
7.2 基于多线程网络服务器 190
7.3 基于多路复用的网络通信 194
7.3.1 基于 select 机制的网络服务器 194
7.3.2 基于 epoll 机制的网络服务器 198
本章小结 202
复习思考题 202
工程实战 202
第 8 章 嵌入式 Linux 驱动程序开发 203
8.1 Linux 设备驱动 203
8.1.1 操作系统用户态和内核态 204
8.1.2 Linux 设备驱动分类 204
8.2 Linux 内核模块 204
8.2.1 内核模块入口函数 205
8.2.2 内核模块出口函数 206
8.2.3 内核模块编译执行 206
8.3 字符设备驱动编程 208
8.3.1 字符设备驱动的基本概念 208
8.3.2 传统的字符设备驱动编程 208
8.3.3 基于 cdev 的字符设备驱动编程 220
8.4 Linux 平台设备驱动 228
8.4.1 Linux 设备驱动模型 229
8.4.2 平台总线 229
8.4.3 平台设备 230
8.4.4 平台驱动 232
8.5 Linux 设备树 233
8.5.1 设备树的语法 234
8.5.2 设备节点及操作函数 237
8.5.3 设备树驱动示例 238
本章小结 244
复习思考题 244
工程实战 244
第 9 章 嵌入式 Linux 物联网网关 245
9.1 嵌入式 Linux 网关项目背景介绍 245
9.2 网关硬件系统设计 246
9.2.1 CC2530 协调器硬件电路设计 246
9.2.2 USB 转串口电路设计 247

9.2.3 网络通信电路设计 247
9.3 嵌入式 Linux 系统移植 248
9.3.1 Linux 内核移植 248
9.3.2 Ubuntu 根文件系统的移植 249
9.3.3 应用程序运行环境配置 251
9.4 网关软件系统设计与实现 253
9.4.1 数据分割与封装 253
9.4.2 基于异步 MQTT 协议的数据传输 254
9.5 系统编译和测试 258
9.5.1 cJSON 静态库制作 258
9.5.2 paho.mqtt.c 静态库制作 258
9.5.3 主程序编译 259
9.5.4 嵌入式网关软硬件系统测试 260
本章小结 261
复习思考题 262
工程实战 262
参考文献 263

第 1 章

嵌入式 Linux 系统概述

本章学习目标

知识目标

了解嵌入式系统体系结构和发展趋势；理解嵌入式硬件系统的组成；熟悉 STM32MP157 存储系统；熟悉 Linux 操作系统的发展历程及应用领域。

能力目标

掌握嵌入式硬件系统的组成；掌握 STM32MP157 存储空间分配及启动方式；掌握嵌入式产品研发流程。

素质目标

培养学生综合应用信息技术的能力，具备嵌入式软硬件工程师的基本素养。

课程思政目标

通过对本章操作系统的发展历程、典型应用等内容及相关资料的学习，培养学生的人格素养、正确的价值观和家国情怀，弘扬爱国精神。

信息技术已经全面渗透到人们生活的方方面面，深刻地改变了社会生活方式，帮助人们创造美好的数字化生活。嵌入式系统作为信息技术重要的组成部分，在人们的日常生活中随处可见，如智慧屏、智能手机、智能手环、智能穿戴产品等。

1.1　嵌入式系统概述

嵌入式系统及发展趋势

嵌入式系统是以应用为中心，以计算机技术为基础，基于用户需求进行软硬件裁剪而形成的专用计算机系统。以自动驾驶汽车为例，在普通汽车基础上部署先进传感器，如激光雷达、毫米波雷达、摄像头等，通过车载传感系统和智能网联终端实现人、车、路等信息交换，使汽车具备智能环境感知能力；再利用性能强大的嵌入式微处理器实时分析数据，并根据分析结果实时控制汽车，确保行驶的安全，进而实现无人驾驶。

嵌入式系统是软硬件协同的一体化系统，主要由嵌入式微处理器、外围硬件电路、嵌入式操作系统以及应用程序组成，如图 1.1 所示。嵌入式微处理器和外围硬件电路构成嵌入式系统的硬件平台，位于嵌入式系统体系结构的最底层。在软件层面，功能强大的嵌入式系统才拥有嵌入式操作系统，它为上层应用程序提供访问硬件的统一接口，并屏蔽底层硬件工作细节。而位于嵌入式操作系统之上的应用程序则主要实现嵌入式系统的功能。

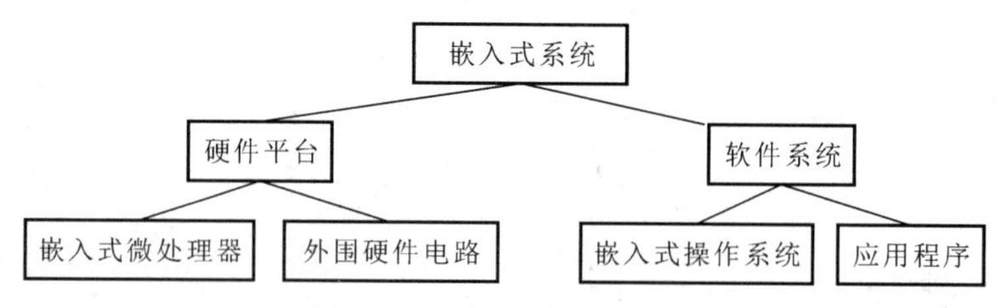

图 1.1　嵌入式系统体系结构

新一代信息技术推动着嵌入式系统的飞速发展。我国嵌入式系统未来的发展将具有以下四大特点。

1. 嵌入式系统国产化

嵌入式系统国产化即“自主可控、安全可信”，就是依靠自身技术和安全机制，实现嵌入式系统从硬件到软件的自主研发设计、生产、升级、维护的全过程可控。国产微处理器如兆芯、龙芯、飞腾等在特定领域已经实现国产化替代；鸿蒙、RT-Thread、枢纽 4.0 等国产操作系统均实现了自主可控。政务系统、金融系统、航天航空、数据中心等关键领域急需高品质、高性能、高国产化率的嵌入式系统。

2. 嵌入式系统智能化

随着人工智能和存算一体技术的发展，嵌入式系统未来将向智能化方向发展。所谓存算一体，就是在存储器中嵌入计算能力，以新的运算架构进行二维和三维矩阵/加法运算。在传统的冯·诺依曼架构中，存储器与处理器互相分离，处理器按照指令从存储器读取数据并进行运算，然后将运算结果存回存储器。存算一体化技术颠覆了传统的冯·诺依曼架构，是未来的发展趋势。低功耗存算一体化技术的发展，将使嵌入式系统插上智能化的双翼，飞向更加辉煌的明天。

3. 嵌入式系统微型化

在特定领域，随着技术发展和经验积累，研发人员为降低成本采用片上系统技术在单个芯片上实现完整系统，包括中央处理器、存储器以及外围电路，并将程序固化到芯片上。以声音处理的嵌入式片上系统为例，在单个芯片上实现音频接收、模/数(A/D)转换、声音信号处理以及输入/输出(I/O)控制逻辑等。

4. 嵌入式系统体系化

具有关联性的多个嵌入式系统相互融合，形成体系化的有机整体。嵌入式系统与通信网络融合，使得嵌入式计算系统向体系化方向演变。以车联网为例，车联网通过传感技术

实时感知车辆的状态信息，借助新一代无线通信技术，实现车与车、车与人、车与路、车与平台之间的全方位网络连接，形成体系化的有机体，最终形成车辆的智能化控制和交通的智能化管理。

1.2　嵌入式硬件系统

嵌入式硬件系统主要由嵌入式微处理器、总线、存储器、I/O 接口以及外围硬件设备组成。针对具体的应用场景，开发人员可以根据项目需求对硬件系统进行配置和裁剪。嵌入式工程师需要熟悉微处理器体系架构、系统总线、存储器以及外围设备的特点，以便能够对项目进行精准预算和硬件选型。下面详细讲解嵌入式硬件系统。

1. 嵌入式微处理器

嵌入式微处理器是嵌入式硬件系统的核心。与通用微处理器不同，嵌入式微处理器仅保留与应用紧密相关的功能部件，以保证其体积小、重量轻、成本低、功耗低、可靠性高。嵌入式硬件系统选型将根据应用场景和功能选择合适的嵌入式微处理器。嵌入式微处理器的内核架构主要有以下四种。

1) ARM 内核架构

ARM(Acorn RISC Machine)内核架构的处理器主要分为 Cortex-M、Cortex-R 和 Cortex-A 三个系列，分别应用于三种不同的应用领域。Cortex-M 系列微处理器主要应用于小型嵌入式控制系统，具有低功耗、低成本以及性价比高的特点；Cortex-R 系列微处理器具有实时性的特点，能够在指定短时间内完成一个操作；Cortex-A 系列微处理器是高性能处理器，增加了内存管理单元，能够运行操作系统。2022 年，ARM 正式推出基于 ARMv9 指令集的新一代 Cortex-X3 IP 核(属于 Cortex-A 系列)，其解码器每周期指令提升到 6 个，乱序执行窗口提升到 320 个，整数 ALU(Arithmetic and Logic Unit)单元提升到 6 个，L2 缓存容量提升到 1 MB。

2) RISC-V 内核架构

RISC-V(Reduced Instruction Set Computer-V)是一个基于精简指令集的开源、免费的内核架构，适用于现代计算设备。由于 RISC-V 开源免费，国内芯片企业纷纷加入 RISC-V 架构阵营，推出基于 RISC-V 的 IP 核或芯片，主要包括阿里平头哥、华为海思、兆易创新、华米科技等。随着众多芯片巨头对 RISC-V 架构开展布局，RISC-V 架构拥有庞大的开发者和用户，在边缘计算、嵌入式设备等领域形成了足够的影响力，并逐步形成了自己的生态圈。

3) PowerPC 内核架构

PowerPC(Performance Optimization With Enhanced RISC-Performance Computing)是一种基于精简指令集架构的中央处理器，即大部分指令能够在单一周期内执行。该内核架构可伸缩性好，同时支持 32 位和 64 位，能够让 32 位应用程序运行于 64 位系统上。PowerPC 处理器具有较低的能耗和优异的性能，曾被广泛应用于网络设备、游戏机、服务器等商业产品中。

4) MIPS 内核架构

1981 年，斯坦福大学教授约翰 • 轩尼诗带领团队，研发出无内部互锁流水级的微处理器(Microprocessor without Interlocked Piped Stages，MIPS)。MIPS 是非常经典的 RISC 处理器，被称为处理器教科书的典范。MIPS 内核架构最致命的缺陷就是没有建立起自己强大的系统，因此逐渐被市场抛弃。

2. 总线

在计算机系统中，各个功能部件之间传送信息的公共通信干线叫总线。通过总线，能够在计算机各功能部件之间传送数据、地址以及控制信号。根据总线所处位置的不同分为内部总线和外部总线。内部总线主要连接微处理器内部各功能部件，而外部总线主要用于连接微处理器与存储器和外围设备。

1) 总线性能指标

计算机总线的性能指标主要包括总线宽度、总线频率和总线带宽。

(1) 总线宽度：总线能够同时传送的数据位数，如 32 位总线即同时能够传送 32 位数据信号。

(2) 总线频率：总线信号的工作频率，单位为兆赫兹(MHz)。工作频率越高，传输速率越快。

(3) 总线带宽：在单位时间内总线能够传输的数据量，也称为总线传输速率，单位为兆字节每秒(MB/s)。

上述三个性能指标的关系可用如下公式表示：

$$\text{总线带宽}=\text{总线频率}\times\frac{\text{总线宽度}}{8}$$

当总线频率为 100 MHz，总线宽度为 64 位时，总线带宽为 100 × (64/8) = 800 MB/s。

2) ARM 处理器总线结构

ARM 公司推出一种通用的、开放的片上通信总线，用于片上系统中各功能模块的连接和管理，即高级处理器总线架构(Advanced Microcontroller Bus Architecture，AMBA)。在 AMBA 总线规范中，定义了以下三种片内总线：

(1) 高级可扩展接口(Advanced eXtensible Interface，AXI)：用于高性能和高时钟频率系统的总线，将数据写入和数据读出信号相分离，能够同时进行写入和读出动作，并在延滞期仍能达到高速数据传输，从而最大限度地提高总线的数据吞吐率。由若干主设备和从设备通过互联矩阵组成典型的系统，AXI 总线可作为其接口，如图 1.2 所示。

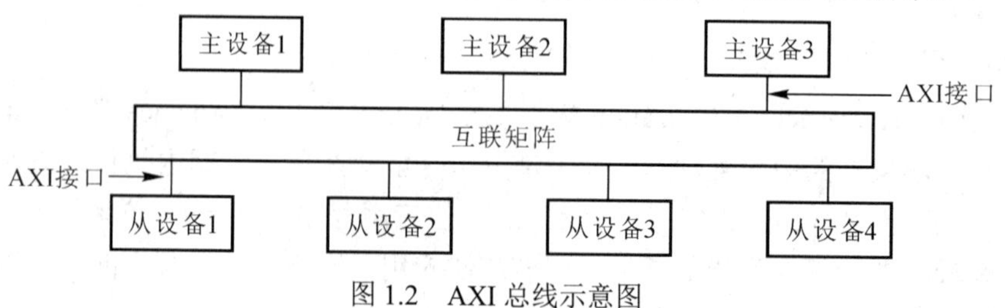

图 1.2　AXI 总线示意图

(2) 高级高性能总线(Advanced High-performance Bus，AHB)：主要用于高性能、高时钟频率系统模块(如CPU、DMA和DSP)之间的连接。它能够将拥有AHB接口的控制器连接起来构成一个独立完整的系统级芯片(System on Chip，SoC)系统。

(3) 高级外围总线(Advanced Peripheral Bus，APB)：主要用于低带宽、低性能周边外设之间的连接，即外围总线，并能够通过AHB-APB桥与AHB系统总线相连，进行数据通信，如图1.3所示。

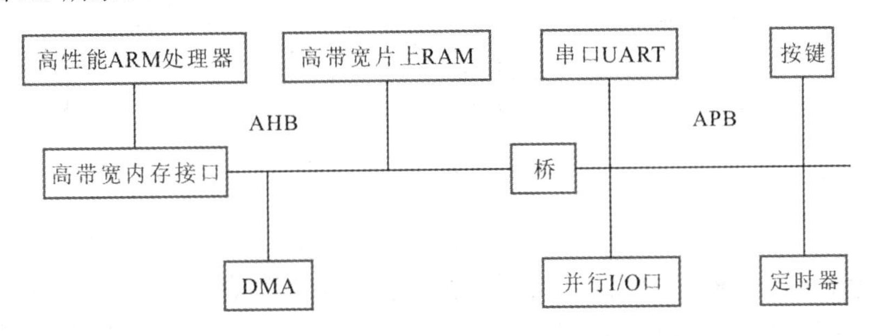

图1.3　AHB与APB互联示意图

3) 外围设备总线

在嵌入式系统中，单独外围设备可以通过低速板通信协议与微处理器进行通信，如I2C(通常也写作I^2C)、SPI、UART等，也可以通过工业总线协议实现数据传输，如CAN总线。下面将介绍嵌入式系统中常用的外围设备总线。

(1) I2C总线。I2C总线是由Philips公司开发的串行通信总线，它只需要两根线就能在连接于总线的器件之间传送数据。I2C总线在物理连接上非常简单，主要由串行数据线SDA、串行时钟线SCL以及上拉电阻组成，如图1.4所示。在总线空闲的状态下，两根线由于上拉电阻的作用处于高电平的状态；而在工作过程中，通过控制SCL和SDA串行线上的电平时序进行数据传输。

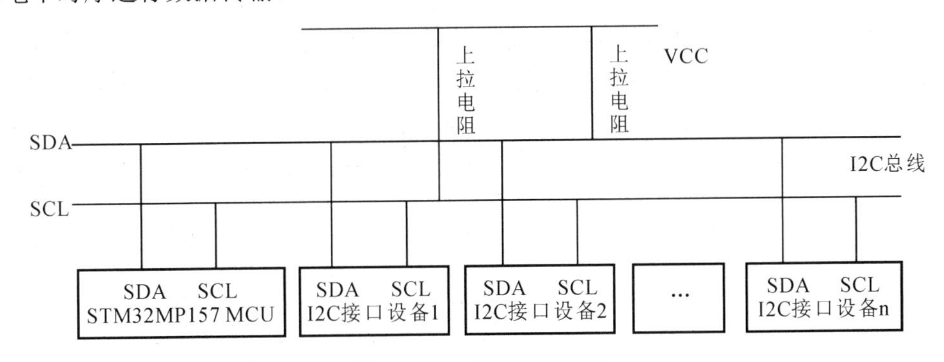

图1.4　I2C总线物理拓扑

I2C总线上的每一个设备既可以作为主设备也可以作为从设备。I2C总线上每一个设备均有唯一的地址(7位或10位)，并通过设备地址确定与总线上哪个设备进行通信。I2C总线上的主从设备之间以字节为单位进行双向数据传输。

在不同的工作模式下，I2C总线数据传输速率不同：标准模式下为100 kb/s，快速模式下为400 kb/s，高速模式下为3.4 Mb/s。

(2) SPI 总线。SPI(Serial Peripheral Interface)总线是由 Motorola 公司开发的全双工三线同步串行总线通信方式。SPI 总线需要 4 根信号线，实现处理器与存储设备、LCD 驱动器、AD 采集芯片等具有 SPI 接口的外围器件进行通信。这 4 根信号线分别是设备选择线、时钟线、串行数据输出线和输入线，如图 1.5 所示。

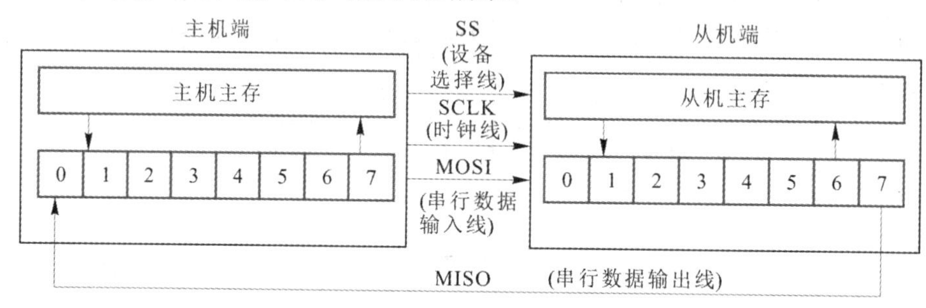

图 1.5　SPI 总线数据传输

① SS(Slave Select)：从设备片选信号，由主设备发现片选信号确定与之通信的从设备。

② SCLK(Serial Clock)：时钟信号，由主机产生，随着时钟信号数据依次从主机寄存器移入从机寄存器，同时从机寄存器数据移入主机寄存器。当寄存器数据全部移出时，可实现两个寄存器内容的交换。

③ MOSI(Master Output Slave Input)：主输出从输入数据线，主机从该数据线移出一位数据，同时从机从该数据线接收一位数据。

④ MISO(Master Input Slave Output)：主输入从输出数据线，从机从该数据线移出一位数据，同时主机从该数据线移入一位数据。

SPI 总线采用主从模式架构，主设备通过片选引脚来选择进行通信的从设备，未选中的设备不参与数据传输。

(3) CAN 总线。CAN(Controller Area Network，控制器局域网络)是由德国 BOSCH 公司开发的抗干扰能力极强的串行通信总线，主要用于汽车、轨道交通、医疗设备、工业设备等方面。CAN 总线只有两根线与通信节点设备相连，并且内部集成了错误探测和管理模块，如图 1.6 所示。CAN 总线通信接口集成了 CAN 协议的物理层和数据链路层功能，实现数据组帧处理，主要包括位填充、数据块编码、循环冗余检验等工作。CAN 总线是一种多主总线，多个节点同时发起通信时，优先级低的避让优先级高的，因而不会对通信线路造成堵塞。

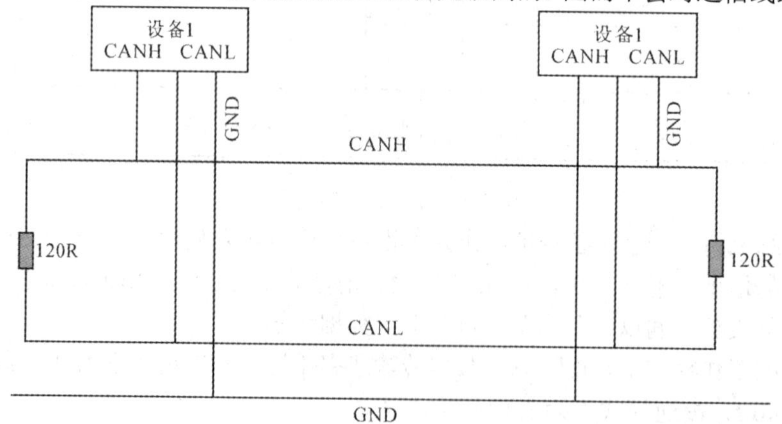

图 1.6　CAN 通信物理拓扑结构

3. 嵌入式存储器

嵌入式系统执行的代码和运行的数据都要保存到存储器中，存储器是嵌入式系统不可或缺的重要组成部分。系统上电后，处理器开始工作，将引导程序从只读存储器(ROM)加载到随机存取存储器(RAM)中。执行引导程序，完成闪存(Flash)和主存(DDR)的初始化，并为嵌入式操作系统的正常运行准备环境。下面将详细讲解嵌入式存储系统。

1) 嵌入式系统存储器

嵌入式系统存储器主要包括随机存取存储器、只读存储器和闪存三种。

(1) 随机存取存储器。所谓“随机存取”，指的是处理器读取或写入数据所需要的时间与数据保存的位置无关，可以直接按照地址进行读/写。随机存取存储器具有读/写方便、使用灵活的特点，常用于频繁交换数据的场合。随机存取存储器主要由存储矩阵、地址译码器、读/写控制器、输入/输出电路以及片选控制等几部分组成，如图 1.7 所示。

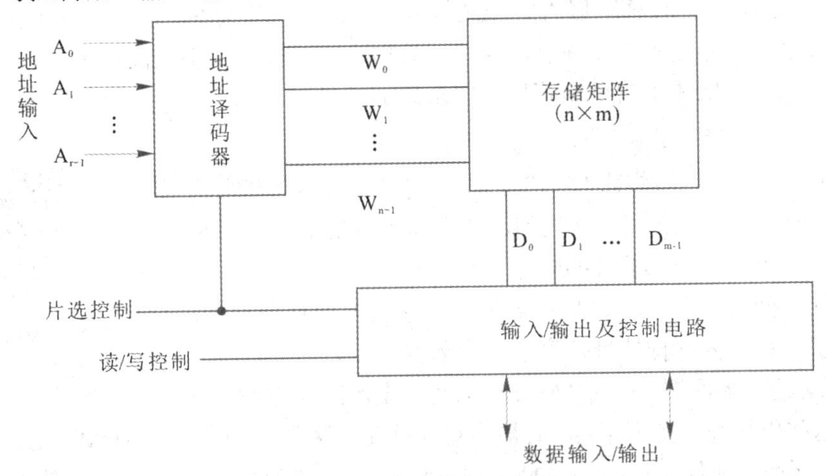

图 1.7　随机存储器示意图

① 存储矩阵：用于保存数据的寄存器阵列，它是随机存取存储器最核心的部分。

② 地址译码器：能够将微处理器给出的二进制地址翻译成存储矩阵的行选信号和列选信号，从而对应存储单元。

③ 读/写控制器：控制对存储矩阵相应存储单元的读/写操作，当给出写信号时，数据将通过数据线被保存到存储矩阵对应单元；当给出读信号时，数据将从存储单元经数据线传送给处理器。

④ 输入/输出电路：当读信号发出时，该电路处于输出状态，数据由存储矩阵进入微处理器；当写信号发出时，该电路处于输入状态，数据由微处理器进入存储矩阵。输入/输出电路是微处理器与存储矩阵之间数据传输的通道。

⑤ 片选控制：处理器访问 RAM 中的某一片(或几片)，即存储器中只有一片(或几片)RAM 中的一个地址接受处理器访问，与其交换信息，而其他片 RAM 与 CPU 不发生联系，片选就是用来实现控制的。

(2) 只读存储器。在只读存储器中，数据一旦写入后就固定下来，即使电源被切断，数据也不会丢失，因此又被称为固定存储器。嵌入式硬件系统中，利用只读存储器所存数据不会改变的特性，将固定程序和数据保存到只读存储器中。

为了满足不同用户对只读存储器性能的要求，陆续推出新型只读存储器，主要包括可编程只读存储器、可擦可编程只读存储器以及带电可擦可编程只读存储器。计算机固件一般保存在只读存储器中。

(3) 闪存。闪存是一种非易失性存储器，即在断电情况下保存的数据也不会丢失。在闪存中，数据以固定的区块为单位进行读/写。闪存主要有两种：NOR Flash 和 NAND Flash。

1988 年，Intel 公司生产出世界上第一个 NOR Flash 闪存芯片。该闪存芯片融合可擦除可编程只读存储器和电可擦除可编程只读存储器技术，并拥有 SRAM 接口。NOR Flash 中地址线和数据线是分开的，具有芯片内执行的特点，应用程序可以直接在 Flash 闪存内运行，而不用将其读入 RAM 中执行，但 NOR Flash 容量密度小、写入速度慢、擦除速度慢、价格高。

1989 年，日立公司研制出 NAND Flash。与 NOR Flash 相比，NAND Flash 具有容量高、性价比高的优势，在移动嵌入式领域得到广泛应用。随着 5G 和人工智能技术的发展，移动嵌入式设备对存储芯片的性能、容量和数据稳定性等提出了更高要求，市场对更大容量、更高性能和更低成本的存储芯片的需求愈加明显。

2) STM32MP157 存储系统

STM32MP157 是一款 32 位 ARM 芯片，因此它的存储空间范围达到了 4 GB。在芯片 IP 核设计之初，处理器内部的 ROM、SRAM、外设控制寄存器以及外部的 DDR 主存的地址空间全部规划在 4 GB 的线性地址空间内。在默认情况下，数据以小端模式保存在存储器中，数据的低字节存入内存低地址，高字节存入高地址。

STM32MP157 存储系统

(1) 只读存储器区域。STM32MP157 芯片上电后，首先执行意法半导体公司自行开发的引导程序。这些引导程序在芯片生产时被烧写到只读存储器区域(BOOT ROM)。STM32MP157 的只读存储区域地址范围为 0x00000000～0x0FFFFFFF(256 MB)，但实际上仅使用 128 KB，剩余空间被预留，以备使用。

(2) 静态随机存取区域。在 STM32MP157 芯片的静态随机存取区域的地址范围为 0x10000000～0x1FFFFFFF。该区域共有 4 块静态随机存取器，其地址范围与大小如表 1.1 所示。

表 1.1 STM32MP157 片内 SRAM

静态随机存取器	地 址 范 围	容量/KB
SRAM1	0x10000000～0x1001FFFF	128
SRAM2	0x10020000～0x1003FFFF	128
SRAM3	0x10040000～0x1004FFFF	64
SRAM4	0x10050000～0x1005FFFF	64

由表 1.1 可知，STM32MP157 微处理器中运行程序的内存地址空间是连续的，地址范围为 0x1000000～0x1005FFFF，总大小为 384 KB。

STM32MP157 微处理器具有两个执行核 CORTEX-A7 和 CORTEX-M4。当两个执行核同时工作时，SRAM4 作为 DMA 缓冲区，而 SRAM3 作为内部进程间通信的缓冲区，因此 CORTEX-M4 内核将代码存放在 SRAM1 中，而将数据存放在 SRAM2 中，而中断向量表

则保存在 RETRAM 中。

(3) 外设内存区域。ARM 处理器将高速外设挂载到 AHB 总线，而将低速外设挂载到 APB 总线。这些总线均对应内存空间。STM32MP157 处理器有两个外设内存区域，如表 1.2 所示。

表 1.2　STM32MP157 外设内存区域

区域	总 线	地 址 范 围	挂载的外设
区域 1	APB1	0x40000000～0x4001C3FF	UART、DAC、I2C 等外设
	APB2	0x44000000～0x440137FF	TIM、SPI、SAI 等外设
	AHB2	0x48000000～0x4903FFFF	DMA、ADC、SDMMC 等外设
	AHB3	0x4C000000～0x4C0063FF	HSEM、IPCC 等相关外设
区域 2	AHB4	0x50000000～0x5001FFFF	GPIO、RCC、PWR 等外设
	APB3	0x50020000～0x5002A3FF	HDP、LPTIM、SYSCFG 等外设
	DEBUG-APB	0x50080000～0x500DDFFF	CORESIGHT IP
	AHB5	0x54000000～0x540043FF	硬件加速器
	AXIMC	0x57000000～0x570FFFFF	AXIMC
	AHB6	0x58000000～0x5903FFFF	USB、ETH、MDMA 等外设
	APB4	0x5A000000～0x5A0073FF	DDR、LTDC、DSIHOST 等外设
	APB5	0x5C000000～0x5C00A3FF	安全相关外设

(4) DDR 区域。STM32MP157 有 4 GB 的内存地址空间，其中主存 DDR 的内存区域地址范围是 0xC0000000～0xFFFFFFFF，大小为 1 GB，因此 STM32MP157 最大支持 1 GB 的 DDR 内存。

1.3　嵌入式 Linux 系统

嵌入式系统开发既包括硬件系统的开发，也包括软件系统的开发。现代嵌入式硬件系统接口丰富、性能强悍，仅靠简单的程序无法完成外设的管理。大多数嵌入式系统都采用 Linux 操作系统对其外设进行管理，并向用户提供友好的图形界面。通过嵌入式 Linux 操作系统的学习，读者能够快速掌握嵌入式系统开发技术。

1.3.1　Linux 操作系统及应用

Linux 操作系统是全球著名的开源操作系统之一。自诞生之日起就受到系统运维及系统开发人员的青睐。随着人工智能、大数据以及物联网技术的迅速发展，智能化系统开发人员一般首选 Linux 操作内核进行各种系统二次开发。

随着 Linux 操作系统越来越成熟，它不仅为企业提供高可靠性和高稳定性的服务，还可大大降低企业运营的成本。目前，Linux 被广泛应用于企业服务器，比如 Web 服务器、邮件服务器、文件服务器、数据库服务器等。

Linux 不仅能够运行于服务器和个人电脑，而且经过裁剪后能够稳定、可靠地运行于计算和存储资源有限的嵌入式系统。Linux 支持不同类型的微处理器，并且针对无内存管理单元的微处理器，提供 uClinux 版本。随着物联网技术的发展，嵌入式 Linux 系统被应用于不同的场景，既包括网络设备(协议网关、路由器、交换机)，也包括专用嵌入式系统(雷达、无人机、闸机)，并且已经成为主流嵌入式操作系统，如图 1.8 所示。

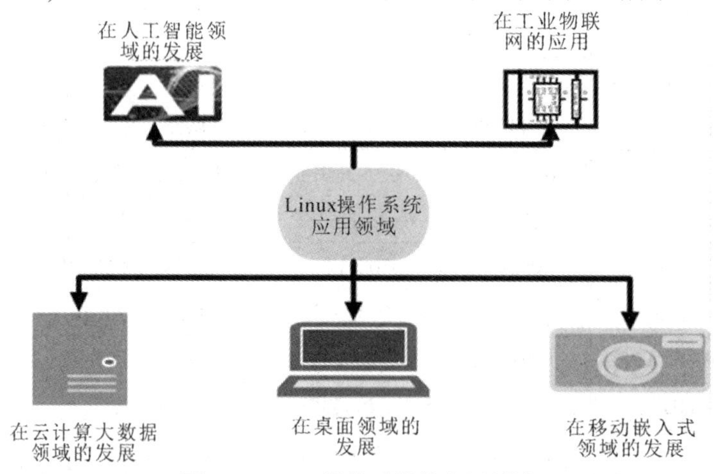

图 1.8　Linux 操作系统的应用领域

1.3.2　嵌入式 Linux 系统架构

简单的嵌入式系统可以直接通过裸机程序实现所有功能，如 51 单片机上运行的软件就是直接使用 C 语言开发的裸机程序。复杂嵌入式系统则需要操作系统对软硬件资源进行调度和控制，以便应用程序专注于功能实现。

嵌入式 Linux 系统采用分层结构，主要分为四层，自下而上依次是硬件平台、操作系统内核、系统调用和应用程序，如图 1.9 所示。上层子系统的正常运行依赖于下层的子系统。最上层的应用程序通过系统调用获取 Linux 操作系统内核的服务，能够实现设备管理，并从设备中读取或写入数据。

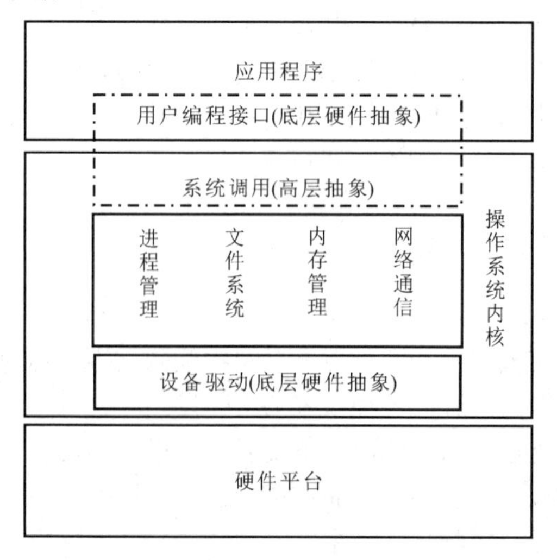

图 1.9　嵌入式 Linux 系统架构

在嵌入式 Linux 系统架构中，最重要的就是 Linux 操作系统内核。Linux 内核主要由四个子系统构成，即进程调度子系统、内存管理子系统、虚拟文件系统和网络通信。子系统之间通过函数调用和数据结构进行数据交互与共享。

1. 进程调度子系统

Linux 操作系统中运行的进程数非常多，但一个 CPU 在同一时间点只能运行一个进程。为了提高用户体验和系统性能，进程调度子系统就要决定如何切换进程，即决定每个进程运行的时间点和运行时间长度。Linux 操作系统采用抢占式多任务处理机制，一旦高优先级的任务准备就绪，就会被调度而不等待低优先级的任务主动放弃处理器。

2. 内存管理子系统

Linux 操作系统通过内存管理单元实现存储管理。当用户进行 malloc 系统调用时，Linux 内核将分配虚拟地址和虚拟地址空间。只有当用户访问虚拟地址进行数据存取时，Linux 内核才会产生缺页异常，建立物理内存地址和虚拟地址之间的映射关系。

3. 虚拟文件系统

Linux 操作系统将不同文件系统的通用特征和公共行为抽取出来，形成一个抽象层，即虚拟文件系统。在 Linux 操作系统中，虚拟文件系统位于应用程序和具体文件系统之间。用户进程向虚拟文件系统发起文件操作系统调用，并通过具体文件系统的一个映射函数将该系统调用转换为具体文件系统中的函数调用。虚拟文件系统能够为用户进程屏蔽不同具体文件系统的细节和差异，并为用户进程提供文件操作的统一接口。

4. 网络通信

Linux 操作系统的网络应用程序通过套接字编程接口和内核空间中的网络协议栈通信。Linux 套接字机制传承于 BSD Socket，是 Linux 操作系统的重要组成部分之一。在 Linux 操作系统中，套接字属于 Linux 文件系统的一部分，网络数据的发送和接收可以被看作是对文件写操作和读操作。Linux 套接字机制不仅能够用于互联网通信，还能够用于 CAN 总线的数据通信，因此套接字机制能够屏蔽不同网络协议之间的差异，为应用程序提供统一的系统调用。

1.4　嵌入式产品研发流程

嵌入式产品研发是复杂的工程项目，必须严格按照项目管理流程，才能确保产品研发的成功。从需求分析到整体设计与严格测试，最终形成投放市场的产品，主要经过以下 7 个阶段，如图 1.10 所示。

第一阶段：产品市场需求分析调研。

信息技术飞速发展使得世界电子产品市场日新月异，研发符合未来需求的产品相当困难。即使经过充分的市场调研，研发的产品也有可能滞销，但产品的市场需求分析调研不可或缺。一旦产品定位设计出现问题，产品不被市场所接受，即使产品如期开发完成，销售出现问题，也会造成资源浪费。因此，在产品研发项目立项前，项目组应联合客户认真做好市场需求分析和调研，确定产品面向的用户群、需求情况、产品功能等特征，形成严谨的需求分析调研报告，为项目组产品研发打下良好基础。

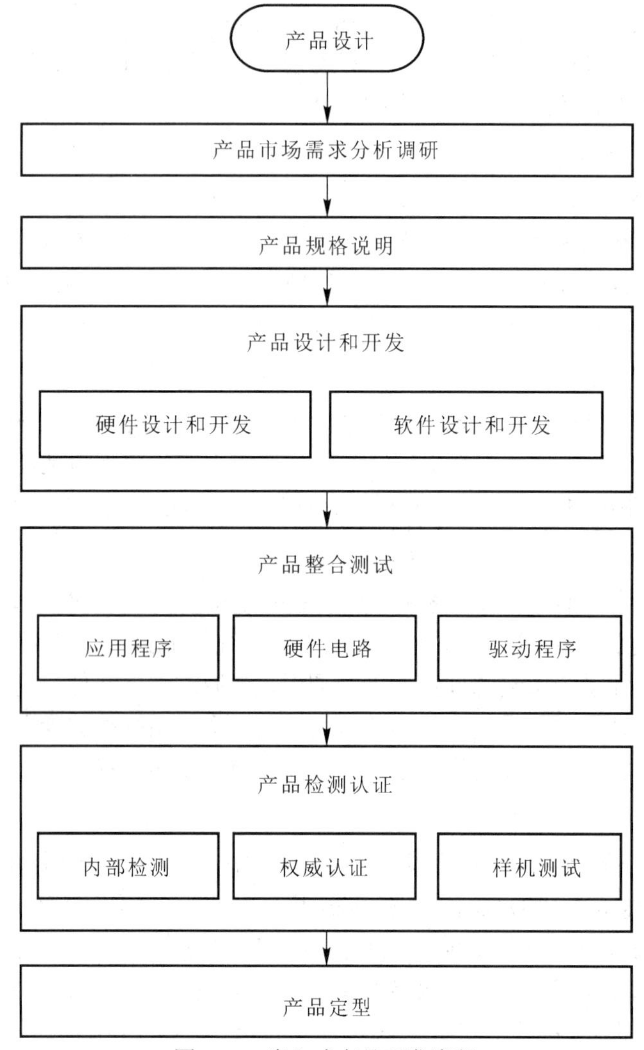

图 1.10　嵌入式产品研发流程

第二阶段：产品规格说明。

客户仅仅对产品进行描述，其提供的产品规格说明过于粗略。有时客户故意模糊化产品规格说明，以便在项目研发过程中提出功能扩展或更新的要求。在项目开发初期确定产品规格并形成白纸黑字的文件，经客户签字确认，能够有效保障项目研发团队的权益。对于嵌入式系统来讲，产品规格说明书一般包括 5 个项目：① 产品应用范围及功能性需求；② 硬件技术参数和指标；③ 软件各模块功能说明；④ 产品必须满足的规范和标准；⑤ 特殊注意事项。

第三阶段：硬件设计和开发。

在嵌入式系统开发过程中，硬件工程师需要根据产品功能需求进行选型评估，确定选用的微处理器。大多数微处理器生产商提供开发板(Demo Board)供用户使用。硬件工程师可以使用开发板直接测试评估产品各外设模块，判断其是否能够达到产品设计要求。硬件设计主管在硬件设计阶段必须与软件工程师保持沟通，并充分了解软件工程师的想法，以免延误项目进度。硬件设计阶段的工作主要包括 5 个方面：① 微处理器选型；② 确定主

要芯片型号；③ 进行外观和结构设计；④ 选择零器件及物料；⑤ 进行模型设计。

第四阶段：软件设计和开发。

与其他软件系统开发不同，嵌入式软件开发平台和运行平台不同，需要搭建稳定的嵌入式系统开发环境。以嵌入式 Linux 软件系统设计和开发为例，需要安装跨平台的交叉开发工具，选择 Linux 内核启动加载器，移植 Linux 内核和根文件系统。嵌入式软件设计和开发，既包括硬件驱动程序开发，也包括实现产品功能的应用程序开发。驱动程序开发的软件工程师需要具备一定的硬件电路知识，只有看懂原理图，掌握基本通信协议，才能够开发出稳定的硬件驱动程序。应用程序开发工程师需将全部精力放在产品功能的实现上。

第五阶段：系统整合测试。

嵌入式系统开发包括硬件电路设计、驱动程序开发以及应用程序开发。按照项目管理进度，如果达到以下条件，就应该组织系统整合和联合测试。

(1) 硬件设计定型：硬件设计选择的器件、处理器各引脚配置以及硬件电路设计都需要确定下来，并且后续硬件调整对设备驱动程序造成的影响极小。

(2) 驱动程序安全稳定：驱动程序运行于 Linux 内核，对整个嵌入式系统影响极大。硬件工程师需要通过大量的单元测试、整合测试以及压力测试保证驱动程序的安全稳定。如果驱动程序不稳定，则对整个系统造成的影响将是致命的。安全稳定是驱动程序开发最基本的要求。

(3) 应用程序功能完备：被整合的应用程序至少应该完成产品规格说明书中要求的所有功能。应用程序的各功能模块必须通过严格测试，并且在模拟器上的运行情况要得到客户或产品规格制定者的认可。

第六阶段：产品检测认证。

将通过整合测试的嵌入式系统形成工程样机，并交给产品检测人员进行严格测试。测试人员首先要制订测试计划和用例，并详细记录测试过程中出现的问题。针对出现的问题，产品研发人员进行认真解决，并保证类似问题不再发生。研发人员应该配合测试人员对样机进行测试，并不断优化其性能。

通过内部测试的样机，需要按照客户要求请权威部门进行性能试验、功能可靠性试验以及技术指标认证，因此在产品设计阶段需要与客户进行确认，并写入规格说明书。

第七阶段：产品定型。

产品定型是产品开发和产品生产的衔接阶段，研发人员应将设计文件、测试文件、装配文件移交产品生产部门，进行小批量试生产。产品经客户确认后，将进入量产和市场投放阶段。

本章小结

本章首先阐述嵌入式系统未来发展趋势的四大特点：国产化、智能化、微型化以及体系化。然后，详细讲解嵌入式系统架构，既包括硬件系统架构也包括软件系统架构。在硬件系统架构中，主要介绍嵌入式微处理器、存储器、总线等基础知识，并详细介绍 STM32MP157 存储器；在软件系统架构中，详细讲解嵌入式 Linux 分层结构和 Linux 内核的四个子系统。最后，结合工程实践，给出了嵌入式产品研发的流程。

复习思考题

1. 结合 ARM 内核架构，详述 Cortex-X3 微处理器性能优势有哪些，技术上要实现哪些突破。

2. CAN 总线两端所连接的 120 Ω 电阻的作用是什么？

3. STM32MP157 微处理器中 SRAM 和 DDR 的地址范围分别是什么？它们之间的区别是什么？

4. 为什么 Linux 操作系统能够访问大多数文件系统中的数据？它是如何实现的？

5. 嵌入式系统测试方法主要有哪些？

工 程 实 战

项目组为产品研发购买意法半导体公司 STM32MP157-DK1 原型板一套，并带有系统启动 SD 卡一张。为保证原厂 SD 卡内容完整性，项目经理要求将 SD 卡进行备份。试为项目组进行系统镜像备份。

SD 卡系统镜像备份

第 2 章

嵌入式 Linux 脚本编程

本章学习目标

知识目标

通过本章嵌入式 Linux 脚本编程等内容的学习，使学生理解 Linux 文件系统特性；熟悉 Linux 操作系统管理命令、Shell 脚本编程工具、Shell 脚本编程程序结构和算法思路及程序设计方法；学会 Shell 脚本调试过程及方法。

能力目标

在掌握本章嵌入式 Linux 脚本编程知识的基础上，使学生具备嵌入式软硬件系统设计、开发和编程技能，具备计算思维、系统思维能力，具备较强工程实践、主动学习能力。

素质目标

培养学生 Shell 脚本编程能力，并通过脚本编程解决实际工程问题。

课程思政目标

强化学生职业规范及工程伦理教育，培养学生精益求精的大国工匠精神。

在 Linux 操作系统中，Shell 是介于用户和操作系统之间的中间层，它能够解释用户命令，并利用机器能够理解的方式传递给计算机；计算机执行相关操作后，将执行结果反馈给该中间层，该中间层对其进行翻译，以用户能够理解的方式传递给用户，最终用户能够知道命令执行的结果。Shell 编程就是组合 Linux 各种基本命令形成脚本。Linux 内核能够对脚本进行解释执行，完成脚本编写人员指定的相关任务。系统开发人员和运维人员都需要掌握 Shell 编程，以便实时掌控系统的运行状态，作出正确的应对，进而保证系统的可靠性、稳定性和安全性。

2.1　Linux 基本命令

运维人员往往通过远程终端登录服务器，进行系统维护的相关工作。他们大多是通过命令与系统进行交互。在 Linux 操作系统中，执行命令就是执行与命令同名的可执行文件。下面将学习运维人员和开发人员常用的命令。

2.1.1 文件目录管理

文件目录管理工作主要包括定位查找、浏览以及操作文件或目录。

1. 文件目录定位查找

1) 显示用户工作目录——pwd

在使用 Linux 操作系统的过程中，用户始终位于文件系统的某个目录下，通过 pwd 命令，能够实时显示出用户所在的目录位置。例如：

```
book@STM32MP157: ~$ pwd
/home/book
```

在该示例中，book 用户当前位于/home/book 目录，其中“~”代表用户的主目录。

2) 改变用户工作目录——cd

用户在使用 Linux 操作系统的过程中，需要跳转到不同的工作目录。在下面的示例中，用户通过 cd 命令跳转到目录/dev。

```
book@ stm32mp-dk1~$ cd /dev
book@S stm32mp-dk1:/dev$
```

3) 文件查找——find

大多数用户在工作的过程中，仅记得文件的名字或知道文件创建的时间范围，而不知道文件保存的确切位置。命令 find 能够根据用户提供的文件信息，查找文件所在的目录。例如：

```
book@ stm32mp-dk1: ~$sudo find / -name “*tty”
```

在该示例中，用户使用 find 命令从根目录(/)开始，查找名字以 tty 结尾的所有文件位置。由于用户 book 为普通用户，对于某些目录没有访问权限，所以需要通过 sudo 赋予用户 book 临时的超级权限，执行查找命令。

2. 文件目录浏览

1) 目录浏览——ls

用户通过命令 ls 可以查看指定目录下子目录及文件的信息，该命令常用选项如表 2.1 所示。

表 2.1 ls 命令常用选项

常用选项	描　述
-l	显示详细信息，包括文件属性、大小、创建日期等
-a	显示所有文件，包括以“.”开头的隐藏文件
-R	列出子目录下的所有文件

在用户 book 的主目录 /home/book/下，执行命令“ls -l .”，将显示出当前目录下所有文件和子目录的详细信息，如图 2.1 所示。

```
book@STM32MP157: ~
File  Edit  View  Search  Terminal  Help
book@STM32MP157:~$ ls -l .
total 52
drwxr-xr-x  2 book book 4096 Mar 26  2019 Desktop
drwxr-xr-x  3 book book 4096 Mar 26  2019 Documents
drwxr-xr-x  2 book book 4096 Mar 26  2019 Downloads
-rw-r--r--  1 book book 8980 Mar 26  2019 examples.desktop
drwxr-xr-x  2 book book 4096 Mar 26  2019 Music
drwxr-xr-x  2 book book 4096 Mar 26  2019 Pictures
drwxr-xr-x  2 book book 4096 Mar 26  2019 Public
drwxr-xr-x  4 book book 4096 Mar 26  2019 snap
drwxrwxr-x 10 book book 4096 Mar 20 01:10 st-dk1
drwxr-xr-x  2 book book 4096 Mar 26  2019 Templates
drwxr-xr-x  2 book book 4096 Mar 26  2019 Videos
book@STM32MP157:~$
```

图 2.1　“ls-l” 执行结果

在该示例中，显示的文件信息包括：文件属性、连接数、文件所有者、文件所有者所属组名、文件或目录的大小、最后修改的日期和时间以及文件目录名。

2) 查看文件头部的命令——head

用户如果仅需要查看文件头几行的内容，而不用查看全部，可以使用 head 命令。默认情况下，head 命令会显示文件的前 10 行。下面将通过 head 命令查看 /etc/passwd 文件的前 5 行。

```
root@stm32mp-dk1#head -n 5 /etc/passwd
root:x:0:0:root:/root:/bin/bash
daemon:x:1:1:daemon:/usr/sbin:/usr/sbin/nologin
bin:x:2:2:bin:/bin:/usr/sbin/nologin
sys:x:3:3:sys:/dev:/usr/sbin/nologin
sync:x:4:65534:sync:/bin:/bin/sync
root@stm32mp-dk1#
```

3) 查看文件尾部的命令——tail

运维人员或开发人员往往需要查看最新的日志信息，通过 tail 命令查看日志文件的最后几行，搜索刚刚产生的日志信息。默认情况下，tail 命令会显示文件的最后 10 行。下面将通过 tail 命令查看 /etc/passwd 文件的最后 5 行。

```
root@ stm32mp-dk1#tail -5 /etc/passwd
book:x:1001:1001:book:/home/book:/bin/bash
statd:x:122:65534::/var/lib/nfs:/usr/sbin/nologin
sshd:x:123:65534::/run/sshd:/usr/sbin/nologin
ftp:x:124:127:ftp daemon,,,:/srv/ftp:/usr/sbin/nologin
tftp:x:125:128:tftp daemon,,,:/var/lib/tftpboot:/usr/sbin/nologin
root@ stm32mp-dk1#
```

3. 文件目录操作

用户在使用操作系统的过程中，对文件目录操作主要包括创建、复制、剪切以及删除。下面将对相关命令进行详细讲解。

1) 读取及创建文件命令——cat

命令 cat 的主要作用是读取文件并通过标准输出设备进行显示。如果该命令与输出重定向(“>”或“>>”)组合使用，则能够创建文件。

(1) 读取文件内容。下面将通过 cat 命令显示用户账号所在的文件 /etc/passwd。

```
root@ stm32mp-dk1#cat /etc/passwd
root:x:0:0:root:/root:/bin/bash
daemon:x:1:1:daemon:/usr/sbin:/usr/sbin/nologin
bin:x:2:2:bin:/bin:/usr/sbin/nologin
sys:x:3:3:sys:/dev:/usr/sbin/nologin
sync:x:4:65534:sync:/bin:/bin/sync
…
root@S stm32mp-dk1#
```

(2) 创建文件。命令 cat 最根本的功能是显示文件内容，但与输出重定向操作符号结合使用能够创建文件。所谓输出重定向，就是将默认通过标准输出设备(一般为显示器，可配置为其他设备)显示的内容，改变数据传输的路径，输出到文件中。输出重写向的符号主要有“>”和“>>”两种。符号“>”表示新建或覆盖，如果文件不存在，则创建；如果文件存在，则将原来的内容清除掉，再写入新的内容。符号“>>”表示新建或追加，如果文件不存在，则创建；如果文件已经存在，则将新的内容追加到已有内容的后面。

下面将通过组合使用 cat 和输出重定向操作，在当前目录下创建/etc/passwd 文件的备份文件 passwd_backup。

```
root@ stm32mp-dk1#cat /etc/passwd > passwd_backup
root@ stm32mp-dk1#cat passwd_backup
root:x:0:0:root:/root:/bin/bash
daemon:x:1:1:daemon:/usr/sbin:/usr/sbin/nologin
bin:x:2:2:bin:/bin:/usr/sbin/nologin
sys:x:3:3:sys:/dev:/usr/sbin/nologin
sync:x:4:65534:sync:/bin:/bin/sync
games:x:5:60:games:/usr/games:/usr/sbin/nologin
…
root@ stm32mp-dk1#
```

2) 分屏显示文件命令——more

当需要显示的文件过大时，直接使用 cat 命令显示文件往往只能看到文件末尾的内容，因此可以通过 more 命令分屏显示较大的文件。

```
root@ stm32mp-dk1#more /etc/passwd
root:x:0:0:root:/root:/bin/bash
daemon:x:1:1:daemon:/usr/sbin:/usr/sbin/nologin
…
systemd-resolve:x:101:103:systemd Resolver,,,:/run/systemd/resolve:/usr/sbin/nol
--More--(40%)
```

使用 more 命令浏览文件时，回车键可以逐行向下浏览，空格键可以分屏向下浏览，字母 q 可以退出文件浏览的状态。

3) 文件内容搜索命令——grep

运维人员或开发人员经常对文件的内容进行查找，通过文件内容搜索命令 grep，可以在文件中找到符合条件的字符串，并将其所在的文件及行号显示出来。grep 常用选项及含义如表 2.2 所示。

表 2.2　grep 命令常用选项

常用选项	描　述
-n	显示查找的内容所在的行及行号
-v	反向显示，即显示不包含指定字符串的行
-r	以递归的方式查找符合条件的文件

下面将从 /etc 目录(包括子目录)下查找包含字符串“root”的以 p 开头的文件。

```
root@ stm32mp-dk1#grep -r root /etc/p*
/etc/pam.d/chfn: # This allows root to change user infomation without being
/etc/pam.d/chfn: auth sufficient pam_rootok.so
…
/etc/passwd:root:x:0:0:root:/root:/bin/bash
/etc/passwd-:root:x:0:0:root:/root:/bin/bash
/etc/ppp/pap-secrets:root hostname "*" -
/etc/ppp/ip-up.d/0dns-up:# Is resolv.conf a non-symlink on a ro root? If so give
root@ stm32mp-dk17#
```

4) 目录创建命令——mkdir

用户在使用操作系统的过程中，需要创建目录对文件分门别类地管理。在 Linux 操作系统中，可以通过 mkdir 创建目录。特别注意，当创建目录的父目录不存在时，会失败并报错，但可以通过选项 -p 实现连同父目录一起创建。

下面将在/tmp 目录下创建 book/embedlinux 目录。

```
root@ stm32mp-dk1#mkdir /tmp/book/embedlinux
mkdir: cannot create directory '/tmp/book/embedlinux': No such file or directory
root@ stm32mp-dk1#mkdir -p /tmp/book/embedlinux
root@ stm32mp-dk1#
```

5) 文件目录复制命令——cp

命令 cp 可以将文件或目录由文件系统的一个位置复制到用户期望的位置。如果复制的目录非空，则可以通过选项 -r 连同子目录一起复制。

下面将把 /etc/ 目录下所有文件及子目录复制到刚刚创建的/tmp/book/embedlinux 中。

```
root@ stm32mp-dk1#cp -r /etc/* /tmp/book/embedlinux
root@ stm32mp-dk1#ls /tmp/book/embedlinux
acpi debian_version hosts.deny magic.mime profile ssl
```

```
…
debconf.conf hosts.allow magic printcap ssh
root@ stm32mp-dk1#
```

6) 文件目录剪切命令——mv

命令 mv 将文件或目录由文件系统的一个位置移动到用户期望的位置，因此原位置的文件或目录将不存在。

下面将把目录 /tmp/book/embedlinux 移动到根目录/下。

```
root@stm32mp-dk1#mv /tmp/book/embedlinux /home/book
root@stm32mp-dk1#ls /home/book
Desktop Downloads examples.desktop Music Public st-dk1 Videos
Documents embedlinux graduate_lessons Pictures snap Templates
root@stm32mp-dk1#
```

7) 文件目录删除命令——rm

命令 rm 可以将文件系统中的文件或目录删除掉。在删除目录的过程中，如果目录不为空，则会报错。通过选项 -r，可以实现将其子目录及目录下的文件一同删除。

下面将把目录/home/book/embedlinux/删除掉。

```
root@stm32mp-dk1#rm /home/book/embedlinux/
rm: cannot remove '/home/book/embedlinux/': Is a directory
root@stm32mp-dk1#rm -rf /home/book/embedlinux/
root@stm32mp-dk1#
```

8) 文件查找命令——find

用户在使用操作系统的过程中，经常需要在某目录下搜索满足一定条件的文件，并进行处理。find 命令的常用选项如表 2.3 所示。

表 2.3　find 命令常用选项

常用选项	描　　述
-user	查找指定用户所有的文件
-name	查找文件名符合要求的文件
-ctime	查找指定时间内修改过的文件
-atime	查找指定时间内读取过的文件

下面将从根目录/开始，搜索 ftp 服务器的配置文件 vsftpd.conf。

```
root@stm32mp-dk1#find / -name vsftpd.conf
/etc/vsftpd.conf
/usr/lib/tmpfiles.d/vsftpd.conf
/usr/share/doc/vsftpd/examples/INTERNET_SITE_NOINETD/vsftpd.conf
/usr/share/doc/vsftpd/examples/VIRTUAL_USERS/vsftpd.conf
/usr/share/doc/vsftpd/examples/INTERNET_SITE/vsftpd.conf
root@stm32mp-dk1#
```

2.1.2　文件和目录备份

在 Linux 操作系统中，tar 命令能够将多个目录备份成一个文件，以便进行网络传输，也可以将备份文件进行还原。tar 命令的常用选项如表 2.4 所示。

表 2.4　tar 命令常用选项

常用选项	描　述
-c	创建备份文件
-x	从备份文件中还原文件
-z	通过 gzip 对备份文件进行处理
-j	通过 bzip2 对备份文件进行处理
-f	指定生成或处理的备份文件
-C	将备份还原到指定目录下
-v	实时显示当前正在被处理的文件

将目录 /etc 下的系统文件备份到 /home/book/中，生成的备份文件为 etc.backup.bz2。

```
root@stm32mp-dk1#tar -jcvf /home/book/etc.backup.bz2 /etc/*
tar: Removing leading '/' from member names
/etc/acpi/
/etc/acpi/asus-keyboard-backlight.sh
/etc/acpi/tosh-wireless.sh
/etc/acpi/events/
…
root@stm32mp-dk1#
```

将上述备份文件 etc.backup.bz2 还原到目录/tmp/book 中，执行过程如下：

```
root@stm32mp-dk1#tar -jxvf /home/book/etc.backup.bz2 -C /tmp/book/
etc/acpi/
…
root@stm32mp-dk1#ls /tmp/book/
etc
root@stm32mp-dk1#
```

2.1.3　文件系统的挂载和卸载

Linux 操作系统通过虚拟文件系统(Virtual File System，VFS)技术支持不同类型的文件系统，其中包括 Ext4、NTFS、FAT32、NFS 等。不同的存储设备可以采用不同的文件系统组织数据，Linux 操作系统可通过文件系统的挂载和卸载命令处理存储设备上的文件系统。

1. 文件系统的挂载——mount

通过 mount 命令可以将存储设备挂载到 Linux 文件系统上。下面将服务器(192.168.0.200)网络文件系统(Network File System, NFS)的根目录 /nfsroot/挂载到开发板 stm32mp157a-dk1 上的 /mnt 目录上，并能够显示服务器 /nfsroot/ 目录下的文件。

```
root@stm32mp-dk1:/# mount -t nfs -o nolock 192.168.0.200:/nfsroot/ /mnt/
root@stm32mp-dk1:/# ls /mnt
busybox_rootfs new_busybox_rootfs ubuntu_rootfs
helloworld test_busybox_rootfs
root@stm32mp-dk1:/#
```

2. 文件系统的卸载——umount

完成存储设备上数据的操作任务之后，可以通过 umount 命令卸载文件系统，解除 Linux 文件系统与存储设备之间的关联，进而安全拔除存储设备。下面将通过 umount 命令解除 Linux 文件系统与 NFS 服务器根目录 /nfsroot 之间的关联。

```
root@stm32mp-dk1:/# umount /mnt
root@stm32mp-dk1:/# ls /mnt
root@stm32mp-dk1:/#
```

2.1.4 网络管理

通过网络设备进行数据通信之前，应该对网络接口进行正确配置，并对网络连接情况进行测试。下面将学习与网络接口配置、测试相关的命令。

1. 网络接口配置命令——ifconfig

ifconfig 命令能够获取网络接口的配置信息，也能够修改其配置信息。ifconfig 命令常用参数和选项如表 2.5 所示。

表 2.5 ifconfig 命令常用参数和选项

常用参数或选项	描　述
up	启动网络接口
down	关闭指定网络接口
netmask	设置网络接口的子网掩码

下面将通过 ifconfig 命令将网络接口 ens33 的 IP 地址设置为 192.168.0.200,子网掩码设置为 255.255.255.0。

```
root@stm32mp-dk1#ifconfig ens33 192.168.0.200 netmask 255.255.255.0
root@stm32mp-dk1#ifconfig
ens33: flags=4163<UP,BROADCAST,RUNNING,MULTICAST>  mtu 1500
        inet 192.168.0.200  netmask 255.255.255.0  broadcast 192.168.0.255
        inet6 fe80::f7bc:8f4b:a01c:63d6  prefixlen 64  scopeid 0x20<link>
        ether 00:0c:29:ca:fc:d9  txqueuelen 1000  (Ethernet)
```

```
        RX packets 184248   bytes 239110804 (239.1 MB)
        RX errors 0   dropped 0   overruns 0   frame 0
        TX packets 35120   bytes 2948477 (2.9 MB)
        TX errors 0   dropped 0 overruns 0   carrier 0   collisions 0
root@stm32mp-dk1#
```

2. 查看操作路由表命令——route

为了连接 Internet，除配置 IP 地址和子网掩码外，还需要正确配置路由表。route 命令常用的参数和选项如表 2.6 所示。

表 2.6　route 命令常用参数和选项

常用参数或选项	描　述
add	增加新的路由信息
del	删除一条路由信息
gw	设置路由数据包通过的网关
-n	显示系统当前的路由信息

下面将通过 route 命令为网络接口添加数据包通过的网关 192.168.0.1。

```
root@stm32mp-dk1#route add default gw 192.168.0.1
root@stm32mp-dk1#
```

3. 网络连接测试命令——ping

网络接口配置成功后，需要对网络连接情况进行测试。在 Linux 操作系统中，ping 命令可以用于对网络接口连接情况进行测试。下面将通过 ping 命令测试当前网络接口是否能够与主机(192.168.0.101)进行通信。

```
root@stm32mp-dk1#ping -c 3 192.168.0.101
PING 192.168.0.101 (192.168.0.101) 56(84) bytes of data.
64 bytes from 192.168.0.101: icmp_seq=1 ttl=64 time=2.89 ms
64 bytes from 192.168.0.101: icmp_seq=2 ttl=64 time=3.75 ms
64 bytes from 192.168.0.101: icmp_seq=3 ttl=64 time=2.50 ms
--- 192.168.0.101 ping statistics ---
3 packets transmitted, 3 received, 0% packet loss, time 2003ms
rtt min/avg/max/mdev = 2.502/3.047/3.750/0.525 ms
root@stm32mp-dk1#
```

2.2　vi 编辑器及应用

UNIX 和 Linux 操作系统下最经典的文本编辑工具是 vi。vim 为 vi 工具的升级版本，它保留了 vi 工具的优点，并且体验感更好。虽然 Linux 操作系统中已经拥有功能及性能更优的文本编辑器，如 EMACS、OpenOffice、WPS，但是在远程登录的过程中无法使用这些图形界面的文本编辑器，还是需要使用 vim 等命令模式下的文本编辑器。因此，Linux 操作系统的开发人员和运维人员都需要熟练使用 vim。

2.2.1 vim 的三种工作模式

vim 工具主要有三种工作模式：命令行模式、文本输入模式和最后底行模式。

1. 命令行模式

进入 vim 之后，首先进入的就是命令行模式。进入命令行模式后，vim 等待命令输入而不是文本输入。该模式是进入 vi 编辑器后的默认模式。在任何模式下，均可以通过 Esc 按键进入命令行模式。在该模式下用户可以输入命令，实现文档的管理，如复制、剪切、粘贴、后退、查找等。用户输入合法的命令后，vim 工具将执行该命令，并按照用户的意图改变文档，但 vim 并不回显命令。当用户输入的命令非法时，vim 将发出警告。

2. 文本输入模式

在命令行模式下，用户输入追加命令“A(a)”、插入命令“I(i)”、打开命令“O(o)”，都可以进入文本输入模式。进入该模式后，用户输入的任何合法文本内容都将作为文档的一部分被保存下来，输入的内容也将回显到屏幕上。在该模式中按 Esc 键，vim 将重新回到命令行模式。

3. 最后底行模式

在命令行模式下，用户输入“：”，vim 将进入最后底行模式。用户在屏幕的最后一行将看到“：”符号。在该符号的后面，用户可以输入文档管理命令，如文本的查找、替换以及文档的保存，退出 vim。执行完用户给出的命令，如果不是退出的命令，vim 将重新回到其默认的命令行模式。vim 三种工作模式之间的转换如图 2.2 所示。

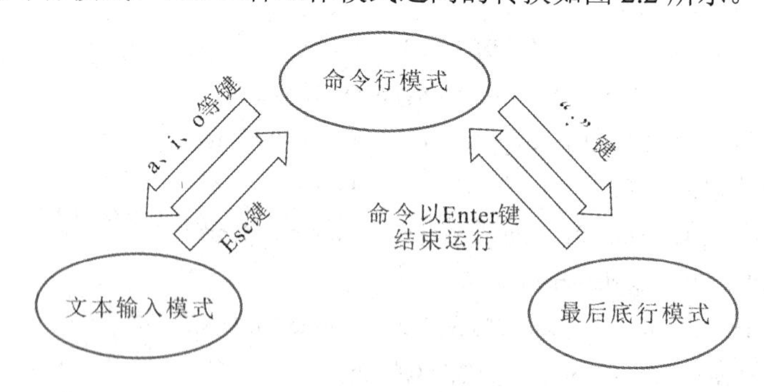

图 2.2　vim 三种工作模式的转换

2.2.2 vi 工具使用

1. vi 工具启动

在命令提示符下，用户可以输入命令 vi，打开文本编辑器，如图 2.3 所示。目前，vi 编辑器处于命令行模式，用户输入的合法命令将被执行，完成相关功能。

Vim 编辑工具使用

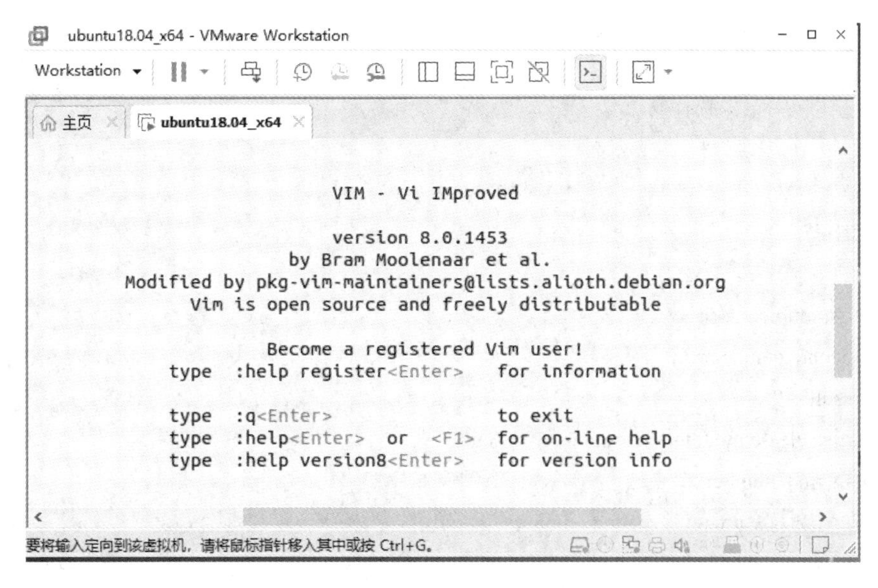

图 2.3　vi 启动界面

2. 文本输入和编辑

使用文本编辑器的目的是方便文本编辑。在命令行模式下输入文本插入命令(如表 2.7 所示)，编辑器将由命令行模式进入文本编辑模式。此时，输入的合法字符将作为文本文件的一部分。

表 2.7　文本插入命令

命令	功 能 描 述
i	在光标的左边插入文本
I	在当前行行首插入文本
a	在光标的右边插入文本
A	在当前行行末插入文本
o	在光标所在行下面插入空行
O	在光标所在行上面插入空行

下面以简单的 C++ 程序为例，演示源代码的编写，如程序清单 2-1 所示。此代码名字为 sum_test.cpp 主要实现两个整数求和运算。读者可以自行使用 vi 工具编辑源代码 sum_test.cpp。

程序清单 2-1　sum_test.cpp

```
1  #include <iostream>
2  using namespace std;
3  /****************************************
4  *函数名:     main()
5  *功能:       实现两个自然数求和
```

```
6  *输入:        void 无
7  *
8  *输出:        0     函数执行成功
9  *             -1    函数执行出现错误
10 ****************************************/
11 int main()
12 {
13     int first_number = 0;
14     int second_number = 0;
15     int result = 0;
16     cout <<"Please input the first number:"<< endl;
17     cin >> first_number;
18     cout <<"Please input the second number:"<< endl;
19     cin >> second_number;
20     cout << first_number <<" + "<< second_number << \
21         " = "<< first_number + second_number << endl;
22     return 0;
23 }
```

3. 文本保存及退出

源代码编写完成后，文本编辑器仍处于编辑模式，可以通过按 Esc 键返回命令行模式。

在命令行模式下输入冒号“：”，进入最后底行模式，使用该模式下的命令进行文本保存和退出 vi 文本编辑器。

最后底行模式常用命令如表 2.8 所示。

表 2.8　最后底行模式常用命令

命　令	功 能 描 述
q	退出 vi 文本编辑器
q!	强制退出 vi 文本编辑器
w	保存文件或另存为(需要给出文件名)
w!	强制保存，可以覆盖同名文件
wq	保存文件并退出文本编辑器

在最后底行模式下，用户输入“wq sum_test.cpp”，可以将编辑好的源代码 sum_test.cpp 保存到当前目录下，并退出 vi 文本编辑工具。

2.2.3　vi 基本命令

在 vi 命令模式下，设计者提供大量的命令以方便使用者编辑文本。用户并不需要记住所有的命令，只要掌握下述常用命令，就能够很好地完成文本编辑的工作。

1. 文本浏览命令

在文本编辑模式下，可以通过键盘上的上下左右箭头完成文本的浏览，但效率极低。可以先按下 Esc 键，返回命令行模式，然后使用表 2.9 中的命令，实现快速的文本浏览。

表 2.9　文本浏览的常用命令

命　令	功 能 描 述
h 或左箭头按键	光标左移一个字符
j 或下箭头按键	光标移到下一行的当前列
k 或上箭头按键	光标移到上一行的当前列
l 或右箭头按键	光标右移一个字符
Ctrl + f	向下翻屏
Ctrl + b	向上翻屏
Ctrl + u	向上翻半屏
Ctrl + d	向下翻半屏
1 G	跳到文档的第一行
$ G	跳到文档的最后一行
0	跳到当前行的行首
$	跳到当前行的行末

2. 文本删除

在文本编辑模式下，可以通过回退键或 Delete 键删除不需要的文本，但效率不高；如果基于文本块进行删除，则需要在命令模式下，使用表 2.10 中的相关命令来完成。

表 2.10　文本删除的常用命令

命　令	功 能 描 述
x 或 nx	删除光标所在的字符或向后删除 n 个字符
X 或 nX	删除光标前的字符或向前删除 n 个字符
dw	光标在单词的第一个字符，则删除该单词；否则，删除光标到单词尾的部分
dd 或 ndd	删除光标所在的行或向后的 n 行
d1G	删除从第 1 行到光标所在的行
dG	删除从光标所在的行到最后一行的所有数据
d0	删除行首到光标前的一个字符的内容
d$	删除光标所在字符到行末的所有内容

思考题：如何使用文本删除命令将整个文档内容删除？

3. 文本复制粘贴

在命令行模式下，能够以字符、行以及文本块为单位对文本进行复制粘贴。命令行模式下的复制粘贴命令如表 2.11 所示。

表 2.11 文本复制粘贴的常用命令

命 令	功 能 描 述
yl 或 nyl	复制光标所在的字符或向后复制 n 个字符
yy 或 nyy	复制光标所在的行或向后复制 n 行
y1G	复制从第 1 行到光标所在的行
yG	复制从光标所在行到最后一行的所有数据
y0	复制行首到光标所在字符的内容
y$	复制光标所在字符到行末的所有内容
p	在光标后面进行粘贴
P	在光标前面进行粘贴

思考题：借助按键 v 可以实现以文本块为单位进行复制粘贴，如何实现？

4. 文本查找替换

在文本编辑的过程，需要对文本进行查找，甚至将查找到的内容替换为给定的内容。在 vi 编辑器中，文本查找的命令在命令行模式下执行，而文本查找替换的命令则是最后底行模式下的命令。文本查找替换相关的命令如表 2.12 所示。

表 2.12 文本查找替换相关的命令

命 令	功 能 描 述
/string	从光标位置向下查找指定字符串 string
?string	从光标位置向上查找指定字符串 string
n	按查找方向，查找满足条件的下一个
N	按照查找反方向，查找满足条件的下一个
:n1,n2 s/str1/str2/g	第 n1 行到第 n2 行范围内，查找 str1 并替换为 str2
:n1,n2 s/str1/str2/gc	与:n1, n2 s/str1/str2/g 相比，替换前等待用户确认

5. 撤销命令

在文本编辑的过程中，如果发生误操作，则用户可以通过按 Esc 键回到命令行模式，并使用撤销命令 u(undo)，返回误操作前的状态。

6. 重复命令

用户在使用 vi 编辑器的过程中，往往有一些机械性的重复动作需要执行。重复命令(在命令行模式下输入符号“.”)可以让操作者重复执行刚完成的操作，因此能够提高文本操作的效率。

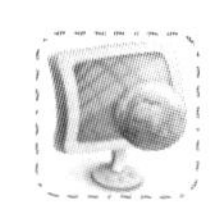

2.3　Shell 脚本编程

运维或开发人员往往采用脚本实现自动化的系统管理和配置。通过 Shell 脚本语言结构与上述 Linux 基本命令有机融合，开发人员能够开发出自动化运行的脚本，完成系统管理和配置。不管是脚本编程还是程序设计，都需要通过文本编辑工具完成源代码编写。在 Linux 操作系统中，开发人员往往使用 vi 文本编辑器进行源代码编写。

2.3.1　Shell 脚本编写及运行

Shell 脚本及运行

在学习 Linux 操作系统基本命令时，用户在虚拟终端中每输入一个命令，系统将执行该命令，并将结果反馈给用户。如果需要连续执行多条命令，才能够得到用户期望的结果，而使用 Shell 脚本程序就可以完成这项工作。

1. Shell 脚本基本组成

Shell 脚本的基本结构比较简单，主要由脚本开头、脚本注释以及 Linux 基本命令组成。

1) 脚本开头

Shell 脚本首行指明用来解释并执行该脚本的程序。Shell 脚本的第一行如下所示：

```
#!/bin/bash
```

在该语句中，/bin/bash 是 Linux 操作系统中的可执行程序，并且要求 Shell 脚本必须满足 bash 语法要求。在脚本执行的过程中，将应用/bin/bash 程序对脚本进行解释和执行。

2) 脚本注释

在任何一种编程语言中，注释语句都是非常重要的。通过注释，开发人员能够很好地理解其他工作人员开发的程序。即使长时间没有使用的脚本，也能够根据注释短时间内理解脚本的功能及工作原理。在 Shell 编程中，除脚本首行，以“#”开发的语句就是 Shell 脚本中的注释语句。

3) 执行命令

Shell 脚本的绝大部分内容由 Linux 操作系统的基本命令组成。在 Shell 脚本中，通过将 Linux 基本命令有机组合，能够得到开发人员期望的结果，并且大大提高系统管理的效率。

2. 脚本的编写与执行

在学习其他编程语言的过程中，我们都是通过 Hello World 的例子来入门。下面将通过 Hello World 的简单例子，演示 Shell 脚本的编写和执行。

1) 脚本编写

在 Linux 操作系统中，一般使用 vi 工具来编写 Shell 脚本。Shell 脚本的第一行为“#!/bin/bash”，其主要作用为指定解释执行该脚本的 Shell，在本例中使用的是 /bin/bash。其余以“#”开始的行均为注释行。

执行结果如下：

```
root@stm32mp-dk1#vim first.sh
root@stm32mp-dk1#cat first.sh
#!/bin/bash
#script name: first.sh
echo Hello World!
```

2) 脚本的执行

vi 工具编写的 Shell 脚本仅是普通的文本文件，没有可执行的权限。开发人员无法直接执行该文本文件，可以通过如下两种途径来执行脚本：

(1) 使用 source 命令执行脚本。在命令提示符下，可以将脚本文件作为 source 命令参数，直接执行脚本。

执行结果如下：

```
root@stm32mp-dk1#source first.sh
Hello World!
```

(2) 设置脚本可执行权限。如果希望直接运行脚本，首先应该赋予脚本可执行的权限，可以使用命令 chmod 777 first.sh，然后直接执行该脚本./first.sh。

执行结果如下：

```
root@stm32mp-dk1# chmod 777 first.sh
root@stm32mp-dk1# ./first.sh
Hello World!
```

2.3.2 Shell 变量及应用

作为在计算机语言中存储计算结果或能表现值的抽象概念，变量类型的学习及其应用也是学习 Shell 脚本编写的重点。

1. 变量类型

Linux 操作系统中的变量主要有环境变量、特殊变量和用户变量三类。

1) 环境变量

Shell 的工作环境是由一组变量及其取值确定的，这些表示 Shell 工作状态和模式的变量就是环境变量。表 2.13 给出了 Linux 系统常用的环境变量。

表 2.13 系统常用环境变量

环境变量	用　　途
PATH	系统自动寻找命令、程序或者库的目录列表
PWD	保存当前的工作目录
SHELL	当前正在使用的 Shell
USER	当前登录的用户
HOME	当前用户的主目录

Linux 操作系统中，变量名称大小写是区分的。环境变量名称一般由大写字母组合而

成。可以通过命令 env 或者 set 查看当前系统中使用的环境变量及其取值。

2) 特殊变量

在 Shell 执行过程中，特殊变量表示特殊含义，由系统设定。用户不能够修改，也不能够创建特殊变量。特殊变量主要应用于 Shell 脚本、Makefile 文件以及表示命令执行的状态。系统中常用的特殊变量如表 2.14 所示。

表 2.14　系统常用特殊变量

特殊变量	用　途
$0	执行的脚本的名字
$n	执行脚本时给定第 n 个参数
$?	返回上个命令或脚本执行的结果
$USER	当前登录的用户名
$$	当前用户的主目录
$@	命令行中的所有参数的字符串
$#	脚本执行中给定的参数的个数

3) 用户变量

在 Shell 命令行界面下或脚本编写过程中，用户自定义的变量主要用于保存数据。与 C 语言等强类型编程语言中的变量不同，Shell 变量是没有类型的，变量类型由其取值决定。使用变量前，并不需要对变量进行定义和声明，这样可大大提高 Shell 编程的灵活性。Shell 变量的取值默认为字符串。在使用变量过程中，可根据实际需要将其变换成相应类型。

2. 变量定义及操作

1) 变量定义及引用

用户自定义变量的形式如下：

```
变量名=变量值
```

在变量赋值时，赋值号两边不允许留有空格。如果变量名本身包含空格，则需要使用双引号将整个字符串括起来。如果希望引用变量的值，可以在变量作用范围内在变量名字前加符号“$”。如下示例为用户自定义变量使用。

```
root@stm32mp-dk1# TMP_VAR=120
root@stm32mp-dk1# echo $TMP_VAR
120
```

2) 命令替换

所谓命令替换，是指先执行相关命令，再将执行结果作为普通字符串替换命令替换符的内容。主要有以下两种方法实现命令替换。

(1) $(命令)。在该方法中，首先执行括号中的命令，然后将执行命令得到的字符串替换整个命令表达式。在下面的示例中，执行命令 pwd，得到字符串并将其赋值给用户

自定义的变量 mydir。通过 $mydir 取出变量的值，并使用 echo 命令进行回显。执行结果如下：

```
root@stm32mp-dk1# mydir=$(pwd)
root@stm32mp-dk1# echo $mydir
/home/Jason/lessons/netos/L2vi
```

(2) 使用倒引号命令。执行倒引号中的命令，使用命令执行结果替换整个表达式。在下面的示例中，执行命令 echo $USER，得到当前用户名 jason，并通过 mkdir 命令创建临时目录 /tmp/jason。执行结果如下：

```
root@stm32mp-dk1# mkdir /tmp/`echo $USER`
root@stm32mp-dk1# echo $USER
jason
root@stm32mp-dk1# cd /tmp/Jason
root@stm32mp-dk1# pwd
/tmp/jason
```

3) export 变量

每个变量都有其作用域，在函数中定义的变量，其作用域为函数体；在脚本中定义的变量，其作用域仅限于当前脚本。如果希望改变变量作用域，可以通过 export 对变量进行声明。在程序清单 2-2 中，打开 .bashrc 文件添加如下内容，将变量 INSTALL_ROOT、PATH、CROSS_COMPILE、ARCH、MCU 声明为全局变量，因而这些变量能够在其他脚本中被使用。保存退出后，执行 source 命令以使修改的变量立即生效。使用 ehco 命令进行回显，判断变量是否生效。

程序清单 2-2 export 变量

```
1  export INSTALL_ROOT='pwd'
2  export PATH=$TOOLS_PATH/bin:$CROSS_PATH:$ARMV7_CROSS_PATH:$PATH
3  export CROSS_COMPILE=arm-uclinuxeabi-
4  export ARCH=arm
5  export MCU=STM32F7
```

2.3.3 常用表达式

Shell 脚本中条件表达式的格式主要有两种：test expression 和[expression]。注意第二种方式中 expression 与 “[” 和“]”之间需要有空格，否则系统报错。

在进行程序编写的过程中，需要通过建立条件对程序流程进行制约，因此需要建立条件表达式。条件表达式中的逻辑运算符主要包括文件状态测试、字符串测试、数值测试和逻辑组合。注意：在 Shell 中条件表达式的值为真，返回 0；表达式的值为假，返回 1。

1. 文件状态测试

文件状态测试主要完成对文件属性的判断。常用的文件状态测试运算符如表 2.15 所示。

表 2.15　常用的文件状态测试运算符

表达式	意　　义
-d dir1	dir1 是否为目录
-f file1	文件 file1 是否为普通文件
-L file1	文件 file1 是否为链接文件
-s file1	文件 file1 的大小是否大于 0
-e file1	判断文件 file1 是否存在
-r fiel1	文件 file1 是否可读
-w fiel1	文件 file1 是否可写
-x fiel1	文件 file1 是否可执行

【示例 2.1】 判断是否存在文件 file1，如程序清单 2-3 所示。

程序清单 2-3　判断文件 file1 的存在性

```
1  #!/bin/bash
2  #Judge whether the file file1 exist
3  [ -e ./file1 ] && echo yes || echo no
```

运行结果如下：

```
root@stm32mp-dk1#./filetest.sh
no
root@stm32mp-dk1# touch file1
root@stm32mp-dk1# ./filetest.sh
yes
```

2. 字符串测试

在 Shell 脚本中，变量默认值就是字符串，因此字符串测试非常重要。当用户输入相关信息时(以字符串的形式提交给系统)，Shell 脚本需要对信息进行比较，以便做进一步的判断。Shell 脚本中常用的字符串测试运算符如表 2.16 所示。

表 2.16　常用的字符串测试运算符

表达式	意　　义
str1	如果 str1 不为空，即有值，则为真
str1 = str2	判断两个字符串是否一样
str1 != str2	如果字符串 str1 与 str2 不一样，则为真
-n str1	如果字符串 str1 的长度大于零，则为真
-z str1	如果字符串 str1 的长度为零，则为真

【示例 2.2】 用户输入密码，判断用户输入的密码是不是“123456”，如程序清单 2-4 所示。

程序清单 2-4　用户合法性检查

```
1  #!/bin/bash
2  #passwordcheck.sh
3  #check if the password is "123456"
4  echo -n Please input your password:
5  read password
6  echo "Your password is $password"
7  [ "$password" = "123456" ] && echo You are legal user! || echo You are illegal user,please check your password.
```

运行结果如下：

```
root@stm32mp-dk1# vim passwordcherk.sh
root@stm32mp-dk1# ./passwordcherk.sh
Please input your password:123
Your password is 123
ou are illegal user,please check your password.
root@stm32mp-dk1# ./passwordcherk.sh
Please input your password:123456
Your password is 123456
You are legal user!
```

特别注意，判断两个字符串是否一样的运算符为“=”，而不是“==”。同时，注意“=”运算符的两端需要有空格。

3. 数值测试

数值测试主要应用于整数，对两个整数的大小关系进行判断。常用的数值测试运算符如表 2.17 所示。

表 2.17　常用的数值测试运算符

表 达 式	意　　义
num1 -eqnum2	判断两个整数 num1 与 num2 是否相等
num1 -ne num2	如果两个整数 num1 与 num2 不相等，返回真
num1 -gt num2	如果整数 num1 大于 num2，则为真
num1 -ge num2	如果整数 num1 大于等于 num2，则为真
num1 -lt num2	如果整数 num1 小于 num2，则为真
num1 -le num2	如果整数 num1 小于等于 num2，则为真

【示例 2.3】 判断用户输入的数值是否大于给定的值 123，如程序清单 2-5 所示。

程序清单 2-5　数值比较

```
1  #!/bin/bash
2  #numcompare.sh
3  #Compare whether the input num is greater than the given num
```

```
4  echo -n "Please input your num(Integer)":
5  read input_num
6  echo $input_num
7  [ "$input_num" -gt "123" ] && echo Your number is greater than the given one! || echo Please run it again,
and give a new number.
```

执行结果如下：

```
root@stm32mp-dk1# chmod 777 numcompare.sh
root@stm32mp-dk1# ./numcompare.sh
Please input your num(Integer):100
100
Please run it again, and give a new number.
root@stm32mp-dk1#   ./numcompare.sh
Please input your num(Interger):160
160
```

4. 逻辑组合

Shell 脚本中提供了逻辑组合的操作运算符，主要实现逻辑与、逻辑或以及逻辑非。常用的逻辑操作运算符如表 2.18 所示。

表 2.18　常用的逻辑操作运算符

表达式	意　义
! exp1	当表达式 exp1 为假时，结果为真；否则为假
exp1 -a exp2	当表达式 exp1 和 exp2 都为真时，结果为真；否则为假
exp1 -o exp2	当表达式 exp1 和 exp2 有一个为真时，结果为真；都为假时，结果为假

【示例 2.4】 要求用户输入其用户名(jason)和密码(123456)，并判断其是否为合法用户，如程序清单 2-6 所示。

程序清单 2-6　判断用户合法性

```
1  #!/bin/bash
2  #userandpasswordcheck.sh
3  #check the user's name and password, and judge whether the user is legal or illegal.
4
5  echo -n Please input your user name:
6  read name
7  echo "Your name: $name"
8  echo -n Please input your password:
9  read password
10 echo "Your password: $password".
11 [ "$name" = "jason" -a "$password" -eq "123456" ] && echo you are legal user! || echo you are illegal user,
   please check your name and password!!
```

执行结果如下：

```
root@stm32mp-dk1# chmod 777 ./userandpasswordcheck.sh
root@stm32mp-dk1#   ./userandpasswordcheck.sh
Please input your user name:tom
Your name: tom
Please input your password:123
Your password: 123.
you are illegal user, please check your name and password!!
```

2.3.4 Shell 基本控制结构

每一种编程语言都有一套控制结构，用于控制程序执行的流程。Shell 脚本作为一种编程语言，也有自己的控制结构。为了编写高效的 Shell 脚本，开发人员需要灵活运用脚本控制结构。Shell 脚本的控制结构主要包括分支结构和循环结构。

1. 分支结构

在任何编程语言中，必须通过条件判断产生分支逻辑，进而引导代码执行不同的功能。同时，多样的分支结构方便编程人员在开发的过程中根据实际需要选择不同的分支结构，编写出高效的代码。下面将着重讲解 Shell 中的分支结构。

1) if 条件语句

在 Shell 脚本中，条件分支是通过 if 条件语句来实现的，其语法格式如下：

```
if 条件表达式
then
    语句组 1
else
    语句组 2
fi
```

或者

```
if 条件表达式 ; then
    语句组 1
else
    语句组 2
fi
```

注意：当 then 与 if 在同一行时，最后需要加上分号“;”。

当条件表达式为真时，执行给定语句组 1，并继续执行 fi 后面的语句；否则执行语句组 2，并继续执行 fi 后面的语句。

【示例 2.5】 下面使用 if/else 分支结构，实现根据用户名和密码判断用户的合法性，如程序清单 2-7 所示。

程序清单 2-7　if/else 分支结构

```
1  #!/bin/bash
2  #ifelsecheck.sh
3  #According to the user name and password, judge whether it is legal user or not.
4  echo -n Please input your user name:
5    read name
6  echo "Your name:$name."
7  echo -n Please input your password:
8    read password
9  echo "Your Password: $password."
10  if [ "$name" = "jason" -a "$password" -eq "123456" ]; then
11    echo you are legal user.
12  else
13    echo you are illegal user!
14  fi
```

执行结果如下：

```
root@stm32mp-dk1# chmod 777 ./ifelsecheck.sh
root@stm32mp-dk1# ./ifelsecheck.sh
Please input your user name:tom
Your name : tom.
Please input your password:123
Your password: 123.
Your are illegal user!
```

2) 多重分支结构

多重分支结构可以通过 if/else 语句嵌套来实现，具体语法如下：

```
if 条件表达式 1
then
    语句组 1
elif 条件表达式 2
then
    语句组 2
else
    语句组 3
fi
```

在脚本执行过程中，首先判断条件表达式 1 的值，如果为真，则执行语句组 1，并继续执行 fi 后面的语句；否则，判断条件表达式 2 的值，如果为真，则执行语句组 2，并继续执行 fi 后面的语句；如果条件表达式 1 和 2 均为假，则执行语句组 3，并继续执行 fi 后面的语句。

【示例 2.6】 判断用户输入的数字大于、小于还是等于 100，如程序清单 2-8 所示。

程序清单 2-8　if/else 数值比较

```
1  #!/bin/bash
2  #ifelseif.sh
3  #check the input value is greater than , less than or equal to 100.
4
5  echo -n Please input your favorite number:
6  read number
7  echo "Your favorite number is $number."
8  if [ "$number" -eq "100" ]
9  then
10     echo Your favorite number is the same as mine.
11     echo You win. Excellent!!!
12   elif [ "$number" -gt "100" ] ; then
13     echo Your favorite number is greater than mine.
14     echo Try again.
15   else
16     echo Your favorite number is lesser than mine.
17     echo Try again.
18     echo
19   fi
```

3) case 分支结构

当分支过多时，如果采用 if…else 语句，将使逻辑表达不清。Shell 脚本提供 case 的分支结构，能够很好地解决上述问题。其语法格式如下：

```
case value in
    res1)
        语句组 1
        ;;
    res2)
        语句组 2
        ;;
        ...
    resn)
        语句组 n
        ;;
        *)
        语句组
    esac
```

case 分支结构执行过程为：首先判断 value 的取值，然后与下面各分支的 res1、res2、…、resn 进行比较，并执行对应的语句组，然后执行 esac 后面的语句；当都不匹配时，就寻找“*)”，并执行对应的语句组，然后执行 esac 后面的语句；如果没有“*)”引导的语句组，就直接执行 esac 后面的语句。

【示例 2.7】 根据用户的选择，执行加法(+)、减法(-)、乘法(*)运算，如程序清单 2-9 所示。

程序清单 2-9　简单计算器

```
1    #!/bin/bash
2    #casetest.sh
3    #According to user choosing, execute the add, subtract or multiply
4    echo -n Please input the first operand:
5    read first
6    echo "The first operand is $first"
7    echo -n Please input the second operand:
8    read second
9    echo "The second operand is $second"
10   echo -n Please input the operator:
11   read op
12
13   case "$op" in
14     "+")
15         echo "add"
16         let result=first+second
17         echo "$first + $second = $result"
18         echo
19         ;;
20     "-")
21         echo "subtract"
22         let result=first-second
23         echo "$first - $second = $result"
24         echo
25         ;;
26     "*")
27         echo "multiply"
28         let result=first*second
29         echo "$first * $second = $result"
30         echo
31         ;;
32       *)
```

```
33          echo "Invalid operator, please check!!!"
34          exit 1
35          ;;
36      esac
37      echo
```

执行结果如下：

```
root@stm32mp-dk1# chmod 777 ./casetest.sh
root@stm32mp-dk1# ./casetest.sh
Please input the first operand:10
The first operand is 10
Please input the second operand:4
The second operand is 4
Please input the operator : -
subtract
10-4=6
```

2. 循环结构

Shell 作为一种编程语言，也有自己的循环控制结构，以执行需要重复运行的语句。在 Shell 脚本中，主要有 while 循环、until 循环以及 for 循环。下面进行逐一讲解。

Shell 基本结构

1) while 循环

while 循环是当型循环，当条件满足时，循环体中的语句将被执行，直到条件不满足为止。其语法结构如下：

```
while 条件表达式
do
    语句组
done
```

【示例 2.8】 使用 while 循环完成从 1 到 100 的求和，即 1 + 2 + 3 + 4 + … + 100，如程序清单 2-10 所示。

程序清单 2-10　while 循环示例

```
1    #!/bin/bash
2    #whiletest.sh
3    #Compute the sum of 1 to 100
4    index=1
5    sum=0
6    while [ "$index" -le "100"   ]
7    do
8      ((sum+=index))
9      let index=index+1
```

```
10    done
11    echo "1 + 2 + 3 + … + 100 = $sum."
```

执行结果如下：

```
root@stm32mp-dk1# chmod 777 whiletest.sh
root@stm32mp-dk1# ./whiletest.sh
1 + 2 + 3 + … + 100 = 5050.
```

2) until 循环

until 循环直到型循环控制结构，当条件不成立时，循环体中的语句将重复执行，一旦条件满足循环语句，其语法结构如下：

```
until 条件表达式
do
    语句组
done
```

【示例 2.9】 使用 until 循环完成从 1 到 100 的求和，即 1 + 2 + 3 + 4 + … + 100，如程序清单 2-11 所示。

程序清单 2-11　until 循环示例

```
1     #!/bin/bash
2     #until_demo.sh
3     #compute the sum of 1 to 100
4     index=1
5     sum=0
6     until [ "$index" -gt "100"    ]
7     do
8        sum='expr $sum + $index'
9        index='expr $index + 1'
10    done
11    echo "1 + 2 + 3 + … + 100 = $sum"
```

注意：sum = 'expr $sum + $index'表达式中“+”的两边有空格。

执行结果如下：

```
root@stm32mp-dk1# chmod 777 until_demo.sh
root@stm32mp-dk1# ./until_demo.sh
1 + 2 + 3 + … + 100 =5050
```

3) for 循环

for 循环一般用于事先能够求出循环变量取值集合的场景下，其基本语法结构如下：

```
for 循环变量 in 循环变量取值的集合
do
    语句组
done
```

【示例 2.10】 统计出当前路径下可执行文件的数目，如程序清单 2-12 所示。

程序清单 2-12　for 循环示例

```
1    #!/bin/bash
2    #for_demo.sh
3    #Count the number of the executable files in current directory.
4
5    count=0
6    for file in `ls`
7    do
8        if [ -x "$file"]
9        then
10         ((count+=1))
11         echo "$file is executable."
12       fi
13   done
14   echo "There are $count executable files in current directory"
```

执行结果如下：

```
root@stm32mp-dk1# ls
casetest.sh flletest.sh for_demo.sh Lfelsetr.sh
passwordcheck.sh userandpasswordcheck.sh
flle1 first. sh ifelsecheck. sh nunconpare. sh untll_demo.sh whtletest. sh
root@stm32mp-dk1# chmod 777 for_demo.sh
root@stm32mp-dk1# ./ for_demo.sh
casetest.sh is executable
flletest.sh is executable
...
There are 11 executable files in current directory
```

2.3.5　Shell 中的函数

在 C 语言中，程序能够将重复使用的代码以函数的形式进行组织，大大提高程序开发的效率。Shell 脚本也提供了函数功能，其基本格式如下 ：

```
函数名()
{
    函数中的语句组
}
```

函数调用的格式如下：

```
函数名 参数 1 参数 2 参数 3…参数 n
```

如果不需要参数，可以只使用函数名对函数进行调用；函数调用的函数也可以一一列

出，并用空格隔开。执行 Shell 脚本时给出的参数，也可以以 $1、$2、$3、…、$n 的方式引用，并可以使用$0 将脚本的名字传递给函数。

函数也可以返回值，基本格式如下：

```
return result
```

result 为 0 表示正常退出，非 0 表示异常退出。如果没有 result，则函数以最后执行命令的返回值作为函数的返回值。在脚本中，可以使用$?得到函数返回值。在/bin/bash 中也可以通过 echo 返回函数执行结果。

【示例 2.11】 用户通过脚本参数给定数字 n，通过函数 fun()求 n!，如程序清单 2-13 所示。

程序清单 2-13　函数示例

```
1    #!/bin/bash
2    #
3
4    fab() {
5    if [[ "$1" -eq "0" || "$1" -eq "1" ]]
6    then
7              echo 1
8    else
9              echo $[$1*$(fab $[$1-1])]
10   fi
11   }
12
13   echo "This is function shell"
14   fab $1
15   echo "the return from function is $result"
```

执行结果如下：

```
root@stm32mp-dk1# chmod 777 fab_test.sh
root@stm32mp-dk1# ./fab_test.sh 5
This is function shell
120
```

本 章 小 结

本章详细讲解了 Linux 系统下的 Shell 脚本编程。作为解释性的编程语言，Shell 脚本只是具有可执行权限的文本文件。Linux 系统能够一边解释脚本，一边执行脚本。Shell 语言提供程序控制语法结构，主要包括条件分支和循环结构。通过这些语法结构，开发人员能够编写功能强大的脚本，实现自动化的系统管理和运维控制。最后，通过脚本编程解决实际工程问题。

复习思考题

1. 在 Shell 编程中，== 和 -eq 两种运算符有何区别？
2. 如何在 Linux 系统中实现开机自动执行脚本？
3. 在 Linux 系统中，如何执行 Shell 脚本？
4. 编写 Shell 脚本实现九九乘法表。
5. 使用三种循环结构编写程序，计算 1 + 2 + 3 + … + 999。

工程实战

公司软件工程师在测试嵌入式开发终端的过程中需要上网查找资料，其中连接终端时的 IP 配置为：IP 地址为 192.168.0.120；子网掩码为 255.255.255.0；默认网关为 192.168.0.1。

该工程师上网查资料的网络配置为：IP 地址为 172.16.111.100；子网掩码为 255.255.255.0；默认网关为 172.16.111.1。

第 3 章

嵌入式 Linux C/C++ 编程

本章学习目标

知识目标

通过对本章嵌入式 Linux C/C++ 编程原理及工具等内容学习，使学生熟悉 Linux 操作系统程序设计方法、Linux GNU C 编译器特性，掌握 Linux C 程序工程管理工具 make、静态库生成方法、动态库的创建方法及算法思路、程序设计方法，学会嵌入式 C 语言程序调试方法。

能力目标

在掌握本章嵌入式 Linux C/C++ 编程基础知识的基础上，使学生具备嵌入式软硬件系统设计、开发和应用能力、具备计算思维、系统思维能力，具备工程实践、主动学习能力。

素质目标

培养学生自主学习意识、创新创业实践意识，锻炼学生创新思维和创新能力，弘扬工匠精神。

课程思政目标

通过对本章嵌入式 Linux 操作系统下 C/C++ 编程技术等内容及相关资料学习，培养学生人格素养、正确价值观，培养个人思想素质，坚定理想信念。

程序设计是一门有着独特方法的学科，涉及内容和表达两个方面。内容是求解问题的思路和方案，表达是使用程序设计语言对问题的解决方案进行准确的描述。了解和掌握 C 语言，只是初步掌握了对问题求解方法进行描述的工具，但更重要的是要有明确求解问题的思路和方案。从对题目要求的理解、明确的解题思路和方案，再到编写符合要求的程序、保证程序运行正确，有一系列环环相扣的工作步骤。

Linux 作为应用广泛的操作系统，其软件开发更加方便快捷。软件工程师进行软件开发需要编辑工具编写源代码；需要编译器将源代码编译成可执行的二进制文件；当程序的运行未达到预期，需要对其进行调试；大型的工程项目需要自动化的管理工具，以加快项目研发。Linux 操作系统提供优秀的软件开发工具：编译器 GCC、调试器 GDB、自动化工程管理工具 make 等。熟练运用这些系统工具，软件开发人员才能够高效地进行系统开发。

3.1 编译器 GCC

GNU 编译器套件(GNU Compiler Collection，GCC)是由 GNU 开发的编程语言编译器，是一款使用非常方便的编译工具。GCC 编译过程主要包括预处理、编译、汇编和链接。通过上述过程，生成可执行文件。GCC 的编译选项很多，但程序员在系统开发的过程中所用不多。如果在实际开发过程中用到其他的选项，也可以查找相关手册，GCC 常用的编译选项如表 3.1 所示。

表 3.1 GCC 常用的编译选项

选 项	作 用
-E	仅对源代码进行预处理，最后生成 test.i 的文件
-S	对源代码进行预处理和编译，生成汇编代码
-c	对源代码进行预处理、编译和汇编，生成目标文件
-o	指定最后生成的文件名字
-I	指定编译过程要用到的头文件保存的位置
-L	指定编译过程中要用到的库文件的保存位置
-g	生成带调试信息的可执行文件
-On	n 可取 1～3，表示对代码进行不同程度的优化

为更好地学习 GCC 相关选项，通过圆和长方形面积计算的具体案例进行讲解，如程序清单 3-1 所示。

程序清单 3-1 圆的面积和长方形面积计算(c_test.c)

```
1  #include <stdio.h>
2  #define circle
3  #define PI 3.14
4  int main(int argc, char* argv[ ])
5  {
6     float area = 0.0;
7     printf ("We will compute area for some shape:\n");
8     #ifdef circle
9     float radius = 0;
10    printf("You want to compute the area for circle,please give the radius: ");
11    scanf("%f",&radius);
12    if(radius > 0)
13    {
14        area = PI* radius * radius;
```

```
15          printf("The area of the circle (radius: %f) is %f\n.",radius,area);
16          }
17          else
18          {
19                printf("We cannot compute the area with the radius:%f.\n",radius);
20      }
21      #else
22      float length = 0;
23      float width = 0;
24      printf("Now, we will compute the area for rectangle, Please input the length:");
25      scanf("%f",&length);
26      printf("Please input the width:");
27      scanf("%f",&width);
28      if(length > 0 && width > 0)
29      {
30          area = length * width;
31          printf("The area of the rectangle(length:%f,width:%f) is %f.\n",length,width, area);
32      }
33      else
34      {
35          printf("we cannot compute the rectangle area with the length %d and width %d.\n",length, width);
36      }
37      #endif
38      return 0;
39  }
```

代码详解		
	第 1 行	#include 叫作文件包含命令，用来引入对应的头文件，将 stdio.h 头文件包含到程序中。
	第 2～3 行	#define 为宏定义命令，宏名分别为 circle 和 P13.14，在编译预处理时，对程序中所有出现的“宏名”，都用宏定义中的字符串去代换。

运行结果如下：

```
root@stm32mp-dk1# gcc c_test.c -o test
root@ stm32mp-dk1# ./test
we will compute area for some shape:
You want to compute the area for circle,please give the radius:4.5
The area of the circle (radius: 4.50000o) is 63.584999
```

在此案例中可让学生看到，虽然 C 语言书写自由，但加{}和缩进这样严谨的书写，会更能提高程序可读性，从而引导学生建立结构化编程思想，培养严谨、求实的科学态度和思维方式。由执行结果可知，通过链接操作得到可执行文件并运行得到所需结果。下面将以程序清单 3-1 为例，学习 GCC 编译选项。

1. -E 选项——预处理

该选项仅对源代码进行预处理的操作。编译 C 语言程序的第一步就是预处理。所谓预处理，主要完成包含头文件、条件编译、宏替换等工作。

执行命令，使用选项 -E 实现仅对源代码进行预处理得到 test.i 文件。

```
gcc -E c_test.c -o test.i
```

2. -S 选项——编译

预处理之后，GCC 编译器就要进行编译工作，主要完成语法检查。如果存在语法错误，则将停止编译，并给出错误信息。如果代码完全正确，则进行编译，生成汇编语言的程序。

执行命令，使用选项 -S 将对源代码 c_test.c 进行预处理和编译。

```
gcc -S c_test.c -o test.s
```

3. -c 选项——汇编

当使用 -c 选项，GCC 将进行预处理、编译和汇编，生成目标文件，也可以从中间某个环节开始，例如从预处理后的 test.i 文件开始，进行编译和汇编生成目标文件。目标文件是二进制文件，扩展名为“test.o”。命令如下：

```
gcc -c c_test.c -o test.o
```

命令执行完毕，会在指定目录路径中生成 test.o 的文件，但该目标文件无法通过编辑器打开查看。

4. 链接

链接操作主要将汇编生成的目标文件，按照链接文件的要求，生成最终可执行的二进制程序。在链接的过程中，如果源代码中调用了系统或者用户提供的静态库和动态库中的函数，链接的过程中，需要找到相应的库，做进一步处理，进而保证程序正常运行。在示例代码中用到 printf 函数显示输出信息与用户进行交互，在链接的过程，需要根据系统默认路径($PATH)，或用户给出的路径找到对应的库文件，然后链接成可执行程序。命令如下：

```
gcc c_test.c -o test
```

执行命令后，会生成可执行文件 test，通过 ./test 运行编译成功的可执行文件，求得我们要计算的长方形和圆形的面积结果。

3.2 库文件生成及应用

为了提高代码的可重用性，软件开发人员可以将频繁使用的函数集成在一起形成函数库。在使用函数库的时候，不需要重新进行预处理、编译和汇编，直接将其链接到自己的可执行程序中，因此系统开发效率得到大大提高。

函数库主要有两种：静态库和动态库。静态库在链接的过程中，会将库文件链接到可执行文件中，从而使可执行程序变得更大，但运行时不需要提供相关库文件，部署容易。动态库在链接的过程中，并没有将动态库链入程序，生成的可执行程序较小，但运行时需要提供对应的动态库，部署上需要做好准备工作。开发人员在使用过程中，可以根据需要

进行选择。下面将详细讲解静态库和动态库的制作及应用，头文件 libarea.h 完成库函数声明如程序清单 3-2 所示。

程序清单 3-2 libarea.h 代码

```
1  #ifndef __LIBAREA_H__
2  #define __LIBAREA_H__
3
4  float compute_rectangle_area(float length, float width);
5  float compute_circle_area(float radius);
7  #endif
```

给出函数 compute_circle_area 和 compute_rectangle_area 的代码，实现圆面积和长方形面积的计算，如程序清单 3-3 所示。

程序清单 3-3　libarea.c 代码

```
1  #include <stdio.h>
2  #define PI 3.14
3
4  float compute_circle_area(float radius)
5  {
6     float area = 0.0;
7     if(radius >= 0)
8     {
9          area = PI * radius * radius;
10    }
11    else
12    {
13    do
14    {
15         printf("Please check your parameter ( %f ),input again:",radius);
16         scanf("%f",&radius);
17    }while(radius < 0.0);
18
19    area = PI * radius * radius;
20    }
21    return area;
22    }
23    float compute_rectangle_area(float length, float width)
24    {
25         float area = 0.0;
26         if(length > 0.0 && width > 0.0 && length > width)
27         {
```

```
28              area = length * width;
29          }
30          else
31          {
32          do
33          {
34              printf("Please check your parameter(length:%f, width:%f),make sure length is greater than width,
                input again:\n",length, width);
35              printf("length:");
36              scanf("%f",&length);
37              printf("width:");
38              scanf("%f",&width);
39          }while(length < 0.0 || width < 0.0 || length < width);
40          area = length * width;
41          }
42          return area;
43  }
```

3.2.1 静态库的制作及应用

Linux 动态库和静态库

下面将学习使用程序清单 3-2、程序清单 3-3，学习静动态库文件的制作及其应用，并给出详细的步骤。

步骤 1：编写库文件的源代码：libarea.h(程序清单 3-2)libarea.c(程序清单 3-3)。

步骤 2：编译源代码 libarea.c，生成目标文件 libarea.o。

```
gcc -c libarea.c -o libarea.o
```

步骤 3：使用 ar 工具创建静态库。

源代码文件在编译之后生成相应的目标文件(.o 文件)，ar 工具就是将这些 .o 文件打包成一个 libxxxx.a 文件。用于静态库制作的命令是 ar，其常用选项如表 3.2 所示。

表 3.2　命令 ar 常用的选项

选　项	作　　用
-r	将给出的目标文件，集成到静态库
-c	如果静态库不存在，则创建静态库
-s	更新静态库的索引，以便包含新加入的目标文件

命令如下：

```
ar rcs libarea.a libarea.o
```

步骤 4：编写代码使用静态库中的面积求解函数，如程序清单 3-4 所示。

程序清单 3-4　使用静态库中的面积求解函数

```
1  #include <stdio.h>
2  #include "libarea.h"
3
4  int main(int argc, char *argv[])
5  {
6     float length = 5.0;
7     float width = 3.4;
8     float radius = 4;
9     float circle_area = 0.0;
10    float rectangle_area = 0.0;
11    /*argc == 0, error
12    *argc == 1, just compute circle area
13    *argc = = 2, just compute rectangle area
14    *argc == 3, compute circle and rectangle area */
15
16    printf("Output the parameters:\n");
17    printf("Num of parameters:%d.\n",argc);
18    for(int i = 0; i < argc; i++)
19    {
20          printf("The %dth parameter is %s.\n",i,argv[i]);
21    }
22
23    switch(argc)
24    {
25    case 2:
26    if(sscanf(argv[1],"%f", &radius) = = 1)
27    {
28          circle_area = compute_circle_area(radius);
29          printf("The Circle information:\n\tradius: %f\n\tarea: %f.\n", radius,circle_area);
30    }
31    else
32    printf("Cannot resolve the parameters!!!\n");
33    break;
34    case 3:
35    if((sscanf(argv[1],"%f",&length) ==1)&&(sscanf(argv[2], "%f",&width)==1))
36    {
37          rectangle_area = compute_rectangle_area(length, width);
38          printf("The rectangle information:\n\tlength:%f\n\twidth:%f\n\t area:%f\n" \,length, width,rectangle_area);
39    }
```

```
40    else
41    printf("Cannot resolve the parameters for rectangle.!!!\n");
42    break;
43    case 4:
44    if((sscanf(argv[1],"%f",&length)==1) \
45    && (sscanf(argv[2],"%f",&width)==1) \
46    && (sscanf(argv[3],"%f", &radius)==1))
47    {
48    rectangle_area = compute_rectangle_area(length, width);
49    circle_area = compute_circle_area(radius);
50    printf("The rectangle information:\n\tlength:%f\n\twidth:%f\n\tarea:%f\n"\length, width,rectangle_area);
51    printf("The circle information:\n\tradius:%f\n\tarea:%f.\n",radius,circle_area);
52    }
53    else
54    printf("Cannot resolve the parameters.\n");
55    break;
56    default:
57    printf("Please check your parameters!!!!!.\n");
58    return 1;
59    }
60    return 0;
61 }
```

代码详解		
	第 1～2 行	#include 叫作文件包含命令，用来引入对应的头文件，将 stdio.h 和 libarea.h 头文件包含到程序中。
	第 28～29 行	调用 libarea.c 中 compute_circle_area()函数计算圆的面积。
	第 37～38 行	调用 libarea.c 中 compute_rectangle_area()函数计算长方形的面积。
	第 44～46 行	通过 sscanf()函数从一个字符串中读进与指定格式相符的数据

运行结果如下：

```
root@stm32mp-dk1#gcc nain.c -o main -L. -larea
root@stm32mp-dk1#./main 4.5
output the parameters:
Num of parameters:2.
The oth parameter is ./main.
The 1th parameter is 4.5.
The circie information:
        radius: 4.500000
        area: 63.584999.
```

静态库是一组预先编译好的目标文件集合。在进行链接操作时，会将静态库文件链接到可执行的应用程序中。

3.2.2　动态库生成及应用

动态库是程序运行时加载的库，当动态库正确部署之后，链接同一动态库的多个程序可以在运行时共享加载到内存中的动态库。在 Linux 系统中，动态库也被称为共享库。生成动态库的过程中，需要使用 GCC 的两个重要选项：

-fPIC　　通过该选项生成与位置无关的目标文件；

-shared　通过该选项指定将生成动态库。

下面将 libarea.h(程序清单 3-2)libarea.c(程序清单 3-3)生成动态库，并给出详细的过程。

步骤 1：使用-fPIC 选项生成位置无关的目标文件 libarea.o。

```
root@stm32mp-dk1#gcc -fPIC -C libarea.c -0 libarea.o
```

步骤 2：使用 -shared 生成动态库，如果该库文件中含有多个目标文件，可以在 libarea.o 后面将其一一列出。

```
root@stm32mp-dk1# gcc -shared libarea.o -0 libarea.so
```

步骤 3：使用动态库生成可执行程序 main。

```
root@stm32mp-dk1#cf gcc main.c -0 main L. -larea
root@stm32mp-dk1# ls
libarea.c libarea.h libarea.o libarea.so main main.c
```

步骤 4：执行可执行程序 main。在运行程序前，将动态库复制到系统库/usr/lib/所在位置，这样就和系统自带库一样使用，否则将会报错。

运行结果如下：

```
root@stm32mp-dk1#./main 5
./main: error while loading shared Libraries: libarea.so: cannot open shared object flle:
NO such flie or directory
root@stm32mp-dk1#cp libarea.so /usr/lib/
root@stm32mp-dk1#./main 5
Output the parameters:
Num of parameters:2.
The 0th parameter is ./main.
The 1th parameter is 5.
The Circle information:
            radius: 5.000000
            area: 78.500000.
```

动态库也称动态链接库(共享库)，如果在库的存储路径有同名的动态库和静态库，GCC 默认使用动态库。

3.3　调试器 GDB

GDB 调试工具使用

软件开发人员在进行 Linux 应用程序开发的过程中，如果存在语法错误，将出现编译出错；如果存在逻辑上的错误或者设计上的错误，则需要通过调试器发现存在的问题。在 Linux 操作系统中，一般通过调试器 GDB 对带调试信息的可执行程序进行调试，进而发现程序中存在的问题。

3.3.1 GDB 使用过程

1. 生成带调试信息的程序

调试器 GDB 只能够对带有调试信息的可执行程序进行调试。为了生成包含调试信息的可执行程序，需要在编译的过程中，使用选项 -g，命令如下：

```
root@stm32mp-dk1#g++ -g test.cpp -o test
```

上述命令将由源代码 test.c 生成带有调试信息的可执行程序 test。

2. 程序调试

执行调试工具 GDB，并导入待调试的可执行程序 test，执行情况如图 3.1 所示。

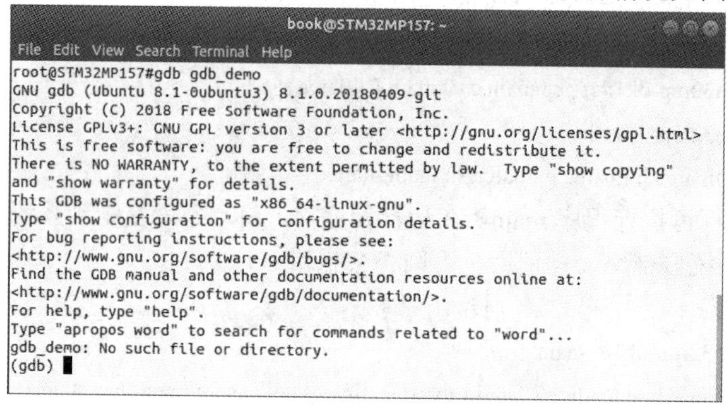

图 3.1 启动 GDB 工具

3.3.2 GDB 基本命令

在调试的过程中，需要完成多项操作，如查看源代码、设置断点、查看断点信息、单步调试等。GDB 工具为调试人员提供命令，协助调试人员完成各项操作。下面将结合源代码 gdb_demo.c(程序清单 3-5)为例，对 GDB 提供的命令进行一一讲解。

程序清单 3-5 gdb_demo.c

```
1  #include <iostream>
2  #include <string.h>
3
4  using namespace std;
5  void convert_string(char *str)
6  {
7      int length = strlen(str);
8      int index = 0;
9      char *temp_string = ( char* )malloc(length + 1);
```

```
10      for(index = 0; index < length; index ++)
11      temp_string[length - index] = str[index];
12      temp_string[length + 1] = '\0';
13      cout <<"变换后的字符串为：  "<< temp_string <<endl;
14  }
15  int main()
16  {
17      char source_string[] = "Hello World!";
18      cout <<"最开始的字符串是: "<< source_string << endl;
19      convert_string(source_string);
20      return 0;
21  }
```

运行结果如下：

```
root@stm32mp-dk1#./gdb_demo
最开始的字符串是: Hello World!
变换后的字符串为:
```

1. 源代码查看

在调试的过程中，开发人员需要对源代码进行查看。调试工具提供 list 命令(简写:l)，该命令主要有两种用法：① 不带参数(默认用法)，显示当前位置开始的 10 行代码；② 带参数显示指定行号为中间行的 10 行代码。

2. 断点操作

在程序调试的过程中，往往希望程序执行到某个点停下来，以便于调试人员查看相关量的值，进而判断是否存在逻辑上或设计上的错误。GDB 工具提供了丰富的命令，实现断点操作。

1) 设置断点

断点可以设置在某一行，可以设置在某个函数，也可以设置条件断点，即当条件满足时断点才起作用。

(1) 设置指定行上的断点。将断点设置在某一行的命令格式如下：

```
break   <行号>
```

或

```
b   <行号>
```

该方法在使用的过程中，常常与 list 命令配合，以确定断点设置的行号，以避免设置到注释或不恰当的位置上。

通过 list 命令查看源代码，并将断点设置在源代码的第 15 行，执行如下：

```
(gdb) b 15
Breakpoint 1 at 0xae2: file gdb_demo.cpp, line 15.
(gdb)
```

程序的第一个断点设置在文件 gdb_demo.cpp 的第 15 行。在 GDB 中，重新运行该程序，在 gdb_demo.cpp 的第 15 行停止下来。

(2) 设置指定函数上的断点。命令 break 也可以将断点设置在指定的函数上，命令格式如下：

```
break  <函数名>
```

或

```
b  <函数名>
```

在该示例程序中，主要有两个函数 main 和 convert_string。下面将在 convert_string 函数上设置断点。执行过程如下所示。

```
(gdb) b convert_string
Breakpoint 2 at 0x9c6: file gdb_demo.cpp, line 19.
(gdb)
```

第 2 个断点将设置在 gdb_demo.cpp 文件的第 19 行，正好是 convert_string 函数中的第一个语句。

(3) 设置条件断点。程序调试人员可以设置条件断点，当条件满足时，断点才能起作用。具体命令格式如下：

```
break  <行号>  if <条件表达式>
```

当指定的表达式为真时，指定行号上的断点才能够起作用。条件表达式需要满足 C 或 C++ 要求，并且要求条件表达式中的变量作用域能够覆盖指定的行号。

下面将在 gdb_demo.cpp 的第 11 行设置条件断点，当 index 取值为 3 时，该断点将起作用，命令执行过程如下：

```
(gdb) b 11 if index==3
Breakpoint 3 at 0x9ff: file gdb_demo.cpp, line 11.
(gdb)
```

2) 显示断点信息

显示待调试程序中断点信息的命令格式如下：

```
info break
```

下面将显示待调试程序设置的所有的点，命令执行过程如下：

```
(gdb) info break
Num   Type        Disp  Enb   Address              What
1     breakpoint  keep  y     0x0000000000000ae2   in main() at gdb_demo.cpp:15
2     breakpoint  keep  y     0x00000000000009c6   in convert_string(char*) at gdb_demo.cpp:19
3     breakpoint  keep  y     0x00000000000009ff   in convert_string(char*) at gdb_demo.cpp:11
stop only if index==3
(gdb)
```

由执行结果，可以看出调试人员在待调试程序中设置 3 个断点，并给出断点的状态、地址以及详细信息。

3) 禁能或使能断点

在程序调试的过程中，可以让某个断点暂时不起作用，其命令格式如下：

```
disable breakpoint <断点号>
```

也可以让被禁能的断点重新使能，其命令格式如下：

```
enable breakpoint <断点号>
```

下面的示例程序中，禁能第 2 个断点，并显示断点的状态，执行过程如下：

```
(gdb) disable breakpoint 2
(gdb) info break
Num    Type         Disp   Enb   Address                What
1      breakpoint   keep   y     0x0000000000000ae2     in main() at gdb_demo.cpp:15
2      breakpoint   keep   n     0x00000000000009c6     in convert_string(char*) at gdb_demo.cpp:19
3      breakpoint   keep   y     0x00000000000009ff     in convert_string(char*) at gdb_demo.cpp:11
stop only if index==3
(gdb)
```

由执行结果可以看出第 2 个断点的使能状态为 n。在调试的过程中，该断点将不再起作用。如果希望重新使能该断点，可以通过 enable breakpoint 2 命令实现，读者可以自行测试。

4) 删除指定的断点

如果调试人员确定某个断点不再使用，可以通过断点删除命令移除不需要的断点。命令格式如下：

```
delete breakpoint <断点号>
```

或

```
d breakpoint <断点号>
```

由于需要确切知道删除断点的编号，因此该命令常常与 info break 命令配合使用。

下面示例中，将删除 convert_string 函数上的断点，其编号为 2。执行过程如下：

```
(gdb) delete breakpoint 2
(gdb) info break
Num    Type         Disp   Enb   Address                What
1      breakpoint   keep   y     0x0000000000000ae2     in main() at gdb_demo.cpp:15
3      breakpoint   keep   y     0x00000000000009ff     in convert_string(char*) at gdb_demo.cpp:11
stop only if index==3
(gdb)
```

删除第 2 个断点后，当前待调试的程序中仅保留编号为 1 和 3 的断点。

5) 清除断点

清除待调试程序中已经设置的断点，主要有两种方式：

(1) 不带参数的断点清除。如果直接使用 clear 命令清除断点，就会删除待调试程序上次停止的所有断点。命令格式如下：

```
clear
```

(2) 带参数的断点清除。这里的参数表示行号，因此能够清除指定行号上的断点。命令格式如下：

```
clear <行号>
```

下面示例程序中，将清除 gdb_demo.cpp 文件第 15 行上的断点。执行过程如下：

```
(gdb) clear 15
Deleted breakpoint 1
(gdb) info break
Num TypeDisp Enb AddressWhat
3breakpointkeep y0x00000000000009ff in convert_string(char*) at gdb_demo.
cpp:11 stop only if index==3
```

最终，待调试的程序上仅存在 3 号断点，其余的两个点分别被删除和清除。

3. 程序运行控制命令

当断点设置好后，调试人员将通过命令和设置的断点控制程序的运行。主要控制方式如下：

1) 运行程序

运行程序才能够触发断点，并找出程序中存在的逻辑或设计错误。在调试的过程中，也可以通过该命令重新运行程序。运行程序的命令格式如下：

```
run
```

或

```
r
```

设置好断点后，通过 run 命令执行该程序。执行过程如下：

```
(gdb) run
Starting program:/srv/ftp/upload/Book/chapter3_program/gdb_demo
最开始的字符串是: Hello World!
Breakpoint 3, convert_string (str=0x7fffffffe41b "Hello World!") at gdb_demo.cpp:11
11temp_string[length - index] = str[index];
```

在程序运行的过程中，触发了 3 号中断。

2) 继续运行

在程序调试的过程中，遇到断点将中断程序的运行。如果没有发现问题，则希望被中断的程序继续运行。继续运行命令能够让被中断的待调试程序从上次触发的断点处继续运行。命令格式如下：

```
continue
```

或

```
c
```

下面将应用 continue 命令，让被中断的待调试程序继续运行。命令执行过程如下：

```
(gdb) continue
Continuing
变换后的字符串为:
[Inferior 1 (process 20063) exited normally]
```

由于待调试的程序中只有一个断点，因此当再次运行程序时，直接执行到程序结果，

并且仍然存在设计上的错误，即没有输出变换后的字符串。

3) 单步运行

在程序调试的过程中，设置断点的目的就是为了找到程序设计错误，往往需要通过单步运行对程序进行详细分析。在调试过程中，单步运行主要有两种形式：

(1) next 命令。待调试程序遇到断点将会停止执行，执行 next 命令，可以实现单步调试运行。当执行 next 命令的过程中，遇到函数调用，则将被调用的函数全部执行结束后，再继续进行单步执行。命令格式如下：

```
next
```

或

```
n
```

(2) step 命令。执行 step 命令，实现单步执行。当遇到子函数调用，将会进入子函数体内，继续单步执行。命令格式如下：

```
step
```

或

```
s
```

下面将重新执行程序，在遇到断点时，将通过 next 命令或 step 命令进行单步执行，执行过程如下：

```
(gdb) r
Starting program:/srv/ftp/upload/Book/chapter3_program/gdb_demo
最开始的字符串是: Hello World!
Breakpoint 3, convert_string (str=0x7fffffffe41b "Hello World!") at
gdb_demo.cpp:11
11stemp_string[length - index] = str[index];
(gdb) s
10for(index = 0; index < length; index ++)
(gdb) n
11temp_string[length - index] = str[index];
(gdb) s
10for(index = 0; index < length; index ++)
(gdb) n
11temp_string[length - index] = str[index];
```

4) 数据查看命令

只有通过变量取值分析，才能找到程序设计上的逻辑错误。工具 GDB 提供 print 命令显示变量的值、表达式的值、数组的值等，使调试人员通过相关值的分析，找到待调试程序中的异常。

(1) 显示变量的值。通过查看相关变量的值，能够掌握程序运行的状态。显示待调试程序中变量值的命令格式如下：

```
print   <变量名>
```

下面将显示待调试程序 gdb_demo 中，当前 index 变量的取值，命令执行过程如下：

```
(gdb) r
(gdb) print index
$1 = 5
```

由执行结果可知，当前 index 变量的取值为 5。

(2) 显示表达式的值。调试人员可以根据当前的变量，组合成合法的 C 或 C++表达式，并通过 print 命令显示出表达式的值。该操作的命令格式如下：

```
print   <表达式>
```

下面将显示表达式 index-2 的值，执行过程如下：

```
(gdb) printf index-2
$6 = 3
```

由于当前 index 的取值为 5，因此表达式 index-2 的值为 3。

(3) 显示数组的值。在程序开发的过程中，开发人员往往使用数组保存相同类型的数据。通过显示数组中的值，能够快速定位设计上的问题。显示数组的值主要有两种情况：

① 显示整个数组的值。如果 print 命令后的参数是数组名，那么将显示整个数组值。命令格式如下：

```
print <数组名>
```

下面将显示 gdb_demo 程序中，数组 str 和 temp_string 的值。执行过程如下：

```
(gdb) print <str>
$2 = 0x7fffffffe41b "Hello World!"
(gdb) print <temp_string>
$3 = 0x555555769280 ""
```

数组 str 的值为“Hello World!”,与具体操作保持一致，但经过几轮的赋值，数组 temp_string 的值仍为空，说明在数组操作的设计上存在问题。

② 显示数组中某个位置的值。在调试的过程中，不仅能够显示整个数组的值，也可以根据需要显示指定下标处的数组元素值。命令格式如下：

```
print <数组名[下标]>
```

下面将显示数组 str 中以变量 index 值为下标的元素值和下标为 3 的元素值，执行过程如下：

```
(gdb) printf <str[index]>
$4 = 32 ' '
(gdb) printf <str[3]>
$5 = 108 'l'
```

由执行结果可知,当前 index 的取值为 5，将显示 str[5]的值，即空值；当下标为 3 时，将显示 str[3]的值，即‘l’。

3.3.3 GDB 应用示例

下面将综合应用 GDB 提供的调试命令，找到程序设计上的错误，以生成用户期望的应

用程序。编译源代码 gdb_demo.cpp，生成带调试信息的可执行程序 gdb_demo，命令如下：

```
root@STM32MP157#g++ -g gdb_demo.cpp -o gdb_demo
```

使用 GDB 工具调试上述生成的可执行程序 gdb_demo,具体命令：

```
root@STM32MP157#gdb gdb_demo
```

使用 GDB 中的运行程序的命令 run，运行程序，得到执行过程如下：

```
(gdb) run
Starting program:/srv/ftp/upload/Book/chapter3_program/gdb_demo
最开始的字符串是: Hello World!
变换后的字符串为:
[Inferior 1 (process 20457) exited normally]
```

由执行过程可知，变换后的字符串为空，并没有达到字符串反转的结果。根据源代码，极有可能在变换的操作中出现问题，因此在代码的第 11 行设置断点，执行过程如下：

```
(gdb) b 11
Breakpoint 1 at 0x5555555549ff: file gdb_demo.cpp, line 11.
(gdb) info b
Num   Type          Disp Enb Address              What
1     breakpoint    keep y 0x00005555555549ff    in main()at gdb_demo.cpp:11
```

使用调试工具 GDB 中的 run 命令执行待调试的程序 gdb_demo，在执行到代码的第 19 行时，遇到设置的断点 breakpoint 1，程序停止运行。由上述运行情况可知，变换后的字符 temp_string 为空，因此需要设置观察点，实时观察其值的变量，命令如下所示：

```
(gdb) watch temp_string[length - index]
Hardware watchpoint 2: temp_string[length - index]
(gdb)
```

使用命令 continue,将待调试的程序继续运行，执行过程如下:

```
(gdb) continue
Continuing.
Hardware watchpoint 2: temp_string[length - index]
Old value = 0 '\000'
New value = 72 'H'
convert_string (str=0x7fffffffe41b "Hello World!") at gdb_demo.cpp:10
10for(index = 0; index < length; index ++)
(gdb) print length - index
$1 = 12
```

字符数组 temp_string 的空间，通过 malloc 函数获得。在分配空间的过程中，将字符数组初始化为 0。通过命令 print length-index，得到当前操作的元素是 temp_string[12]，操作前 Old value 的值为 0，但是操作后 New value 的值为'H'，达到预期要求。通过 continue 命令继续运行程序 3 次，均达到设计要求。

下面将对 length-index 为 0 的极限情况进行测试，首先使用 clear 命令清除所有已设置的断点，然后在源代码 19 行设置条件断点(length-index==0)，执行过程如下：

```
(gdb) clear 11
(gdb) b 11 if (length-index)==0
Breakpoint 2 at 0x9ff: file gdb_demo.cpp, line 11.
(gdb) run
Starting program: /srv/ftp/upload/Book/chapter3_program/gdb_demo
最开始的字符串是: Hello World!
变换后的字符串为:
[Inferior 1 (process 20516) exited normally]
```

根据执行结果，可知 length-index 的值永远不可能为 0，进而找到设计错误的位置。

在 GDB 中，执行 shell 命令 vim，将源代码 11 行修改为：temp_string[length - index] = str[index]，执行过程如下：

```
(gdb) shell vim gdb_demo.cpp
```

同样，在 gdb 中，执行 shell 命令 g++，重新编译源代码 gdb_demo.cpp，生成 gdb_demo，并运行命令 run，执行过程如下：

```
(gdb) shell g++ -g gdb_demo.cpp -o gdb_demo
(gdb) r
'/srv/ftp/upload/Book/chapter3_program/gdb_demo' has changed; re-reading symbols.
Starting program:/srv/ftp/upload/Book/chapter3_program/gdb_demo
warning: Probes-based dynamic linker interface failed.
Reverting to original interface.
最开始的字符串是: Hello World!
变换后的字符串为: !dlroW olleH
[Inferior 1 (process 20528) exited normally]
```

通过综合应用 GDB 提供的调试命令，定位源代码 gdb_demo.cpp 设计中存在的问题。最后，修改源代码得到源字符串 Hello World!的反序字符串!dlroW olleH，达到预期设计效果。

编码只是一系列工作过程中的一步。在编码之前有许多问题需要仔细考虑，在编码之后有一系列的调试、测试工作要做。不经过前期工作就直接编码，不仅无法全面把握问题的要求，而且需要使用不熟悉的编程语言来进行思考和作出决策。这种做法对于简单问题可以处理，对于稍微复杂的问题就会出错，不但需要花费大量时间进行程序调试，还未必能解决问题。为避免此类情况，应该在开始学习程序设计时重视编程工作的系统性和阶段性,养成踏踏实实、循序渐进的工作习惯。在编码之前的各个阶段，应当使用最熟悉的语言分析思考问题，以保证对问题理解准确、描述清楚，为后续阶段的工作打下坚实的基础。

3.4 自动化工程管理工具——make

针对大型项目，源代码文件数以千万计，传统的方法难以完成项目管理，需要借助自

动化的工程管理工具——make。在 make 工具运行的过程中，通过 Makefile 文件来表示项目中源代码文件之间的依赖关系，进而确定编译的先后顺序。make 工具能够按照源代码文件修改的时间，确定需要进行重新编译的源代码文件，因此能够在很大程度上提高项目编译的效率。在应用 make 工具前，应该首先掌握 Makefile 文件的编写。

Makefile 文件及执行

3.4.1　Makefile 文件结构

Makefile 文件是由一条条的规则组成，每条规则的语法如下：

```
目标: 依赖文件
  命令
```

其中：目标可以是通过 make 工具创建的文件如目标文件、可执行文件以及各种库文件等，也可以是伪目标(并不生成实际的文件)；依赖文件可有可无，如果存在，则表示创建目标文件所依赖的文件；命令表示创建目标文件需要运行的命令。

下面以计算数学运算工程为例，讲解如何通过 make 工具提高项目管理的效率。在该工程中，主要有三个源代码文件：

(1) math_statistics.cpp：主要包含计算数组元素均值、方差和标准差，如程序清单 3-6 所示。

(2) shape_area.cpp：主要包含计算圆形、长方形以及三角形的面积,如程序清单 3-7 所示。

(3) main.cpp：主要完成对相关数学运算函数的调用，如程序清单 3-8 所示。

程序清单 3-6　math_statistics.cpp

```
1   #include <math.h>
2   double compute_average(double data[], int count)
3   {
4       double ave_value = 0.0;
5       int index = 0;
6       double sum = 0.0;
7       for(index = 0; index < count; index ++)
8       sum += data[index];
9       ave_value = sum / count;
10  }
11  double compute_variance(double data[], int count)
12  {
13      double ave_value = compute_average(data, count);
14      double sum = 0.0;
15      double difference = 0.0;
16      double variance = 0.0;
17      int index = 0;
```

```
18      for(index = 0; index < count; index ++)
19      {
20          sum += (data[index] - ave_value) * (data[index] - ave_value);
21      }
22      variance = sum/count;
23      return variance;
24  }
25  double compute_std_deviation(double data[], int count)
26  {
27      double std_deviation = 0.0;
28      double variance = compute_variance(data, count);
29      std_deviation = sqrt(variance);
30      return std_deviation;
31  }
```

代码详解		
	第 1 行	#include 称为文件包含命令，math.h 头文件包含到 math_statistics.cpp 程序中。
	第 11～24 行	完成均值，方差的计算，并根据返回方差的数值。
	第 25～31 行	调用 double compute_variance()函数的返回值，完成标准差的计算。

程序清单 3-7　shape_area.cpp

```
1   #define PI 3.14
2   double compute_circle_area(double radius)
3   {
4       double area = (double)(PI * radius * radius);
5       return area;
6   }
7
8   double compute_rectangle_area(double length, double width)
9   {
10      double area = (double)(length * width);
11      return area;
12  }
13  double compute_triangle_area(double bottom, double height)
14  {
15      double area = (double)(0.5 * bottom * height);
16      return area;
17  }
```

代码详解		
	第 1 行	#define 会将使用宏定义变量 PI 的地方直接进行替换处理，其值为 3.14。
	第 8～17 行	完成对长方形和三角形的面积计算。

程序清单 3-8　main.cpp

```
1   #include <iostream>
2   #include "math_statistics.h"
3   #include "shape_area.h"
4   #define ARRAY_SIZE   16
5   using namespace std;
6
7   int main()
8   {
9   double math_compute_datas[ARRAY_SIZE]={1,2,3,4,5,6,7,89,10,11,12,13,14,15, 16};
10  int index = 0;
11  double radius = 3;
12  duble length = 3;
13  double width = 5;
14  double bottom = 10;
15  double height = 8;
16  double average = compute_average(math_compute_datas,ARRAY_SIZE);
17  double variance = compute_variance(math_compute_datas,ARRAY_SIZE);
18  double std_deviation = compute_std_deviation(math_compute_datas, ARRAY_SIZE);
19  cout <<"数组中数据为: "<<endl;
20  for( index = 0; index < ARRAY_SIZE; index ++)
21  cout << math_compute_datas[index] <<"";
22  cout << endl;
23
24  cout <<"数组平均数: "<< average << endl;
25  cout <<"数组方差: "<< variance << endl;
26  cout <<"数组标准差: "<< std_deviation << endl;
27  cout <<"圆的面积为: "<< compute_circle_area(radius) << endl;
28  cout <<"长方形("<<length <<" , "<< width <<") 的面积: "<< compute_rectangle_area(length, width) <<
    endl;
29  cout <<"三角形("<< bottom <<" , "<< hight <<") 的面积: "<< compute_triangle_area(bottom, hight)
    <<endl;
30  return 0;
31  }
```

代码 详解	第 1 行	#include<iostream>是标准的 C++ 头文件，引入 iostream 库,即输入输出流库。
	第 7～31 行	完成对相关数学运算函数的调用。

下面将给出上述工程的 Makefile 文件，如程序清单 3-9 所示。

程序清单 3-9 Makefile 文件

```
1 math_test:main.o shape_area.o math_statistics.o
2 g++ main.o shape_area.o math_statistics.o -o math_test
3 main.o:main.cpp
4 g++ -c main.cpp -o main.o
5 shape_area.o:shape_area.cpp
6 g++ -c shape_area.cpp -o shape_area.o
7 math_statistics.o:math_statistics.cpp
8 g++ -c math_statistics.cpp -o math_statistics.o
```

该工程的 Makefile 文件主要由 4 条规则组成。第 2 行和第 3 行的规则，使用 g++ 工具将文件 main.o、shape_area.o 以及 math_statistics.o 生成目标文件 math_test；第 4 行和第 5 行的规则，使用 g++ 工具将 main.cpp 文件生成目标文件 main.o。以此类推，其他两个规则分别由 shape_area.cpp 和 math_statistics.cpp 文件生成目标文件 shape_area.o 和 math_statistics.o。

3.4.2 make 执行过程

下面将通过 make 工具，对上述工程进行编译，执行过程如下：

```
root@stm32mp-dk1#make
g++ -c main.cpp -o main.o
g++ -c shape_area.cpp -o shape_area.o
g++ -c math_statistics.cpp -o math_statistics.o
g++ main.o shape_area.o math_statistics.o -o math_test
root@stm32mp-dk1#
```

如果直接运行 make 命令(没有给出参数)，make 工具就会搜索并读取当前目录下的 Makefile 文件，并以该文件的第一个规则的目标文件为最终目标。在该示例中，最终生成的目标为可执行程序 math_test。然后，在当前目录下搜索当前规则的依赖文件。由于第一次进行编译，三个依赖文件 main.o、shape_area.o、math_statistics.o 均不存在。make 工具将搜索 Makefile 文件，找到以它们为目标的规则，并通过对应的命令生成三个.o 的文件。最后，执行第一个规则中的命令生成可执行程序 math_test。

3.4.3 Makefile 变量

在 Makefile 文件中，灵活应用变量可以简化 Makefile 文件的编写。开发人员也可以使用其他变量来生成当前变量的值。Makefile 中应用于变量的操作符主要有以下 4 种：

1. 操作符“$”

开发人员在编写 Makefile 文件时，可以像编写 Shell 脚本一样方便快捷。Makefile 文件的操作符“$”与 Shell 脚本中作用一样，可以直接获取变量的值。

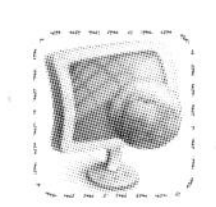

2. 操作符“=”

该操作符给出变量赋值的格式如下：

变量名 = 变量值

在变量值中，可以通过操作符“$”获取其他变量的值作为当前变量值的一部分。这里的其他变量可以位于 Makefile 文件的任何位置。操作符“=”的应用如程序清单 3-10 所示。

程序清单 3-10　递归扩展变量

```
1   address = $(home)
2   home = $(house)
3   house = Huaian, Jiangsu, China
4   all:
5       echo $(address)
```

通过 make 命令执行 Makefile，执行结果如下：

```
root@stm32mp-dk1#ls
Makefile
root@stm32mp-dk1#make
echo Huaian, Jiangsu, China
Huaian, Jiangsu, China
root@stm32mp-dk1#
```

由执行结果可知，虽然在第 1 行之前没有定义这是 home 变量，但通过递归扩展变量，仍然能够获得变量 home 的值。

3. 操作符“:=”

操作符“:=”的使用方式如下：

变量名: = 变量值。

在变量值中，可以通过操作符“$”取其他变量的值，作为该变量值的一部分，但要求其他变量必须在该语句前有定义，如果没有则为空。该操作符的应用如程序清单 3-11 所示：

程序清单 3-11　操作符“:=”示例

```
1   address := $(home)
2   home := $(house)
3   house := Huaian, Jiangsu, China
4   all:
5       echo $(address)
```

使用 make 命令执行该 Makefile，运行结果如下：

```
root@stm32mp-dk1#ls
Makefile
root@stm32mp-dk1#make
echo
```

由执行结果可知，address 变量的值为空。虽然在 Makefile 文件中定义了变量 home，但在 address 变量定义的后面，扩展后其值为空。

4. 操作符“?=”

该操作符“?=”的赋值操作如下所示：

```
变量名 ?= 变量值
```

如果同样的变量在当前语句前已经赋值，则该赋值操作不起作用；如果前面没有对当前变量赋值，则将当前值赋值给当前的变量。该操作符的执行过程如程序清单 3-12 所示。

程序清单 3-12　操作符“?=”示例

```
1  nation = China
2  province ?= Jiangsu
3  province ?= Shangdong
4  city ?= Huaian
5  address ?= $(city), $(province), $(nation)
6  all:
7      echo $(address)
```

运用 make 命令，将执行 Makefile 文件，执行结果如下：

```
root@stm32mp-dk1#ls
Makefile
root@stm32mp-dk1#make
echo Huaian, Jiangsu, China
Huaian, Jiangsu, China
```

由执行结果可知，程序清单 3-12 中第 2 行和第 3 行均对变量 province 进行赋值，但第 3 行的赋值操作并没有执行，因此 province 的取值仍然是 Jiangsu。

3.4.4　自动变量

Makefile 中变量主要有用户自定义变量、预定义变量、环境变量以及自动变量。高级程序员往往通过自动变量简化 Makefile 文件。Makefile 文件中常用的自动变量如表 3.3 所示。

表 3.3　常用自动变量

变量名	含　义
$<	依赖文件列表中的第一个依赖文件
$@	所有的目标文件
$^	不重复的依赖文件集合(以空格分隔)
$+	所有的依赖文件(包含重复的依赖文件)
$?	比目标文件新的所有依赖文件的集合(以空格分隔)

下面将应用自动变量简化程序清单 3-13 所示的 Makefile 文件，化简结果如下程序清单所示。

程序清单 3-13 应用自动变量的 Makefile 文件

```
1  math_test:main.o shape_area.o math_statistics.o
2      g++ $^ -o $@
3  main.o:main.cpp
4      g++ -c $^ -o $@
5  shape_area.o:shape_area.cpp
6      g++ -c $^ -o $@
7  math_statistics.o:math_statistics.cpp
8      g++ -c $^ -o $@
```

3.4.5 Makefile 常用规则

Makefile 文件中，除上述的一般规则外，常用的规则主要有隐式规则和模式规则。通过灵活应用规则，能够进一步简化 Makefile 文件。

1. 隐式规则

隐式规则是 Makefile 脚本执行过程中能够自动推断出的规则，如所有的.c 文件能够编译成.o 文件。隐式规则能够简化 Makefile 文件的编写，提高可读性和可维护性。Makefile 文件中主要的隐式规则如表 3.4 所示。

表 3.4 隐 式 规 则

编程语言	隐 式 规 则
C 语言	.c 文件编译成 .o 文件
C++语言	.cpp 文件编译成 .o 文件
Pascal 语言	.p 文件编译成 .o 文件
Fortran 语言	.r 文件编译成 .o 文件

下面将应用隐式规则简化程序清单 3-14 所示的 Makefile，化简后的结果如下：

程序清单 3-14 应用自动变量的 Makefile 文件

```
1  math_test:main.o shape_area.o math_statistics.o
2      g++ $^ -o $@
```

在化简后的 Makefile 文件中，所有的.cpp 文件生成对应.o 文件均通过隐式规则实现，并不需要开发人员显示给定编译指令。

2. 模式规则

模式规则总结一类编译操作的流程，为多个源代码文件的编译工作建立规则，以简化 Makefile 文件的编写。在模式规则中，不带扩展名的文件用“%”符号表示。

下面将应用模式规则简化程序清单 3-15 所示 Makefile 文件，化简后的文件如下程序清单所示。

程序清单 3-15　应用模式规则的 Makefile 文件

```
1  math_test:main.o shape_area.o math_statistics.o
2      g++ $^ -o $@
3  %.o:%.cpp
4      g++ -c $^ -o $@
```

本章小结

本章详细讲解了 Linux 操作系统下应用程序开发的常用工具，如编译器 GCC、调试器 GDB 和自动化工程管理工具 make。嵌入式 Linux 系统开发的第一步就熟练使用以上开发工具。在每个工具的讲解中，均给出完整的案例。希望读者通过案例学习，学会开发工具的使用。通过具体工程实践，将所学知识融会贯通。

通过对本章嵌入式 Linux 操作系统下 C/C++编程技术等内容及相关资料的学习，响应"新工科"和工程教育改革理念和信息工程技术类人才培养要求，在讲授 Linux 操作系统理论与应用过程中，本着课堂讲解与实际操作相结合，注重学生动手能力与批判性思维的构建。目标是培养学生人格素养、建立正确价值观，完善个人思想素质和坚定理想信念。

复习思考题

1. 编译工具 GCC 请源代码编译成可执行主要经历哪些阶段？每阶段生成的什么样的文件？
2. 在 Linux 操作系统中，静态库和动态库有哪些不同？通过实例给出两种库文件生成和使用过程？
3. 在调试工具 GDB 中，如何修改变量的值？通过实例进行说明。
4. make 工具根据 Makefile 文件编译工程的过程是什么？
5. make 工具中常用的变量扩展方式有哪些？执行过程中有哪些不同？

工程实战

为了克服单链表这种单向性的缺点，项目组希望建立双向循环链表静动态库文件。试写出创建带头节点的双循环链表、实现插入数据并弹出尾节点数据等函数，要求分别封装。结合本章所学内容，利用编译器 GCC、自动化工程管理工具 make 工具编译成静动态库文件。分别给出详细的测试过程。

第 4 章

嵌入式 Linux I/O 编程

本章学习目标

知识目标

了解 Linux 虚拟文件系统的优势；理解 Linux 文件 I/O 相关的编程框架；理解串口通信协议；熟悉 Linux 串口编程相关系统调用；熟悉 I/O 多路复用工作机理和 API 函数。

能力目标

掌握 Linux 系统中带缓存和不带缓 I/O 程序设计方法；掌握 Linux 串口通信各参数的配置方法；掌握 I/O 多路复用的三种方法：select、poll 和 epoll。

素质目标

通过本章的学习，培养学生复用设计思维，即通过 I/O 多路复用案例掌握复用思想。

课程思政目标

培养学生规范意识，严格按照协议要求设计系统，才能实现设备的互联互通。

在 Linux 操作系统中，文件主要分为普通文件、目录文件、链接文件、管道文件以及设备文件。虚拟文件系统(VFS)为所有文件 I/O 操作提供统一接口，并实现不同文件系统的共存，如 NTFS、FAT、ext3 以及各种嵌入式设备中使用的文件系统。用户通过统一的接口可以实现跨文件系统的文件操作，可以将文件通过复制命令从 NTFS 文件系统复制到 ext3 格式的文件系统，而不用考虑它们之间的差异。世界是一个普遍联系的统一整体，任何事物内部以及事物内部之间都存在着相互影响、相互制约和相互作用的关系。这就要求我们在处理具体问题时必须考虑到该问题涉及对象之间的差异，并设法弥补这一差异。在处理问题的实际过程中，要严格执行设计规范，遵守职业道德和操守，更不能为了私利违反法律，破坏操作系统的稳定性。

4.1　Linux 文件 I/O

在操作系统使用的过程中，所有的数据以文件的形式保存。每一种编程语言均给出文件读写的函数，这些函数功能的实现需要得到操作系统内核的支持，即 Linux 内核给出的文件 I/O 系统调用。

4.1.1 文件描述符

文件描述符是内核为方便管理进程打开文件所创建的索引值,一般以非负整数来表示。进程在运行的过程中打开或创建一个新的文件，Linux 内核将向进程返回一个文件描述符。进程在创建的过程中，将默认打开三个文件标准输入(STDIN)、标准输出(STDOUT)、标准错误输出(STDERR)，对应的文件描述符分别是 0、1、2。

4.1.2 不带缓存的 I/O 操作

Linux 操作系统主要提供两种 I/O 操作：不带缓存的 I/O 操作和带缓存的 I/O 操作。所谓不带缓存的 I/O 操作，是指直接通过 Linux 内核提供的功能进行文件读写，即系统级的文件读写，具有效率高、速度快的特点，但只能读写二进制文件。下面将列出主要的不带缓存的 I/O 操作函数。

1. 文件创建或打开函数

该函数能够打开磁盘或闪存中已经存在的文件，文件不存在时能够创建文件，函数原型如表 4.1 所示。

表 4.1 open 函数原型

类　别	描　　述	
函数	int open(const char * pathname, int flags, int perms)	
参数	Path name	被打开的文件名(可包含文件路径名)
	flags	文件打开的方式,其中常用方式如下：
		O_WRONLY　以只写方式打开
		O_RDONLY　以只读方式打开
		O_RDWR　以读写方式打开
	perms	打开文件的权限(可以使用八进制数表示)
返回值	>=0	文件描述
	-1	执行错误，返回出错码

2. 读文件函数

用户打开硬盘文件后，往往需要读出数据以供后续使用。Linux 系统提供读文件的系统调用函数如表 4.2 所示。

表 4.2 read 函数原型

类　别	描　　述	
函数	ssize_t read(int fd, void * buffer, size_t count)	
参数	fd	文件描述符
	Buffer	保存读出数据的缓冲区
	count	读取的实际字节数
返回值	> 0	成功读到的字节数成功
	0	到达文件末尾
	-1	执行错误

3. 写文件函数

进程在执行的过程中，需要将数据保存到存储设备上，将使用 Linux 操作系统提供的写文件系统调用，该函数原型如表 4.3 所示。

表 4.3　write 函数原型

类　别	描　　述
函数	ssize_t write(int fd, void * buffer, size_t count)
参数	fd　　文件描述符 buffer　　写入文件的数据缓冲区 count　　待写入数据实际字节数
返回值	>0　　成功写入的字节数 −1　　执行错误

4. 定位文件读写的位置

在文件读写的过程中，相关结构体中有定位指针，指向当前正在读写的文件位置。Linux 操作系统提供系统调用，方便开发人员重新定位文件读写的位置，该函数原型如表 4.4 所示。

表 4.4　lseek 函数原型

类　别	描　　述
函数	off_t lseek(int fd, off_t offset, int whence)
参数	fd　　文件描述符 offset　　偏移量，单位字节，负数表示向前移，正数表示向后移 whence　　从哪里开始移动 SEEK_SET 从文件的开关开始移动 SEEK_CUR 从文件的当前位置开始移动 SEEK_END 从文件的结束位置开始移动
返回值	>0　　执行成功，返回调整后的位置 -1　　执行错误

5. 关闭文件

在进程终止运行，或者开发人员希望关闭文件时，将调用关闭文件的系统调用，该系统调用的函数原型如表 4.5 所示。

表 4.5　close 函数原型

类　别	描　　述
函数	int close(int fd)
参数	fd　文件描述符
返回值	0　成功 -1　执行错误

4.1.3 带缓存的 I/O 操作

为了提高数据读写的效率，ANSI C 标准提供带缓存的 I/O 操作。带缓存的 I/O 操作就是在内存建立文件读写的“缓冲区”，当开发人员希望将数据写入存储设备，数据将先被写入缓冲区，等数据量达到一定程度后，缓冲区中的数据将一起被写入外部存储设备，以避免频繁的外部存储设备访问操作。

ANSI C 标准提供三种形式的缓冲：

(1) 全缓冲：当缓冲被填满后进行实际 I/O 操作。

(2) 行缓冲：在数据读取和写入的过程中遇到行结束符时，执行对应 I/O 操作。

(3) 不带缓冲：不对数据读取和写入进行缓冲，直接执行相应 I/O 操作。

下面将详细讲解带缓存的 I/O 操作函数。

1. fopen 函数

文件打开函数按开发人员指定的方式将文件打开，函数原型如表 4.6 所示。

表 4.6 fopen 函数原型

类　别	描　　述
函数	FILE* fopen(const char* path, const char *mode)
参数	path　被打开的文路径和文件名 mode　文件打开的模式 r　以只读方式打开文件，文件必须存在 w　打开只写文件，若文件存在则文件清空；若文件不存在则创建该文件 a　以追加方式打开只写文件。若文件不存在，则创建文件；如果文件存在，写入数据会被加到文件末尾 r+　打开可读写文件，文件必须存在 w+　打开可读写文件，若文件存在则文件清空；若文件不存在则创建该文件 a+　以追加方式打开可读写的文件。若文件不存在，则创建文件；如果文件存在，写入数据会被加到文件末尾
返回值	指向流的文件指针　成功 NULL　执行错误，错误代码存在 erron 中

2. fread 函数

该函数从 fopen 函数返回的文件流中读取数据，函数原型如表 4.7 所示。

表 4.7 fread 函数原型

类　别	描　　述
函数	size_t fread(void *ptr, size_t size, size_t nmemb,FILE* stream)
参数	ptr　读出的数据将保存在该指针指向的内存区域 size　读一次读取的字节数 nmemb　读取的次数 stream　读取的文件流
返回值	nmemb 值　执行成功，返回与 nmemb 相等值 其他值　执行失败，未达到指定读取次数

3. fwrite 函数

将用户指定的数据写入到 fopen 打开的文件流中，并按照流的操作规则把数据写入外部存储设备，该函数的原型如表 4.8 所示。

表 4.8 fwrite 函数原型

类 别	描 述
函数	size_t fwrite(const void *ptr, size_t size, size_t nmemb,FILE* stream)
参数	ptr 指向的写入文件流的数据保存的内存区域 size 一次写入的字节数 nmemb 写入的次数
返回值	等于 nmemb 成功将指定数据写入文件流 其他值 写入过程出错

4. fclose 函数

关闭 fopen 函数打开的文件流，该函数的原型如表 4.9 所示。

表 4.9 fclose 函数原型

类 别	描 述
函数	int fclose(FILE* stream)
参数	stream 待关闭的文件流
返回值	0 成功关闭文件流 非零值 关闭过程出错

4.1.4 文件 I/O 应用实例

在工程实例中，很多数据需要保存到外部存储设备中，以便于永久保存，特别系统运行的日志数据。示例程序模拟动环监控系统，将仿真的数据保存到外部存储设备中，如程序清单 4-1 所示。

程序清单 4-1 文件读/写操作

```
1  #include <stdio.h>
2  #include <stdlib.h>
3  #include <unistd.h>
4  #include <string.h>
5  #include <fcntl.h>
6  #include <sys/types.h>
7  #include <sys/stat.h>
8  #include <time.h>
9  #define TEMPERATURE_MAX_INTERVAL 10.0          //温度最大间隔
10 #define TEMPERATURE_BASE_VALUE 20              //温度基值
11 #define HUMIDITY_MAX_INTERVAL   10.0           //湿度最大间隔
12 #define HUMIDITY_BASE_VALUE   70               //湿度基值
```

```
13  #define LOCATION_MAX_INTERVAL 10.0                //位置最大间隔
14  #define LOCATION_BASE_VALUE 0
15  typedef struct                                    //环境监控数据的结构体
16  {
17      char location[100];
18      int   humidity;
19      int   temperature;
20      int   status;
21      char log_time[100];
22  } Type_ENV_LOG_INFO;
23
24  int main(int argc, char *argv[])
25  {
26    time_t cur_time;
27    struct tm *tblock;
28    int write_bytes = 0;
29    int read_bytes = 0;
30    int index = 0;
31    int fd = 0;
32    int rand_location;
33    char buffer[1000];                              //数据缓冲的大小
34    Type_ENV_LOG_INFO *pinfo;
                                                      //第一步使用 open 函数打开文件夹
35    fd = open(argv[1], O_CREAT | O_RDWR | O_TRUNC, 0755);
36    if( fd < 0 )
37    {
38       perror("打开文件失败!\r\n");
39       exit(1);
40    }
41    srand(time(NULL));
42    Type_ENV_LOG_INFO event_info;
43                                                    //第二部写入文件
44    for(index = 0; index < 5; index++)
45    {
46       rand_location = LOCATION_BASE_VALUE + (int)((rand()* LOCATION_MAX_INTERVAL)/
         (RAND_MAX)) + 1;
47       sprintf(event_info.location,"hyit_%d", rand_location);
                                                      //判断终端状态
48       if(rand() > RAND_MAX/2)
```

```
49        {
50           event_info.status = 1;
51           event_info.temperature = TEMPERATURE_BASE_VALUE + (int)((rand()* TEMPERATURE_MAX_
             INTERVAL)/ (RAND_MAX)) + 1;
52           event_info.humidity = HUMIDITY_BASE_VALUE + (int)((rand()* HUMIDITY_MAX_ INTERVAL)/
             (RAND_MAX)) + 1 ;
53        }
54        else
55        {
56           event_info.status = 0;
57           event_info.temperature = 0;
58           event_info.humidity = 0;
59        }
60        cur_time = time(NULL);
61        tblock = localtime(&cur_time);
62        sprintf(event_info.log_time, "%s",asctime(tblock));
63        printf("当前检测的信息,No. %d\n",index);
64        if(event_info.status == 0 )
65        {
66           printf("终端位置:%s\n", event_info.location);
67           printf("数据采集终端工作异常, 请及时维修!\n");
68           printf("数据上报时间:%s\n", event_info.log_time);
69        }
70        else
71        {
72           printf("终端位置:%s\n", event_info.location);
73           printf("数据采集终端工作正常,数据如下:\n");
74           printf("\t 温度:%d\n", event_info.temperature);
75           printf("\t 湿度:%d\n", event_info.humidity);
76           printf("数据上报时间: %s\n",event_info.log_time);
77        }
78        write_bytes = write(fd,&event_info,sizeof(Type_ENV_LOG_INFO));
79        if(write_bytes < 0)
80        {
81           perror("文件写入失败!\n");
82           exit(1);
83        }
84        sleep(2);
85     }
86                                                                 //从文件中读出
```

```
87     printf("下面将读出终端检测的数据:\n");
88     memset(buffer, 0, 1000);
89     index = 0;
90     lseek(fd, 0, SEEK_SET);
91     while(read_bytes = read(fd,buffer,sizeof(Type_ENV_LOG_INFO)))          //为真时进行下面的操作
92      {
93         pinfo = (Type_ENV_LOG_INFO*)buffer;
94         printf("当前读出的检测信息,No. %d\n",index++);
95         if(pinfo->status == 0 )
96         {
97             printf("终端位置:%s\n", pinfo->location);
98             printf("数据采集终端工作异常,请及时维修!\n");
99             printf("数据上报时间:%s\n",pinfo->log_time);
100          }
101          else
102          {
103             printf("终端位置:%s\n", pinfo->location);
104             printf("数据采集终端工作正常,数据如下:\n");
105             printf("\t 温度:%d\n", pinfo->temperature);
106             printf("\t 湿度:%d\n", pinfo->humidity);
107             printf("数据上报时间:%s\n",pinfo->log_time);
108          }
109      }
110      close(fd);
111      return 0;
112 }
```

代码详解		
	第 17～24 行	环境监控数据的结构体，主要包括采集终端位置编号、湿度、温度、终端工作状态、数据提交时间。
	第 37 行	通过系统调用 open 函数打开用户通过参数传入的文件，打开方式如下： (1) O_CREAT：如果指定的文件不存在，则创建该文件。 (2) O_RDWR：以读写的方式打开文件。 (3) O_TRUNC：如果文件已经存在，则将文件清零。 最后，以八进制数据 0755 给出文件的操作权限。
	第 81～86 行	通过系统调用 write 函数将产生的仿真数据写入到文件中，以结构体 Type_ENV_LOG_INFO 为单位进入写入。写入成功，则返回写入的字节数；如果失败，则返回 -1，错误码保存于 errno 中。
	第 94～103 行	通过系统调用 read 函数将文件中的数据依次读出，并同样以结构体 Type_ENV_LOG_INFO 为单位读出。读出成功，返回读出的字节数；如果失败，同样返回 -1，错误码保存于 errno 中。

运行结果如下：

```
root@stm32mp-dk1#./no_buffer_io_demo
终端位置: hyit_9
数据采集终端工作正常,数据如下:
温度:21
湿度:79
数据上报时间: Sat Sep 18 22:07:51 2021
当前读出的监测信息, No.2
终端位置: hyit_10
数据采集终端工作异常,请及时维修!
数据上报时间  Sep 18 22:07:53 2021
当前读出的检测信息信, No.3
终端位置:hyit_8
数据采集终端工作正常,数据如下:
温度:22
湿度:77
数据上报时间 Sep 18 22:07:55 2021 23,
当前读出的检测信息, NO. 4
终端位置:hyit_8
数据采集终端工作正常,数据如下:
温度:27
湿度:76
数据上报时间:Sat Sep 18 22:07:57 2021
```

4.2 Linux 串口通信

在 PC 机和终端设备之间，主要有两种通信方式：串行通信和并行通信。串行通信是指数据按位(bit)在数据线路中传输，通信简单，但效率较低；并行通信是指数据的各数据位在传输线路中同时被传输，效率高，但比较复杂。

在嵌入式系统开发中，串口通信是常用的通信方法之一。大多数终端外设提供串口与开发板进行信息交互，像 GPRS、GPS、4G 模块以及各种物联网终端设备。开发板与各终端外设交互的 AT 命令，往往通过串口进行传输。

4.2.1 串口通信协议

串口通信编程

串口通信使用的接头主要有两种：9 针接头(简称 DB-9)、25 针接头(简称 DB-25)。每种接头都有公头和母头两种，其中针头的接头是公头，而孔头的接头是母头，其中串口 9 针接头，如图 4.1 所示。

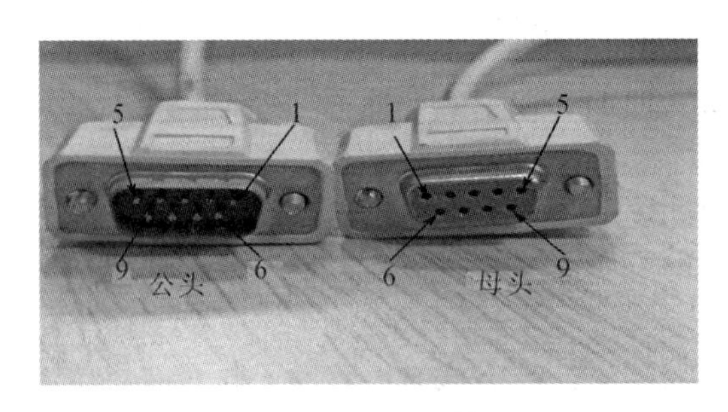

图 4.1　串口 9 针接口

串口通信协议 RS-232 采用 RS232 电平，即在数据线 TXD 和 RXD 上电平规定为：① -3～-15 V 电平表示逻辑 1；② 3～15 V 电平表示逻辑 0。CPU 所代表的数字电路普遍采用 TTL 电平，该电平规定：输出高电平≥2.4 V，输出低电平≤0.4 V；输入高电平≥2.0 V，输入低电平≤0.8 V。CPU 出来的电平需要通过专门的芯片进行转换才能与串口相匹配，常用的电平转换芯片为 MAX232。

4.2.2　Linux 串口参数和结构体

串口异步通信的数据帧的格式如图 4.2 所示，每个数据帧包括起始位、数据位、校验位和停止位。在数据传输的过程中，先传输字节最低位，然后依次传输各数据位，最后传输字节最高位。

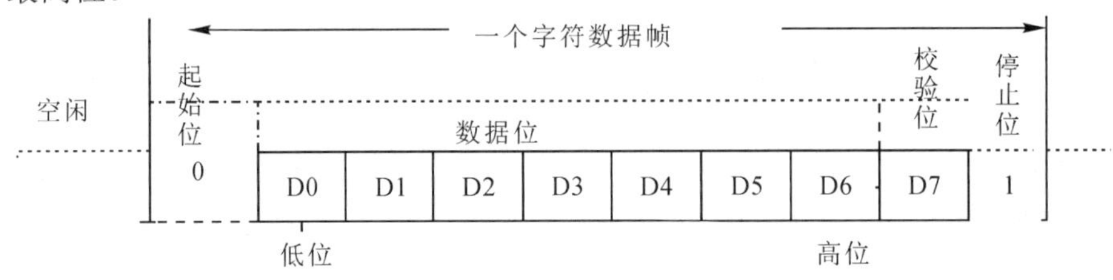

图 4.2　异步通信的数据帧

由异步通信的数据帧可知，为让串口正常工作需要正确设置相关参数，主要包括：波特率、数据位、停止位和奇偶校验位等。在 Linux 操作系统中，串口通信的所有参数和工作模式可以通过结构体 struct termios 进行正确设置，该结构体如程序清单 4-2 所示。合理设置结构体成员，能够保证串口按要求正常进行数据传输。

程序清单 4-2　串口配置结构体

```
1   struct termios
2   {
3     unsigned short c_iflag; /* 输入模式标志*/
4     unsigned short c_oflag; /* 输出模式标志*/
5     unsigned short c_cflag; /* 控制模式标志*/
6     unsigned short c_lflag; /*区域模式标志或本地模式标志或局部模式*/
7     unsigned char c_line; /*行控制 line discipline */
8     unsigned char c_cc[NCC]; /* 控制字符特性*/
9   };
```

4.2.3　Linux 串口通信参数配置

Linux 操作系统提供串口操作函数对串口配置结构体进行设置，以保证串口能够正常通信。

1. 保存串口配置结构体

为串口设置新的参数之前，需要将原有配置结构体进行保存，以便通信结束后能够恢复到之前的配置，获得串口配置结构体函数原型如表 4.10 所示。

表 4.10　tcgetattr 函数原型

类　别	描　　述
函数	int tcgetattr(int fd, struct termios * termios_p)
参数	fd　　串口设备的文件描述符 termios_p　　指向保存串口配置结构体的指针
返回值	0　　成功 -1　　执行错误

2. 通信波特率设置

串口通信最关键的设置是波特率，代表数据传输的速度。在串口通信的过程中，需要保证发送端和接收端保持相同的速度，才能进行正确的通信。Linux 操作系统提供专门的函数设置串中通信波特率，串口通信速度设置函数原型如表 4.11 所示。

表 4.11　串口通信速度设置函数原型

类　别	描　　述
函数	int cfsetispeed(struct termios *termios_p, speed_t speed) int cfsetospeed(struct termios *termios_p, speed_t speed)
参数	termios_p　　指向串口配置结构体的指针 speed　　串口通信的波特率值
返回值	0　　成功 -1　　执行错误

在通信波特率设置的过程中，波特率的值通过宏定义给出，常用串口通信波特率的值如表 4.12 所示。

表 4.12　串口通信波特率

波特率符号	波特率值	波特率符号	波特率值
B1800	1800	B19200	19 200
B2400	2400	B38400	38 400
B4800	4800	B57600	57 600
B9600	9600	B115200	115 200

串口通信的波特率设置如程序清单 4-3 所示。

程序清单 4-3 串口通信波特率设置

```
30 struct termios uart_options;
31 int index = 0;
32 int uart_running_speed = 0;
...
42 /*设置串口的波特率 */
43  switch (baud_rate)
44
45     case 2400:
46         uart_running_speed = B2400;
47         break;
48     case 4800:
49         uart_running_speed = B4800;
50         break;
51     case 9600:
52         uart_running_speed = B9600;
53         break;
54     case 19200:
55         uart_running_speed = B19200;
56         break;
57     case 38400:
58         uart_running_speed = B38400;
59         break;
60     case 115200:
61         uart_running_speed = B115200;
62         break;
63     default:
64         perror("\r\n 串口波特率错误,请设置 2400, 4800, 9600, 19200, 38400, 115200!!!\r\n");
65         return -1;
66 }
67 cfsetispeed(&uart_options, uart_running_speed);
68 cfsetospeed(&uart_options, uart_running_speed);
```

<table>
<tr><td rowspan="3">代码详解</td><td>第 30 行</td><td>定义串口通信参数配置结构体 uart_options。</td></tr>
<tr><td>第 43～66 行</td><td>通过用户给定的串口通信波特率值 baud_rate，得到对应波特率值的宏定义并赋值给 uart_running_speed。</td></tr>
<tr><td>第 67～68 行</td><td>调用串口输入速度和输出速度设置函数，配置对应的通信波特率。</td></tr>
</table>

3. 通信数据位配置

在异步通信数据帧中，需要指定数据位的大小。在 Linux 操作系统的串口通信中数据位可设置为 5 位、6 位、7 位、8 位。在串口通信设置中，通常将数据位设置为 8 位。该设置可以通过直接修改结构体 struct termios 的成员控制模式 c_cflag 的相应位，如程序清单 4-4 所示。

程序清单 4-4　串口通信数据位设置

```
30  struct termios uart_options;
...
41  uart_options.c_cflag &= ~CSIZE;
70  switch(data_bits)
71  {
72          case 5:
73                  uart_options.c_cflag |= CS5;
74                  break;
75          case 6:
76                  uart_options.c_cflag |= CS6;
77                  break;
78          case 7:
79                  uart_options.c_cflag |= CS7;
80                  break;
81          case 8:
82                  uart_options.c_cflag |= CS8;
83                  break;
84          default:
85                  perror("\r\n 串口数据位设置错误, 请设置 5, 6, 7, 8!!!\r\n");
86                  return -1;
87  }
```

代码详解		
	第 41 行	去除控制模式标志 c_cflag 中数据位的设置。
	第 70～87 行	根据 data_bits 取值，设置串口通信数据帧中数据位的大小。

4. 通信校验位设置

在通信协议中，往往需要设置检验位，以便能够及时发现传输过程中是否发生错误。串口通信中常用检验设置有无校验、奇校验和偶校验，具体设置如程序清单 4-5 所示。

程序清单 4-5　串口通信校验位设置

```
30  struct termios uart_options;
...
89  switch(parity)
```

```
90  {
91      case 0:
92          uart_options.c_cflag &= ~PARENB;
93          uart_options.c_iflag &= ~INPCK;
94          break;
95      case 1:
96          uart_options.c_cflag |= (PARENB | PARODD);
97          uart_options.c_iflag |= INPCK;
98          break;
99      case 2:
100         uart_options.c_cflag |= PARENB;
101         uart_options.c_cflag &= ~PARODD;
102         uart_options.c_iflag |= INPCK;
103         break;
104     default:
105         perror("\r\n 串口校验设置错误,请设置 0(无校验), 1(奇检验), 2(偶检验)!!\r\n");
106         return -1;
107 }
```

在本示例代码中，当设置为无校验时，除去控制模式标志 c_cflag 中的校验位使能标志 PARENB，并除去输入模式标志 c_inflag 中针对输入数据的奇偶校验使能 INPCK。无论是奇校验还是偶校验，均要使能针对输入数据的奇偶校验使能 INPCK 和控制模式标志中的校验位使能标志 PARENB。如果是设置奇校验，还要使能控制模式标志中的奇检验使能标志 PARODD。

5. 通信停止位设置

在串口通信中，数据帧中的停止位主要有两种：① 一个比特的停止位；② 两个比特的停止位，具体设置如程序清单 4-6 所示。

程序清单 4-6　串口通信停止位设置

```
30  struct termios uart_options;
...
109  switch(stop_bits)
110  {
111      case 1:
112          uart_options.c_cflag &= ~CSTOPB;
113          break;
114      case 2:
115          uart_options.c_cflag |= CSTOPB;
116          break;
117      default:
```

```
118            perror("\r\n 串口停止位设置错误,请设置 1(1 个停止位), 2(2 个停止位)!!\r\n");
119            return -1;
120    }
```

代码详解		
	第 111～113 行	将数据帧中的停止位设置为一个比特，在代码中仅清除控制模式标志中的 CSTOP 位。
	第 114～116 行	将数据帧中的停止位设置为两个比特，在代码中仅设置控制模式标志中的 CSTOP 位。

6. 接收字符和等待时间设置

对串口配置结构体中控制特性 c_cc[VMIN]和 c_cc[VTIME]进行设置，可以调整一次接收的字符数和字符间的等待时间，主要有四种情况：

(1) c_cc[VMIN] = 0 并且 c_cc[VTIME] = 0。

当缓冲区中字符数大于或等于 0 时，进行读操作，即读串口操作并未被阻塞。如果存在数据，读取数据并返回被读取的字节数；如果缓冲区不存在数据，读取失败并返回 0。

(2) c_cc[VMIN] > 0 并且 c_cc[VTIME] = 0。

当缓冲区内的字符数大于或等于 c_cc[VMIN]时，读操作返回 c_cc[VMIN]个字符；当缓冲区中的字符数不足 c_cc[VMIN]时，读操作将被阻塞。

(3) c_cc[VMIN] = 0 并且 c_cc[VTIME] > 0。

串口读操作读到数据则立即返回；否则串口读操作为每个字符仅等待 c_cc[VTIME]个 0.1 s，超时则立即返回。

(4) c_cc[VMIN] > 0 并且 c_cc[VTIME] > 0。

串口读操作保持阻塞直到读到第一个字符，并开始计时，时间未达到 c_cc[VTIME]，新的字符到来，则重新计数，若字符间计时超过 c_cc[VTIME]，则返回，读出缓冲区内的字符；如果每个字符之间的时间间隔均小于 c_cc[VTIME]，且缓冲区中字符数达到 c_cc[VMIN]，则立即返回，读出缓冲区中 c_cc[VMIN]个字符。

开发人员可以根据串口读操作的实际情况进行正确设置。在示例程序中，由于终端通过串口一次发送 7 个字符，并且字符间的间隔小于 1 秒钟，将串口接收字符和等待时间设置如程序清单 4-7 所示。

程序清单 4-7　串口通信接收字符和等待时间设置

```
30      struct termios uart_options;
...
121            /*实现以字节为单位读取数据*/
122            uart_options.c_cc[VTIME] = 100;
123            uart_options.c_cc[VMIN] = 7;
```

7. 清除串口缓冲

在 Linux 串口通信中，为提高数据通信的效率，分配输入缓冲区和输出缓冲区。在读写过程中，为保证数据的实时性，可以对输入或输出缓冲区进行清除，该操作函数原型如表 4.13 所示。

表 4.13 tcflush 函数原型

类　别	描　　述
函数	int tcflush(int fd, int action)
参数	fd　　串口设备的文件描述符 action　　缓冲区操作的动作如下： TCIFLUSH　对接收缓冲区进行清除 TCOFLUSH　对发送缓冲区进行清除 TCIOFLUSH　对接收和发送缓冲区均进行清除
返回值	0　　成功 -1　　执行错误

8. 串口配置参数激活

完成串口各项参数配置后，需要通过函数进行配置激活，该函数原型如表 4.14 所示。

表 4.14 tcsetattr 函数原型

类　别	描　　述
函数	int tcsetattr(int fd, int action, const struct termios *termios_p)
参数	fd　　串口设备的文件描述符 action　　配置生效设置如下 TCSANOW　配置的修改立即生效 TCSADRAIN　等待所有数据传输完成后生效 TCIOFLUSH　清空输入输出缓冲区才生效
返回值	0　　成功 -1　　执行错误

4.2.4 Linux 串口通信实例

在本串口通信实例程序中，嵌入式终端实时接收 PC 机通过串口调试软件发来的数据，并将数据返回 PC。

1. 串口参数配置

在所有的串口编程中，需要正确配置串口的波特率、数据位、停止位和校验位。在本示例程序中，串口配置函数 set_uart_attribute 如程序清单 4-8 所示。

程序清单 4-8 串口配置函数

```
29  int set_uart_attribute(int uart_fd, unsigned int baud_rate, char data_bits, char parity, char stop_bits)
30  {
31        struct termios uart_options;
32        int index = 0;
33        int uart_running_speed = 0;
34        /*获取串口的参数配置*/
35        if( 0 != tcgetattr(uart_fd, &original_uart_options))
```

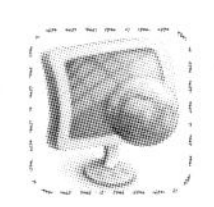

```
36      {
37          perror("\r\n 获取串口参数配置失败!!!\r\n");
38          return -1;
39      }
40      uart_options = original_uart_options;
41      cfmakeraw(&uart_options);
42      /*设置串口的波特率*/
43      switch (baud_rate)
44      {
45          case 2400:
46              uart_running_speed = B2400;
47              break;
48          case 4800:
49              uart_running_speed = B4800;
50              break;
51          case 9600:
52              uart_running_speed = B9600;
53              break;
54          case 19200:
55              uart_running_speed = B19200;
56              break;
57          case 38400:
58              uart_running_speed = B38400;
59              break;
60          case 115200:
61              uart_running_speed = B115200;
62              break;
63          default:
64              perror("\r\n 串口波特率错误,请设置 2400, 4800, 9600, 19200, 38400, 115200!!!\r\n");
65              return -1;
66      }
67      cfsetispeed(&uart_options, uart_running_speed);
68      cfsetospeed(&uart_options, uart_running_speed);
69
70      switch(data_bits)
71      {
72          case 5:
73              uart_options.c_cflag |= CS5;
74              break;
```

```
75          case 6:
76              uart_options.c_cflag |= CS6;
77              break;
78          case 7:
79              uart_options.c_cflag |= CS7;
80              break;
81          case 8:
82              uart_options.c_cflag |= CS8;
83              break;
84          default:
85              perror("\r\n 串口数据位设置错误,请设置 5, 6, 7, 8!!!\r\n");
86          return -1;
87      }
88      switch(parity)
89      {
90          case 0:
91              uart_options.c_cflag &= ~PARENB;
92              uart_options.c_iflag &= ~INPCK;
93              break;
94          case 1:
95              uart_options.c_cflag |= (PARENB | PARODD);
96              uart_options.c_iflag |= INPCK;
97              break;
98          case 2:
99              uart_options.c_cflag |= PARENB;
100              uart_options.c_cflag &= ~PARODD;
101              uart_options.c_iflag |= INPCK;
101              break;
103          default:
104              perror("\r\n 串口校验设置错误, 请设置 0(无校验), 1(奇检验), 2(偶检验)!!\r\n");
105              return -1;
106      }
107      switch(stop_bits)
108      {
109          case 1:
110              uart_options.c_cflag &= ~CSTOPB;
111              break;
112          case 2:
113              uart_options.c_cflag |= CSTOPB;
```

```
114             default:
115                 perror("\r\n 串口停止位设置错误,请设置 1(1 个停止位), 2(2 个停止位)!!\r\n");
116                 return -1;
117         }
118         /*实现以字节为单位读取数据*/
119         uart_options.c_cc[VTIME] =100;
120         uart_options.c_cc[VMIN] = 250;
121         /*清空接收缓存*/
122         tcflush(uart_fd, TCIFLUSH);
123         /*设置串口属性*/
124         if(0 != tcsetattr(uart_fd, TCSANOW, &uart_options))
125         {
126             perror("\r\n 设置串口属性出错!! \r\n");
127             return -1;
128         }
129         return 0;
130     }
```

2. 串口数据发送函数

串口接收到数据后，需要将数据原路返回到 PC 机，串口发送函数如程序清单 4-9 所示。串口发送函数其实是对 write 系统调用的封装。

程序清单 4-9　串口数据发送函数

```
133 int uart_send_data(int uart_fd, char *data, int data_sizes)
134 {
135     int send_sizes = 0;
136     send_sizes = write(uart_fd, data, data_sizes);
137     if( send_sizes == data_sizes )
138         return send_sizes;
139     else
140     {
141         tcflush(uart_fd, TCOFLUSH);
142         perror("\r\n 通过串口发送数据失败!!!\r\n");
143         return -1;
144     }
145 }
```

代码详解		
	第 136 行	直接调用 write 将需要通过串口发送的数据，写到串口设备文件中，然后通过串口设备驱动程序中的相关函数将数据发送出去。
	第 140～144 行	当数据发送失败时，先调用 tcflush 清空输出缓冲区，然后打印错误信息。

3. 恢复串口配置

在串口配置前，通过函数 tcgetattr()能够将当前串口的配置保存起来，等串口操作结束时，先将串口数据传输的输入和输出缓冲清空，然后通过函数 tcsetattr()将串口配置恢复到之前的状态，如程序清单 4-10 所示。

程序清单 4-10　恢复串口配置函数

```
16  int rollback_uart_attribute(int uart_fd, struct termios ackup_uart_options)
17  {
18      /*清空接收缓存*/
19      tcflush(uart_fd, TCIOFLUSH);
20      /*设置串口属性*/
21      if(0 != tcsetattr(uart_fd, TCSANOW, &backup_uart_options))
22      {
23          perror("\r\n 恢复串口设置出错!!\r\n");
24          return -1;
25      }
26      return 0;
27  }
```

4. 数据收发的主函数

在下述 main()函数，调用上述函数完成串口配置，并能够实时读到串口接收到的数据，并通过串口将数据原路返回，如程序清单 4-11 所示。

程序清单 4-11　串口数据收发

```
147 int main(void)
148 {
149     int uart_fd = 0;                                  //串口文件描述符初始化
150     int res = 0;                                      //读取文件描述符初始化
151     char buffer[BUFFER_SIZES];                            //数据缓冲的大小
152     uart_fd = open(UART_DEV, O_RDWR | O_NOCTTY | O_NDELAY);//返回 open 函数的文件描述符
153     if(uart_fd < 0)
154     {
155         perror("\r\nFail to open the serial port!!!\r\n");
156         return -1;
157     }
158     if(0 != set_uart_attribute(uart_fd, 115200, 8, 0, 1))        //设置串口配置函数
159     {
160         perror("\r\n 串口属性设置失败!!!\r\n");
161         return -1;
162     }
163     printf("\r\n 接收主机发送的字符串: ");
```

```
164     while(1)
165     {
166         memset(buffer, 0 , BUFFER_SIZES);       //使用“0”初始化 BUFFER_SIZES 大小的内存单元
167         res = read(uart_fd, buffer, BUFFER_SIZES);
168         if(res > 0)
169         {
170             printf("收到的字符串: %s\n", buffer);
171         }
172         if(uart_send_data(uart_fd, buffer, strlen(buffer)) < 0)
173         {
174             perror("发送字符串错误\n");
175         }
176         if(0 == strncmp(buffer, "exit", 4))
177         {
178             printf("完成数据发送,将退出!!!\n");
179             break;
180         }
181     }
182     if( 0 != rollback_uart_attribute(uart_fd, original_uart_options))
183     {
184         perror("\r\n 恢复串口配置失败!!!\r\n");
185     }
186     close(uart_fd);
187     return 0;
188 }
```

代码详解		
	第 152 行	通过 open()函数以读写方式打开串口/dev/ttyUSB0。
	第 153～157 行	将串口运行参数配置为波特率 115200、数据位 8 位、无校验、停止位 1 位。
	第 164～181 行	串口配置成功后，通过循环结构实时读取串口的数据，并通过 uart_send_data 函数将接收到的字符串返回到 PC 机。
	第 182～185 行	将串口的配置恢复到原始状态。
	第 186 行	通过 close 函数将串口关闭。

运行结果如下：

```
root@stm32mp-dk1#./uart_read_write_line
接收主机发送的字符串:
收到的字符串: www.hyit.edu.cn
收到的字符串: www.hyit.edu.cn 4.3 I/O 多路复用
```

4.3 I/O 多路复用

不论是从存储设备中读取文件内容，还是从设备中读取设备数据，数据都会被复制到操作系统内的数据缓冲区中。当条件满足时，再将数据从数据缓冲区复制到执行 I/O 操作的应用程序的地址空间。这种数据输入和输出的方式效率比较低，特别当 I/O 不满足读写条件时，执行中的应用程序会被阻塞，直到条件满足为止。

I/O 多路复用

系统开发人员提出 I/O 多路复用策略，实现对进程的多个 I/O 操作进行轮询，能够实时从可用 I/O 中进行数据的读或写，进而提高读写效率。Linux 操作系统的 I/O 多路复用主要有以下三种实现方式。

4.3.1 select 函数

通过 select 函数实现的 I/O 多路复用，能够分别监视读文件描述符集合、写文件描述符集合以及异常处理文件描述符集合。在编程过程中，需要通过循环对三个集合中的文件描述符进行扫描，效率相对较低。select 函数的原型如表 4.15 所示。

表 4.15 select 函数原型

类 别	描 述	
函数	int select(int numfds,fd_sets *readfds,fd_sets *writefds,fd_set *exceptfs,struct timeval *timeout)	
参数	numfds	需要监视的文件描述符最大值再加 1
	readfds	被监视的读文件描述符集合
	writefds	被监视的写文件描述符集合
	exceptfds	被监视的异常文件描述符集合
	timeout	NULL 等待无限长时间，直到捕捉到信号或文件描述符准备好
		timeout->tv_sec == 0 &&timeout->tv_usec == 0 不等待，返回
		timeout->tv_sec !=0 ||timeout->tv_usec!= 0 等待指定的时间
返回值	成功	存在准备好读写的文件描述符
	0	超时
	-1	执行错误

在 select 函数执行前，需要正确设置三个文件描述符集合。Linux 操作系统提供宏函数对其进行处理，如表 4.16 所示。

表 4.16 文件描述符集合操作宏函数

宏 函 数	意 义
FD_ZERO(fd_set *fdset)	清空文件描述符集合
FD_CLR(int fd, fd_set *fdset)	将一个文件描述符从文件描述符集合中清除
FD_SET(int fd, fd_set *fdset)	将一个文件描述符放入一个文件描述符集合
FD_ISSET(int fd, fd_set *fdset)	判断某个文件描述符是否在一个文件描述符集合中

在 select 函数的参数中，超时参数 timeout 的类型是结构体 struct timeval，该结构的定义如下，通过该结构体变量时间设置可以精确到微秒。

```
struct timeval
{
        long tv_sec; /*秒  */
        long tv_unsec; /*微秒*/
}
```

下面给出 select 函数的示例代码，select 函数实时监控标准输入键盘和串口设备，分别将读取的字符串输出到标准输出，如程序清单 4-12 所示。在示例代码中，串口的配置函数与上述代码相同，不再重复给出，仅给出主函数的实现。

程序清单 4-12　select 多路 I/O 利用

```
161  int main(void)
162  {
163      int uart_fd = 0;                                //串口文件描述符初始化
164      int res = 0;                                    //select 函数返回值初始化
165      int recv_len = 0;                               //read 函数返回字符初始化
166      int index = 0;
167      int fds_max = 0;                                //串口数目初始化
168      char buffer[BUFFER_SIZES];                      //数据缓冲的大小
169      char send_buf[BUFFER_SIZES];                    //发送数据缓冲的大小
170      int   fds[2];
171      fd_set input_sets, checked_sets;                //输入/输出设置
172      fds[0] = 0;将串口符号数组第一赋值为 0
173      uart_fd = open(UART_DEV, O_RDWR | O_NOCTTY | O_NDELAY);
174      if(uart_fd < 0)
175      {
176          perror("\r\nFail to open the serial port!!!\r\n");
177          return -1;
178      }
179      if(0 != set_uart_attribute(uart_fd, 115200, 8, 0, 1))             //设置串口属性
180      {
181          perror("\r\n 串口属性设置失败!!!\r\n");
182          return -1;
183      }
184      fds[1] = uart_fd;                 //将得到的 open 返回值赋值给串口符号数组的第二个
185      fds_max = uart_fd + 1;            //串口数量加一
186      FD_ZERO(&input_sets);             //清空输入文件描述符集合
187      FD_SET(fds[0], &input_sets);  //将第一个输入的文件描述符放入文件描述符集合
```

```
188    FD_SET(fds[1], &input_sets);  //将第二个输入的文件描述符放入文件描述符集合
189    //checked_sets = input_sets;      //(放这里不可以，必须放在循环中)
190    while(1)
191    {
192      checked_sets = input_sets;
193      res = select(fds_max, &checked_sets, NULL, NULL, NULL);
194      if(res < 0)
195      {
196        printf("\r\n  函数 select 执行失败!!\r\n");
197        break;
198      }
199      memset(buffer, 0 , BUFFER_SIZES);              //在缓冲区以 0 填充 buffer_sizes 数量
200      if(FD_ISSET(fds[0], &checked_sets))
201      {
202        gets(buffer);                                              //读取字符串
203        sprintf(send_buf,"键盘输入的字符串: %s\n",buffer);
204        uart_send_data(fds[1],send_buf, strlen(send_buf));                //串口发送函数
205      }
206      if(FD_ISSET(fds[1], &checked_sets))
207      {
208        recv_len = read(uart_fd, buffer, BUFFER_SIZES);
209        if(recv_len > 0)
210        {
211          printf("通过串口收到的字符串: %s\n",buffer);
212        }
213      }
214      if(0 == strncmp(buffer, "exit", 4))                         //比较前四个字符异同
215      {
216        printf("\r\n 完成数据发送,将退出!!!\r\n");
217        break;
218      }
219    }
220    if( 0 != rollback_uart_attribute(uart_fd, original_uart_options))
221    {
222      perror("\r\n 恢复串口配置失败!!!\r\n");
223    }
224    close(uart_fd);                                                     //关闭文件描述符
225    return 0;
226  }
```

代码详解		
	第 172 行：	直接将标准输入设备的文件描述符放入文件描述符数组 fds 中。每个进程运行时均打开三个文件，它们分别是：标准输入(STDIN，文件描述符为 0)、标准输出(STDOUT，文件描述符为 1)以及标准错误输出(STDERR，文件描述符为 2)。
	第 173 行：	通过系统调用 open 函数打开串口设备，并返回文件描述符 uart_fd。
	第 179～183 行	将串口设备的运行参数设置为：115200，8，0，1。
	第 186 行：	通过宏函数 FD_ZERO 清空输入文件描述符集合。由于该示例主要实现对输入文件描述符的监控，因此仅存在输入文件描述符集合 input_sets。
	第 187～188 行	分别将标准输入文件描述符 0 和串口设备文件描述符 uart_fd 放入输入文件描述符集合 input_sets。
	第 190～219 行	通过 while 循环实时监控输入文件描述符集合中的文件是否存在数据可读取，并将数据及时读取输出到标准输出设备。
	第 193 行	调用 select 函数判断输入文件描述符集合中是否有文件存在数据可被读取，在函数执行过程中，checked_sets 集合将被修改，仅保留准备好的文件描述符。
	第 200～205 行	通过宏函数 FD_ISSET 判断标准输入设备是否存在数据可读，如果有则读出，并通过 uart_send_data 函数将字符串输出到串口。
	第 206～213 行	通过宏函数 FD_ISSET 判断标准输入设备是否存在数据可读，如果有则读出，并通过 uart_send_data 函数将字符串输出到串口设备。

运行结果如下：

```
root@stm32mp-dk1#./uart_stdin_select
From keyboard to uart
From UART: www.hyit.edu.cn
Second line for uart
From UART:www.hyit.edu.cn
```

4.3.2　poll 函数

select 函数能够实现 I/O 多路复用，但在编程实现的过程中，需要检查多余的文件描述符，并且能够监听的文件描述符数目也是受限的。因此，通过 poll 函数实现的 I/O 多路复用，能够很好弥补 select 函数在上述两方面的不足。poll 函数的原型如表 4.17 所示。

表 4.17　poll 函数原型

类　别	描　　述	
函数	int poll(struct pollfd fds[], nfds_t nfds, int timeout)	
参数	fds	指定 struct polled 类型变量集合，每个变量描述文件描述符及监听事件
	nfds	被监听集合中元素个数
	timeout	指定超时值，单位 ms
返回值	＞0	表示发生事件的文件描述符总数
	0	超时
	-1	执行错误，错误码保存于 errno

在该函数原型中，第一参数的类型是结构体 struct pollfd，封装监听的文件描述符及其感兴趣的可读、可写或异常事件，具体定义如下：

```
struct pollfd
{
      int fd;                     //被监听的文件描述符
      short events;               //被监听的事件
      short revents;              //已发生的事件
}
```

其中，events 成员的取值如下：

```
#define POLLIN 0x0001             //监听数据可读事件
#define POLLPRI 0x0002            //监听紧急数据可读事件
#define POLLOUT 0x0004            //监听文件可写入事件
#define POLLERR 0x0008            //监听文件出现错误事件
#define POLLHUP 0x0010            //监听文件连接被断开事件
#define POLLNVAL 0x0020           //监听打开文件错误事件
```

下述示例代码实现 select 例程相同的功能，即对串口和 STDIN 进行可读事件的监听，并对收到的字符串做不同的处理，如程序清单 4-13 所示。

程序清单 4-13　poll 多路 I/O 利用

```
164 int main(void)
165 {
166     int uart_fd = 0;                         //串口文件描述符初始化
167     int res = 0;                             //poll 函数返回值初始化
168     int recv_len = 0;                        //read 函数返回字符初始化
169     int uart_fd_closed = 0;
170     int index = 0;
171     int fds_max = 0;                         //串口符号数目初始化
172     char buffer[BUFFER_SIZES];               //数据缓冲的大小
173     char send_buf[BUFFER_SIZES];             //数据发送缓冲区大小
174     struct pollfd fds[POLLED_NUM];           //结构体数组的大小
175     fds[0].fd = 0;                           //将数组第一个赋值为 0
176     uart_fd = open(UART_DEV, O_RDWR | O_NOCTTY | O_NDELAY);
177     if(uart_fd < 0)                          //对 open 函数的返回文件描述符进行判断
178     {
179       perror("\r\nFail to open the serial port!!!\r\n");
180       return -1;
181     }
182
183     if(0 != set_uart_attribute(uart_fd, 115200, 8, 0, 1))       //串口属性设置
```

```
184  {
185    perror("\r\n 串口属性设置失败!!!\r\n");
186    return -1;
187  }
188  fds[1].fd = uart_fd;                                  //将串口返回值写入数组第二位
189  /*监听所有文件输入事件*/
190  for(index = 0; index < POLLED_NUM; index++)
191  {
192    fds[index].events = POLLIN;                         //事件可监听
193  }
194  while(fds[0].events || fds[1].events)                 //当被监听事件为真
195  {
196    res = poll(fds, POLLED_NUM, 0);
197    if(res < 0)
198    {
199      printf("\r\n 函数 poll 执行失败!!\r\n");
200      break;
201    }
202    for(index = 0; index <POLLED_NUM; index++)
203    {
204      if(fds[index].revents)
205      {
206        memset(buffer, 0 , BUFFER_SIZES);               //以 0 进行填充缓冲区
207        recv_len = read(fds[index].fd, buffer, BUFFER_SIZES);
208        if(recv_len < 0)                                //读取缓冲区事件失败
209        {
210          if( errno != EAGAIN )
211          {
212            return -1;
213          }
214        }
215        else if( 0 == recv_len)                         //读取到文件尾部
216        {
217          if( fds[index].fd == uart_fd)
218          {
219            if( 0 == uart_fd_closed)
220            {
221                uart_fd_closed = 1;
222              if( 0 != rollback_uart_attribute(fds[index].fd, original_uart_options))  //恢复串口配置
```

```
223                 {
224                     perror("\r\n 恢复串口配置失败!!!\r\n");
225                 }
226                 close(fds[index].fd);
227             }
228         }
229     }
230     else                                        //读取成功
231     {
232         if( fds[index].fd == uart_fd)
233         {
234             printf("UART to STDOUT: %s",buffer);
235         }
236         else
237         {
238             sprintf(send_buf,"STDIN to UART: %s\n",buffer);
239             uart_send_data(uart_fd,send_buf, strlen(send_buf));
240         }
241         if(0 == strncmp(buffer, "exit", 4))     //比较 buffer 和 exit 的前四个字符的异同
242         {
243             printf("\r\n 完成数据发送,将退出!!!\r\n");
244             break;
245         }
246     }
247   }
248  }
249 }
250 if( 0 == uart_fd_closed )
251 {
252   uart_fd_closed = 1;
253   if( 0 != rollback_uart_attribute(uart_fd, original_uart_options))      //串口恢复函数
254   {
255     perror("\r\n 恢复串口配置失败!!!\r\n");
256   }
257   close(uart_fd);
258 }
259 return 0;
260 }
```

代码详解		
	第 174 行	定义 struct pollfd 结构体数组，保存被监听的文件描述符和事件。
	第 175 行	将被监听的标准输入设备文件描述符 0 放入结构体。
	第 176 行	通过系统调用 open 函数打开 USB 转串口设备/dev/ttyUSB0。
	第 182～188 行	设置串口正常工作的参数，并将串口的文件描述符 uart_fd 放入 struct pollfd 结构体数组。
	第 190～193 行	设置监听数组中每个文件描述符的数据可读的事件。
	第 194～249 行	通过循环对 struct pollfd 结构体数组中的所有事件进行监听，并对收到的字符串做对应的处理。
	第 196 行	执行 poll 函数对数组中的文件描述符及感兴趣事件进行监听。由于第三个参数设置为 0，poll 函数执行过程中将阻塞，直到感兴趣的事件发生为止。
	第 231～246 行	将对读到的字符串进行转发工作。

运行结果如下：

```
root@stm32mp-dk1#./uart_stdin_poll
UART to STDOUT:www.hyit.edu.cn
poll test
UART to STDOUT:www.hyit.edu.cn
Second line from STDIN to UART
```

4.3.3　epoll 函数

epoll 是 Linux 操作系统下对 I/O 多路复用方法 select 和 poll 的升级。不论是 select 还是 poll 都需要对文件描述符集合进行筛选，而 epoll 仅筛选活跃的文件描述符集合，能够在大量并发连接中仅少量活跃的情况下提高系统效率。epoll 功能齐全，效率更高，应用范围也更广。在大型网络服务器中，往往将每个客户端的连接作为文件描述符进行处理，并通过 epoll 的 I/O 多路复用功能高效率处理大量客户端的连接问题。实现 epoll 的 I/O 多路复用的主要函数如下：

1. 创建 epoll 句柄

采用 epoll 机制实现 I/O 多路复用，需要前创建 epoll 句柄。该句柄在 Linux 内核中占用一个文件描述值，因此使用完 epoll 句柄，需要及时将其关掉，以防止内存泄露。创建 epoll 句柄的原型函数如表 4.18 所示。

表 4.18　epoll_create 函数原型

类　别	描　　述	
函数	int epoll_create(int size)	
参数	size	需要监听的文件描述符的数目
返回值	>0	Epoll 句柄
	−1	执行错误，错误码保存于 errno

2. 监听事件注册

epoll 中的事件触发模式有水平触发模式(Level Triggered, LT)和边缘触发模式(Edge Triggered, ET)两种。

水平触发模式是默认工作模式，能够工作于阻塞或非阻塞的文件描述符。在这种模式下，Linux 内核会告知一个文件描述符是否处于事件的就绪状态，用户可以对就绪的文件描述符进行操作。如果用户对该事件未做任何处理，Linux 内核将继续通知用户。

边缘触发模式仅能够应用于非阻塞的文件描述符上，因此是 epoll 的高速工作模式。当文件描述符处于事件的就绪状态，Linux 内核会通过 epoll 告诉用户，并假定用户已经对该事件进行处理，因此不会再就该事件反复通知用户。

完成 epoll 句柄的创建，需要将期望监听文件描述符及其事件进行注册。Linux 操作系统提供事件注册的原型函数如表 4.19 所示。

表 4.19　epoll_ctl 函数原型

类　别	描　　述
函数	int epoll_ctl(int epfd, int op, int fd, struct epoll_event *event)
参数	epfd　创建函数返回的 epoll 句柄 op　事件操作动作 EPOLL_CTL_ADD　注册新的文件描述符到 epoll 句柄 EPOLL_CTL_MOD　修改已注册事件 EPOLL_CTL_DEL　删除一个文件描述符 event　表示事件的结构体
返回值	0　监听事件注册成功 -1　执行错误，错误码保存于 errno

在监听事件注册函数中，需要用到事件结构体，具体描述希望通过 epoll 监听的事件，结构体定义如下：

```
typedef union epoll_data {
    void *ptr;
    int fd;
    __uint32_t u32;
    __uint64_t u64;
} epoll_data_t;


struct epoll_event {
    __uint32_t events; /* epoll 监听事件 */
    epoll_data_t data; /* 用户数据变量 */
};
```

在上述结构体中，有两个变量的值需要正确设置：① 监听的文件描述符 fd；② epoll 监听事件。epoll 监听的主要事件如下：

```
EPOLLIN                //监听数据可读事件
EPOLLOUT               //监听数据可写事件
EPOLLPRI               //监听紧急数据可读事件
EPOLLERR               //监听错误发生事件
EPOLLHUP               //监听文件描述符被挂断事件
EPOLLET                //设置 epoll 为边缘触发工作模式
EPOLLONESHOT           //对事件仅监听一次
```

3. 等待事件发生

当配置好 epoll 后，开发人员可以通过 epoll_wait 对相关事件进行监听，等待感兴趣事件的发生。epoll_wait 函数的原型如表 4.20 所示。

表 4.20　epoll_wait 函数原型

类　别	描　　述	
函数	int epoll_wait(int epfd, struct epoll_event *events, int maxevents, int timeout)	
参数	epfd	创建函数返回的 epoll 句柄
	events	处于就绪态的事件集合
	maxevents	监听的最大事件数
	timeout	超时值，精度达到毫秒
返回值	>0	处于就绪态的事件数
	0	超市
	−1	执行错误，错误码保存于 errno

下面给出通过 epoll 实现实时监听标准输入设备和串口设备输入事件的例程，如程序清单 4-14 所示。

程序清单 4-14　epoll 多路 I/O 复用

```
165  int main(void)
166  {
167      int uart_fd = 0;                                          //串口文件描述符初始化
168      int res = 0;
169      int recv_len = 0;
170      int uart_fd_closed = 0;
171      int index = 0;
172      char buffer[BUFFER_SIZES];                                //数据缓冲的大小
173      char send_buf[BUFFER_SIZES];
174      struct epoll_event ev, events_array[MAX_EPOLL_NUM];       //定义 epoll_event 结构全变量 ev 和
     数组 events_array
175      int epfd;
176      int events_fds;
177      epfd = epoll_create(256);                    //创建权柄需要监听的文件描述符的数目为 256
178      ev.data.fd = 0;                              //标准输入
```

```
179    ev.events = EPOLLIN | EPOLLET;                  //epoll 工作的两种模式
180    epoll_ctl(epfd, EPOLL_CTL_ADD, 0, &ev);         //对监听文件描述符及其事件进行注册
181    uart_fd = open(UART_DEV, O_RDWR | O_NOCTTY | O_NDELAY);
182    if(uart_fd < 0)
183    {
184        perror("\r\nFail to open the serial port!!!\r\n");
185        return -1;
186    }
187    if(0 != set_uart_attribute(uart_fd, 115200, 8, 0, 1))
188    {
189        perror("\r\n 串口属性设置失败!!!\r\n");
190        return -1;
191    }
192    ev.data.fd = uart_fd;
193    ev.events = EPOLLIN | EPOLLET;                  //监听的模式
194    epoll_ctl(epfd, EPOLL_CTL_ADD, uart_fd, &ev);
195    while(1)
196    {
197        events_fds = epoll_wait(epfd, events_array, MAX_EPOLL_NUM, 500);
198        for(index = 0; index < events_fds; index++)
199        {
200            memset(buffer, 0 , BUFFER_SIZES);
201            recv_len = read(events_array[index].data.fd, buffer,BUFFER_SIZES);
202            if(recv_len < 0)
203            {
204                if( errno != EAGAIN )
205                {
206                    return -1;
207                }
208            }
209            if(events_array[index].data.fd == uart_fd)
210            {
211                if( 0 == recv_len)
212                {
213                    if( 0 == uart_fd_closed)
214                    {
215                        uart_fd_closed = 1;
216                        if( 0 != rollback_uart_attribute(uart_fd, original_uart_options))
217                        {
```

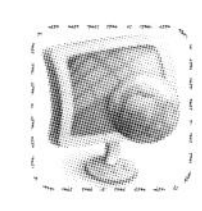

```
218                 perror("\r\n 恢复串口配置失败!!!\r\n");
219               }
220               close(uart_fd);
221             }
222           }
223           else
224           {
225             printf("Received From UART:%s",buffer);
226           }
227         }
228         else if( events_array[index].data.fd == 0 )
229         {
230            if( recv_len > 0)
231            {
232               sprintf(send_buf,"Received From Keyboard: %s\n",buffer);
233               uart_send_data(uart_fd,send_buf, strlen(send_buf));//串口数据发送
234            }
235         }
236         if( recv_len > 0)
237         {
238           if(0 == strncmp(buffer, "exit", 4))
239           {
240             printf("\r\n 完成数据发送,将退出!!!\r\n");
241             goto exit_point;
242           }
243         }
244       }
245     }
246     exit_point:
247     if( 0 == uart_fd_closed )
248     {
249       uart_fd_closed = 1;
250       if( 0 != rollback_uart_attribute(uart_fd, original_uart_options))
251       {
252         perror("\r\n 恢复串口配置失败!!!\r\n");
253       }
254       close(uart_fd);
255     }
256     return 0;
257 }
```

<table>
<tr><td rowspan="5">代码
详解</td><td>第 174 行</td><td>定义 epoll_event 结构全变量 ev 和数组 events_array。</td></tr>
<tr><td>第 177 行</td><td>通过 epoll_create 函数创建 epoll 句柄 epfd。</td></tr>
<tr><td>第 178～180 行</td><td>设置针对标准输入设备的数据可读事件进行监听，并将其设置工作于边缘触发模式，最后通过 epoll_ctl 函数该事件注册到 epfd 中。</td></tr>
<tr><td>第 181～194 行</td><td>通过 open 函数打开串口设备，并配置其工作参数。注册针对串口设备的数据可读事件，并设置其工作模式为边缘触发模式，将其注册到 epfd。</td></tr>
<tr><td>第 195～245 行</td><td>通过循环调用 epoll_wait 函数等待感兴趣的事件发生，并读取字符串，做相应处理。</td></tr>
</table>

运行结果如下：

```
root@stm32mp-dk1#./uart_stdin_epoll
Received From UART :www.hyit.edu.cn
Received From UART :www.hyit.edu.cn
Second string uart,Just test!!!
Received From UART :www.hyit.edu.cn
```

本 章 小 结

通过本章学习，读者将理解文件描述符、不带缓存的 I/O 操作以及带缓存的 I/O 操作，熟悉 Linux 串口通信协议、参数和结构体以及参数配置，掌握实现 I/O 多路复用的三种方法。

复习思考题

1. Linux 操作系统主要提供两种 I/O 操作：不带缓存的 I/O 操作和带缓存的 I/O 操作，这两种 I/O 操作有什么区别?
2. Linux 操作系统的 I/O 多路复用主要使用哪三种实现方式?
3. 在 linux 中的串口通信中对串口进行读写分为哪几个步骤？
4. 在 Linux 什么是串口异步通信，异步通信由哪几个部分组成？
5. 简单阐述实现 epoll 的 I/O 多路复用的最主要流程。

工 程 实 战

在开发的过程中，可以通过 GPS/北斗模块获得终端所在位置(经度和纬度)，以及精确的卫星时间。如果终端处于运动中，通过 GPS/北斗模块能够实时获得终端运行速度，以及在地图中实时标注出终端位置。GPS/北斗模块一般采用串口与嵌入式终端进行通信。试使用串口实时获取 GPS/北斗模块输出的信息，可以得到经度、纬度、高度、速度、用于定位的卫星数、可见卫星数以及 UTC 时间等。

实时获取卫星信息

第 5 章

嵌入式 Linux 系统移植

本章学习目标

知识目标

理解 Linux 操作系统移植的一般原理及核心步骤，熟悉面向嵌入式 Linux 应用系统开发的交叉编译环境搭建方法，掌握 u-boot 移植的过程，掌握 Linux 内核移植方法及根文件系统的构建方法。

能力目标

具备将 Linux 系统移植到面向不同硬件平台的能力、具备应用本章知识点解决 Linux 系统移植中实际问题的能力。

素质目标

树立理论联系实际、实事求是的工作作风和科学严谨的工作态度。

课程思政目标

通过学习移植 Linux 系统以适用于不同硬件平台的方法等内容，理解事物的发展观点，以适应特定环境，达到各方和谐共存、共同促进、协同发展的目标。

嵌入式软件面向特定的硬件环境，其运行方式与硬件平台的指令系统及外设接口密切相关。Linux 操作系统功能全面，但专用嵌入式系统功能相对单一，设计人员按照项目需要对 Linux 操作系统进行裁剪，然后移植到目标设备。嵌入式 Linux 系统的移植，主要包括引导程序的移植、Linux 操作系统内核的移植和根文件系统的移植。

5.1　u-boot 移植

u-boot 是德国 DENX 软件工程中心开发的用于多种嵌入式微处理器的 bootloader 程序。bootloader 引导程序能够初始化嵌入式系统硬件设备、建立内存空间的映射、设置 C 语言程序运行所需的堆栈，并为操作系统运行准备软硬件环境，最后加载操作系统内核并将软硬件系统的操作权转交给操作系统。

5.1.1 建立交叉编译环境

交叉编译是在一个平台上生成另一平台的可执行代码的过程。比如在 x86 平台通过交叉编译工具产生可以在 ARM 平台上运行的代码。交叉编译工具链是由编译器、链接器、调试器组成的综合开发环境，能够进行编译、链接、调试跨平台体系结构的程序代码。

下面将以 stm32mp157a-dk1 开发板为例，通过 ST 官方提供的交叉编译工具链 OpenSTLinux SDK，它包含交叉编译工具链和制作系统镜像所需的链接库。具体安装过程如下：

(1) 创建工作目录，解压 OpenSTLinux SDK 压缩包，并进入 SDK 目录。

(2) 步骤 2：进入 SDK 源码目录，执行脚本 st-image-weston-openstlinux-weston-stm32mp1-x86_64-toolchain-3.1-openstlinux-5.4-dunfell-mp1-20-06-24.sh，自动完成交叉编译工具链的安装工作。

(3) 进入 SDK 安装目录，通过命令 tree -L 2 .查看该目录的子目录结构及相关文件信息，如图 5.1 所示。

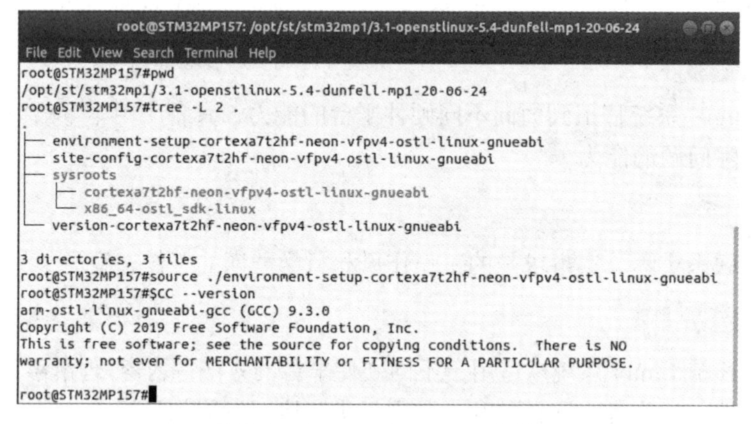

图 5.1 OpenSTLinux SDK 安装

每次打开终端，开发人员需要执行该目录下的脚本 environment-setup-cortexa7t2hf-neon-vfpv4-ostl-linux-gnueabi，对交叉编译环境进行配置，并通过查看交叉编译器 arm-ostl-linux-gnueabi-gcc 的信息，确认是否配置成功。

5.1.2 u-boot 启动流程

u-boot 是通用的引导加载程序，功能上与 PC 上的 BIOS 作用类似，并非针对某一款微处理器或某一种操作系统。目前，u-boot 能够支持 PowerPC、X86、MIPS、ARM 等处理器，能够引导加载多种操作系统，如 Vxworks、UNIX、Linux 等。u-boot 是一款遵守 GPL 协议的开源软件，功能强大，可支持网络、USB、DDR、液晶屏以及多种文件系统。

在 STM32MP 系列处理器中，u-boot 启动流程从第二阶段引导程序(SSBL)执行开始，

直到完全加载启动 Linux 内核结束，主要分为两个阶段。

1. u-boot 启动阶段 1

u-boot 在第一阶段的启动代码与硬件密切相关，并直接操作相关寄存器，因此该阶段代码使用汇编语言实现，称为“汇编阶段”。该阶段的主要工作包括：建立中断向量表、设置 CPU 的工作模式、关闭内存管理单元、关闭看门狗、清除 bss 段、初始化堆栈。最终，为第二阶段 C 语言代码的执行准备好环境。下面将结合代码，进行详细分析。

通过 u-boot 编译生成的链接脚本文件 u-boot.lds，可以找到启动阶段 1 的“入口”，即 _start(位于 arch/arm/lib/vectors.S)，起始地址为 0xc0100000。中断向量表保存在该入口处，当微处理器执行的过程中出现异常时，将跳转到中断向量表对应位置，执行预设的中断处理程序。

文件 arch/arm/cpu/armv7/start.S 编译生成的二进制文件被链接到中断向量表后面。微处理上电后，将执行中断向量表中第一中断处理函数 reset，经过一系列的跳转，将执行函数 save_boot_params_ret。在该函数中将处理器的工作模式设置为管理模式(SVC)，并禁止快速中断(FIQ)和普通中断(IRQ)。

由于没有设置 CONFIG_SKIP_LOWLEVEL_INIT 选项，将执行函数 cpu_init_cp15 和 cpu_init_cri 函数。在汇编阶段，指令中寄存器地址均为物理地址，不需要虚拟内存转化功能。 在函数 cpu_init_cp15 中，设置协处理 CP15 的相关寄存器，关闭缓存(Cache)、禁能内存管理单元(MMU)和转换表(TLB)等，以免发生异常，影响系统引导。

在函数 cpu_init_cri 中，通过跳转指令执行函数 lowlevel_init(位于 arch/arm/armv7/lowlevel_init.S)将栈顶指针设置为 0xC0100000，为 C 语言程序执行准备好堆栈。

最后，将执行_main 函数(位于 arch/arm/lib/crt0.S)，进入 u-boot 启动第二阶段。

2. u-boot 启动阶段 2

u-boot 第二阶段启动代码从执行_main 函数开始，如程序清单 5-1 所示。初始化外设和 gd_t 结构体中各个成员变量(位于 include/asm-generic/global_data.h)，并将 uboot 重新定位到 DDR 靠后的地址区域，以便为 Linux 操作系统腾出空间，防止被 Linux 内核覆盖。

程序清单 5-1　u-boot 中_main 函数

```
87  /*
88   * entry point of crt0 sequence
89   */
90
91  ENTRY(_main)
92
93  /*
94   * Set up initial C runtime environment and call board_init_f(0).
95   */
96
97  #if defined(CONFIG_TPL_BUILD) && defined(CONFIG_TPL_NEEDS_SEPARATE_STACK)
```

```
98          ldr      r0, =(CONFIG_TPL_STACK)
99  #elif defined(CONFIG_SPL_BUILD) && defined(CONFIG_SPL_STACK)
100         ldr      r0, =(CONFIG_SPL_STACK)
101  #else
102         ldr      r0, =(CONFIG_SYS_INIT_SP_ADDR)
103  #endif
104         bic      r0, r0, #7                    /* 8-byte alignment for ABI compliance */
105         mov      sp, r0
106         bl       board_init_f_alloc_reserve
107         mov      sp, r0
108         /* set up gd here, outside any C code */
109         mov      r9, r0
110         bl       board_init_f_init_reserve
111
112  #if defined(CONFIG_SPL_EARLY_BSS)
113         SPL_CLEAR_BSS
114  #endif
115
116         mov      r0, #0
117         bl       board_init_f
118
119  #if ! defined(CONFIG_SPL_BUILD)
120
121  /*
122   * Set up intermediate environment (new sp and gd) and call
123   * relocate_code(addr_moni). Trick here is that we'll return
124   * 'here' but relocated.
125   */
126
127         ldr      r0, [r9, #GD_START_ADDR_SP]   /* sp = gd->start_addr_sp */
128         bic      r0, r0, #7                    /* 8-byte alignment for ABI compliance */
129         mov      sp, r0
130         ldr      r9, [r9, #GD_NEW_GD]          /* r9 <- gd->new_gd */
131
132         adr      lr, here
133         ldr      r0, [r9, #GD_RELOC_OFF]       /* r0 = gd->reloc_off */
134         add      lr, lr, r0
135  #if defined(CONFIG_CPU_V7M)
136         orr      lr, #1                        /* As required by Thumb-only*/
```

```
137 #endif
138         ldr     r0, [r9, #GD_RELOCADDR]         /* r0 = gd->relocaddr */
139         b        relocate_code
140 here:
141 /*
142  * now relocate vectors
143 */
144
145         bl       relocate_vectors
146
147 /* Set up final (full) environment */
148
149         bl       c_runtime_cpu_setup             /* we still call old routine here */
150 #endif
151 #if !defined(CONFIG_SPL_BUILD) || CONFIG_IS_ENABLED(FRAMEWORK)
152
153 #if !defined(CONFIG_SPL_EARLY_BSS)
154         SPL_CLEAR_BSS
155 #endif
156
157 # ifdef CONFIG_SPL_BUILD
158         /* Use a DRAM stack for the rest of SPL, if requested */
159         bl       spl_relocate_stack_gd
160         cmp      r0, #0
161         movne    sp, r0
162         movne    r9, r0
163 # endif
164
165 #if ! defined(CONFIG_SPL_BUILD)
166         bl coloured_LED_init
167         bl red_led_on
168 #endif
169         /* call board_init_r(gd_t *id, ulong dest_addr) */
170         mov      r0, r9                          /* gd_t */
171         ldr      r1, [r9, #GD_RELOCADDR]         /* dest_addr */
172         /* call board_init_r */
173 #if CONFIG_IS_ENABLED(SYS_THUMB_BUILD)
174         ldr      lr, =board_init_r               /* this is auto-relocated! */
175         bx       lr
```

```
176 #else
177         ldr     pc, =board_init_r                /* this is auto-relocated! */
178 #endif
179                                                  /* we should not return here. */
180 #endif
181
182 ENDPROC(_main)
```

代码详解		
	第 106 行	调用 board_init_f_alloc_reserve 函数留出 malloc 和 uboot 全局结构 gd_t 的内存区域。
	第 109～110 行	调用函数 board_init_f_init_reserve，初始化 gd_t 各成员变量。
	第 117 行	调用 board_init_f 函数初始化平台相关系统调用、定时器以及代码拷贝。
	第 139 行	relocate_code 函数将负责将 uboot 拷贝到新的位置。
	第 145 行	调用函数 relocate_vectors 用于重新定位中断向量表的位置。
	第 149 行	c_runtime_cpu_setup 主要负责禁能指令和数据 Cache。
	第 177 行	函数 board_init_r 主要完成 board_init_f 的善后工作，继续完成相关外设的初始化，最后调用函数 run_main_loop。

_main 函数执行最后将调用函数 run_main_loop。uboot 将进入倒计时状态，并等待用户交互。如果用户按下回车键，那么 uboot 将进入与用户交互的命令模式；如果倒计时结束用户没有按下回车键，那么 u-boot 根据设置加载并启动 Linux 内核。

5.1.3 u-boot 移植到 STM32MP 处理器

为了达到学以致用的目的，下面将 ST 官方提供的 u-boot 源码移植到 STM32MP157A-DK1 上，并制作 SD 卡启动盘，设置引导管脚实现通过 SD 卡启动开发板。具体移植过程如下。

1. u-boot 源代码的获取和解压

开发人员可以通过以下途径获取 u-boot 源代码，分别是 u-boot 官方提供的代码、半导体公司提供的 u-boot 源码以及开发板设计者提供的源码。u-boot 官方提供的源代码是通用的，对特定的开发板进行移植时，难度最大；半导体公司针对芯片产品，维护 u-boot 的源代码，该源代码针对性强，使用难度相对容易一些；设计人员采用芯片设计开发板，对半导体公司提供的 u-boot 源码进行修改，以支持自己设计的开发板。为了降低移植的难度，可采用 ST 官方提供的 STM32MP157A-DK1 开发板的 u-boot 源码进行移植。

u-boot 移植

获取 ST 官方提供的源码包 en.SOURCES-stm32mp1-openstlinux-5-4-Dunfell-mp1-20-06-24.tar.xz，创建安装目录，使用命令 tar xf en.SOURCES-stm32mp1-openstlinux- 5-4-dunfell-mp1-20-06-24.tar.xz 进行解压，如图 5.2 所示。该目录中，以.patch 结尾的文件，是官方针对 STM32MP157 系列芯片提供的补丁文件。

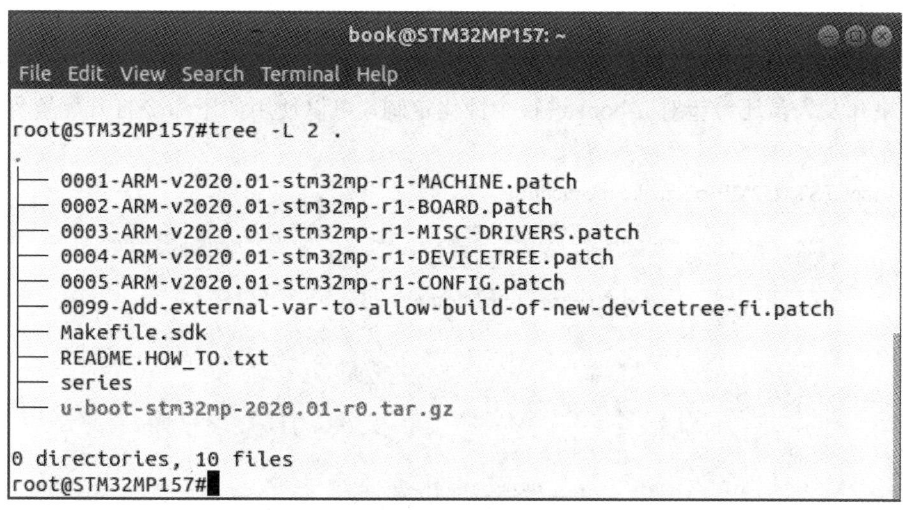

图 5.2　官方提供的 u-boot 源码

2. 使用 ST 官方提供的补丁

针对 STM32MP157A-DK1 开发板，ST 提供 u-boot 官方源码的补丁文件。开发人员在编译之前，需要打好 ST 官方提供的补丁。

(1) 找到源码包 u-boot-stm32mp-2020.01-r0.tar.gz，使用如下命令对其进行解压。

```
root@STM32MP157#tar xf u-boot-stm32mp-2020.01-r0.tar.gz
```

(2) 进入 u-boot-stm32mp-2020.01，采用下面命令打上 ST 官方提供的补丁。

```
root@STM32MP157#for p in `ls -1 ../*.patch`;do patch -p1<$p;done
```

3. u-boot 源码编译

编译之前，执行交叉编译器安装章节的最后脚本，导入交叉编译工具。为了方便以后 u-boot 的编译，可以修改 uboot 源码的 Makefile 文件，在 Makefile 文件里面添加 ARCH 和 CROSS_COMPILE 这两个变量的值，如图 5.3 所示。

```
265
266 ARCH = arm
267 CROSS_COMPILE = arm-none-linux-gnueabihf-
268
269 KCONFIG_CONFIG ?= .config
270 export KCONFIG_CONFIG
```

图 5.3　设置变量值

ST 官方给出不同安全要求下 uboot 编译的配置文件，如表 5.1 所示。

表 5.1　configs 文件

设 置 选 项	描　　述
stm32mp15_basic_defconfig	基本配置文件
stm32mp15_trusted_defconfig	基于可信固件的配置文件

最新版本的 u-boot 采用 Linux 内核的方式进行管理，通过.config 配置文件对整个源码进行管理。通过如下命令将默认配置文件 stm32mp15_basic_defconfig 的内容添加到.config

文件中，使之成为默认配置。

```
root@STM32MP157#make stm32mp15_basic_defconfig
```

如果开发人员还希望对 u-boot 进行个性化定制，可以使用如下命令打开配置界面，如图 5.4 所示。

```
root@STM32MP157#make menuconfig
```

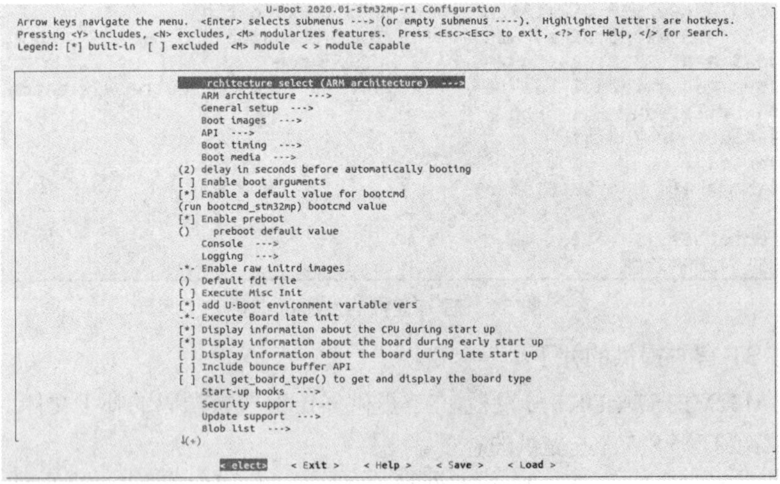

```
                        U-Boot 2020.01-stm32mp-r1 Configuration
Arrow keys navigate the menu.  <Enter> selects submenus ---> (or empty submenus ----).  Highlighted letters are hotkeys.
Pressing <Y> includes, <N> excludes, <M> modularizes features.  Press <Esc><Esc> to exit, <?> for Help, </> for Search.
Legend: [*] built-in  [ ] excluded  <M> module  < > module capable

        rchitecture select (ARM architecture)  --->
        ARM architecture  --->
        General setup  --->
        Boot images  --->
        API  --->
        Boot timing  --->
        Boot media  --->
    (2) delay in seconds before automatically booting
    [ ] Enable boot arguments
    [*] Enable a default value for bootcmd
    (run bootcmd_stm32mp) bootcmd value
    [*] Enable preboot
    ()    preboot default value
        Console  --->
        Logging  --->
    -*- Enable raw initrd images
    ()  Default fdt file
    [ ] Execute Misc Init
    [*] add U-Boot environment variable vers
    -*- Execute Board late init
    [*] Display information about the CPU during start up
    [*] Display information about the board during early start up
    [ ] Display information about the board during late start up
    [ ] Include bounce buffer API
    [ ] Call get_board_type() to get and display the board type
        Start-up hooks  --->
        Security support  ----
        Update support  --->
        Blob list  --->
    ↓(+)

      < elect>    < Exit >    < Help >    < Save >    < Load >
```

图 5.4　uboot 配置界面

最新版的 Linux 操作系统采用设备树的方法对设备进行管理，实现设备和驱动的分离，u-boot 也采取同样先进的方法对设备驱动进行管理。如果对自己设计的开发板移植 u-boot 源码，则需要修改设备树文件。由于本节针对 ST 官方提供 stm32mp157a-dk1 开发板移植引导程序，所以可以直接使用官方提供的设备树。u-boot 编译的命令如下：

```
root@STM32MP157#make DEVICE_TREE=stm32mp157a-dk1 all
```

最后，在编译生成的文件中，u-boot-spl.stm32 和 u-boot.img 将被用于引导开发板 stm32mp157a-dk1，如图 5.5 所示。

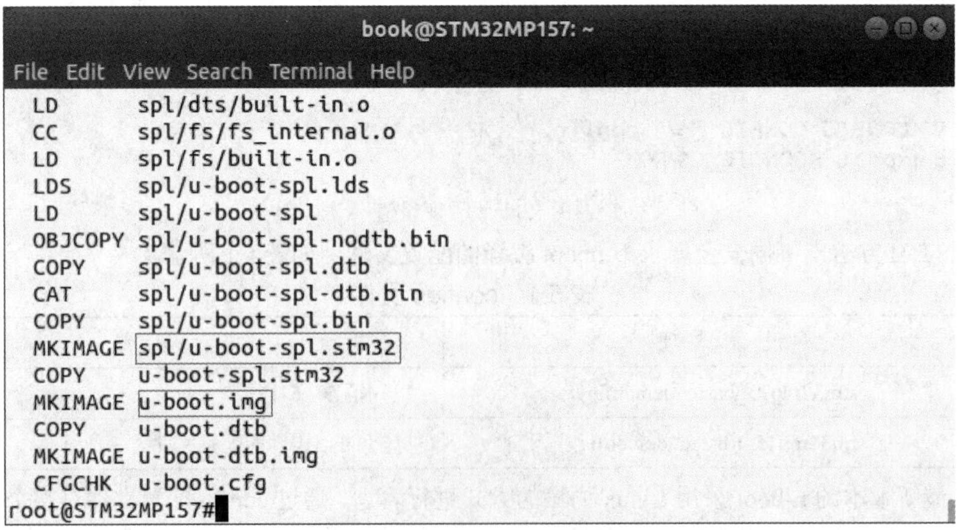

```
book@STM32MP157: ~
File  Edit  View  Search  Terminal  Help
  LD      spl/dts/built-in.o
  CC      spl/fs/fs_internal.o
  LD      spl/fs/built-in.o
  LDS     spl/u-boot-spl.lds
  LD      spl/u-boot-spl
  OBJCOPY spl/u-boot-spl-nodtb.bin
  COPY    spl/u-boot-spl.dtb
  CAT     spl/u-boot-spl-dtb.bin
  COPY    spl/u-boot-spl.bin
  MKIMAGE spl/u-boot-spl.stm32
  COPY    u-boot-spl.stm32
  MKIMAGE u-boot.img
  COPY    u-boot.dtb
  MKIMAGE u-boot-dtb.img
  CFGCHK  u-boot.cfg
root@STM32MP157#
```

图 5.5　u-boot 编译生成引导文件

5.2　Linux 内核移植

Linux 内核移植

所谓内核移植就是将操作系统内核由一种硬件平台移植到另一种硬件平台上。Linux 操作系统作为一个开源、可靠的操作系统，支持多种硬件平台，内核可裁剪，非常适合嵌入式系统。Linux 内核通过裁剪能够移植到不同的硬件平台上。

5.2.1　Linux 内核及源码

Linux 操作系统采用分层的体系结构，由上到下依次是应用程序层、Linux 内核和硬件设备驱动层。Linux 内核位于 Linux 操作系统最核心的中间层，主要负责处理应用程序请求和响应硬件驱动中断。Linux 操作系统的分层结构保证了系统安全，用户应用程序不能直接访问计算机硬件，必须通过 Linux 内核调度设备驱动程序实现硬件控制。硬件设备接收到的数据也不能直接传给应用程序，也需要通过 Linux 内核通信机制进行数据传送。

5.2.2　Linux 内核移植流程

由于需要将 Linux 操作系统运行于开发板 STM32MP157a-dk1，因此需要根据开发板上已有的硬件设备对 Linux 内核进行裁剪，并采用 ST 官方提供的交叉编译器对其进行编译。

1. 解压源码并安装补丁

获取官方提供的针对 STM32MP157 系列开发板的 Linux 内核源码 en.SOURCES-kernel-stm32mp1-openstlinux-4.19-thud-mp1-19-10-09，并应用如下命令进行解压。

```
root@STM32MP157#tar xf en.SOURCES-kernel-stm32mp1-openstlinux-4.19-thud-mp1-19-10-09.tar.xz
```

进入 Linux 内核的源码目录，采用下面的命令添加 ST 官方提供的补丁文件，得到对应于 stm32mp157a-dk1 开发板的内核源码。

```
root@STM32MP157#for p in `ls -1 ../*.patch`; do patch -p1 < $p; done
```

2. 编译环境配置

Linux 源代码的编译主要有以下两种方法。

(1) 当前目录编译：编译生成的目标文件、模块文件以及镜像文件与源代码混在一起；

(2) 基于生成目录的编译：先创建新的目标目录，可以通过设计编译选项，将生成的模块文件和镜像文件放入新创建的目标目录，而不改变源代码目录。

采用第二种方案进行 Linux 源码的编译。首先在当前目录的上一级目录下创建新的目录 build，执行的命令如下：

```
root@STM32MP157#mkdir -p ../build
```

Linux 内核编译前，需要生成配置文件。通过如下命令生成默认配置文件 multi_v7_

defconfig。

```
root@STM32MP157#make ARCH=arm O="$PWD/../build" multi_v7_defconfig fragment*.config
```

然后，通过下面的命令添加 ST 官方提供的针对开发板的配置文件，并生成最终的配置文件.config，配置文件保存于 build 目录。

```
root@STM32MP157#for f in `ls -1 ../fragment*.config`; do scripts/kconfig/merge_config.sh -m -r -O $PWD/../build $PWD/../build/.config $f; done
root@STM32MP157#yes '' | make ARCH=arm oldconfig O="$PWD/../build"
root@STM32MP157#cp .config ./source/arch/arm/configs/stm32mp157a-dk1_defconfig
```

通过上述操作，针对开发板 STM32MP157a-dk1，完成 Linux 内核的配置。

3. 源代码编译

与 u-boot 引导程序的编译一样，首先应该打开交叉编译环境，可参照相关章节完成。

执行以下命令，进行 Linux 内核的编译，生成镜像 uImage、用于调试的 vmlinux 以及设备树的 dtb 文件。

```
root@STM32MP157#make ARCH=arm uImage vmlinux dtbs LOADADDR=0xC2000040 O="$PWD/../build"
```

然后，执行以下命令生成模块文件，并保存于目录../build/install_artifact/。最终生成 Linux 内核相关的所有文件。

```
root@STM32MP157#make ARCH=arm modules O="$PWD/../build"
root@STM32MP157#make ARCH=arm INSTALL_MOD_PATH="$PWD/../build/install_artifact" modules_install O= "$PWD/../build"
```

通过上述命令的执行，生成可运行于开发板 STM32MP157a-dk1 的 Linux 内核。

4. 内核镜像处理

在镜像安装之前，需要将编译生成的 uImage 和 ST 开发板的设备树文件复制到目录 build/boot/里，具体需要执行的命令如下：

```
root@STM32MP157#mkdir -p $PWD/../build/install_artifact/boot/
root@STM32MP157#cp $PWD/../build/arch/arm/boot/uImage $PWD/../build/
install_artifact/boot/
root@STM32MP157# cp $PWD/../build/arch/arm/boot/dts/st*.dtb  $PWD/../build/
install_artifact/boot/
```

在编译的过程中，会产生软链接，但在开发板中运行时并不需要这些软链接。进入目录 build/install_artifact，通过如下命令删除无用的软链接。

```
root@STM32MP157#rm lib/modules/4.19.49/source
root@STM32MP157#rm lib/modules/4.19.49/build
```

编译生成的模块占用的空间很大，无法安装到 SD 的 bootfs 分区，因此需要对其进行处理。可以通过如下命令对模块文件进行“瘦身”，具体命令如下：

```
root@STM32MP157#find . -name "*.ko" | xargs $STRIP --strip-debug\
--remove-section=.comment --remove-section=.note --preserve-dates
```

5. 内核镜像安装

通过开发板的 USB OTG 接口连接计算机，进入 UBoot 命令界面，输入命令 ums 0 mmc 0，将开发板作为计算机的读卡器使用，并将 SD 卡的两个分区挂载到目录 /media/$USER/bootfs 和 /media/$USER/rootfs 上，如图 5.6 所示。

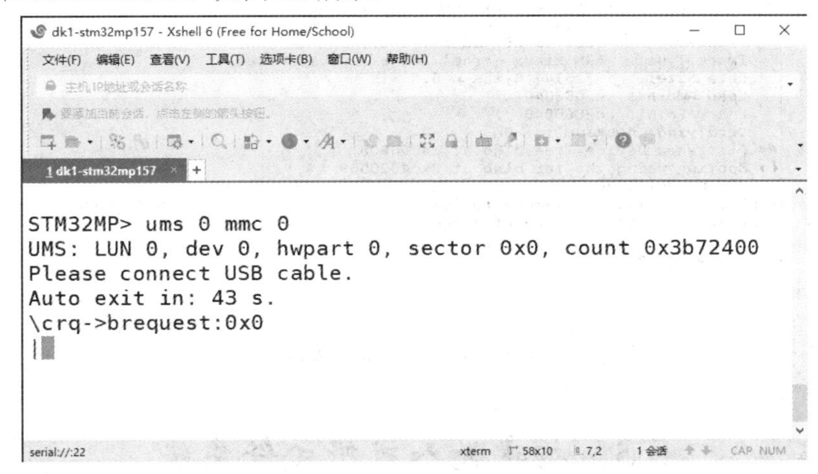

图 5.6　工作中的 SD 卡

将编译生成的内核镜像 uImage 和生成的所有设备树文件 stm32mp157a-dk1.dtb 复制到 /media/$USER/bootfs 文件夹中。参照官方提供的引导 SD 卡，在/media/$USER/bootfs/目录下创建 mmc0_stm32mp157a-dk1_extlinux，将文件 extlinux.conf 复制到该目录中。extlinux.conf 文件内容如图 5.7 所示。

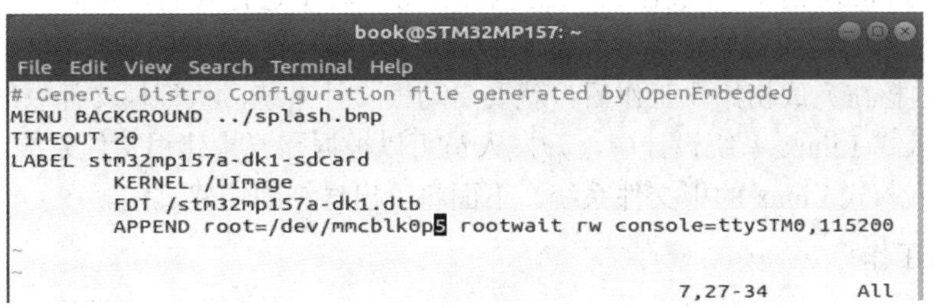

图 5.7　引导配置文件

根据 5.1.3 节 u-boot 对 SD 卡的分区，将 rootfs 设置在/dev/mmcblk0p5，因此需要将官方提供的文件进行修改，即将/dev/mmcblk0p6 更改为/dev/mmcblk0p5。制定引导的 Linux 内核镜像文件为 uImage，设备树文件为 stm32mp157a-dk1.dtb，根文件系统的位置是/dev/mmcblk0p5，并且指定信息交互的 ttySTM0，并将其波特率设置为 115 200。

进入 build/install_artifact/目录，将生成的模块文件复制到/media/$USR/rootfs/lib/modules/下，命令如下：

```
root@STM32MP157#cp -rf lib/modules/* /media/$USER/rootfs/lib/modules/
```

完成上述所有的工作，通过 umount 命令卸载 SD 卡，以保证所有的数据复制到 SD 卡。

6. 内核测试

按下开发板的复位键，首先运行引导程序 u-boot，然后启动 Linux 内核，并将系统的控制权转交给 Linux 内核，如图 5.8 所示。

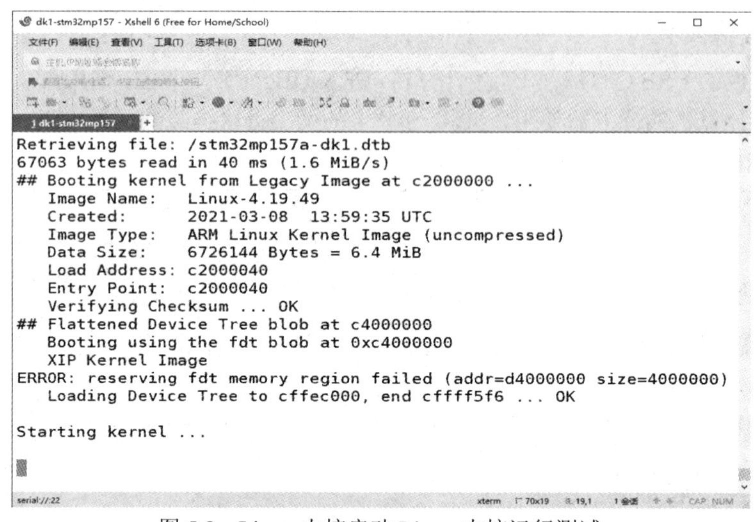

图 5.8　Linux 内核启动 Linux 内核运行测试

5.3　构建嵌入式根文件系统

嵌入式 Linux 软件架构主要由启动引导程序、Linux 内核和根文件系统组成。嵌入式 Linux 根文件系统采用目录树结构，将各种数据、程序、设备等以文件形式进行集中管理，并为用户提供与 Linux 内核进行交互的接口。嵌入式 Linux 根文件系统在 Linux 内核引导过程中进行安装，并执行根文件系统中的系统初始化脚本和基本的应用程序。

根文件系统移植

Linux 内核在完成初始化工作后，就要启动根文件系统，执行根文件系统中的可执行文件。在嵌入式 Linux 系统设计中，开发人员可以根据需要构建根文件系统。busybox 将被用于构建嵌入式 Linux 的根文件系统。下面将给出详细的构建过程。

1. 准备工作

首先，从 busybox 官网(https://busybox.net/downloads/)获取源码压缩包 busybox-1.32.1.tar.bz2。

然后，将交叉编译工具 gcc-linaro-7.5.0-2019.12-x86_64_arm-linux-gnueabihf.tar 安装在目录 /opt 下。

最后，创建交叉编译环境配置的脚本文件，如程序清单 5-2 所示。

程序清单 5-2　交叉编译环境配置脚本

```
1  #!/bin/bash
2  export PATH=/opt/gcc-linaro-7.5.0-2019.12-x86_64_arm-linux-gnueabihf/bin:$PATH
3  export CROSS_COMPILE=arm-linux-gnueabihf-
```

在第 2 行代码中，将交叉编译工具的路径放入系统变量 PATH，以便 Linux 系统能够自动搜索到相关程序。

配置 Makefile 文件，设置交叉编译工具，完成 busybox 的编译，如程序清单 5-3 所示。

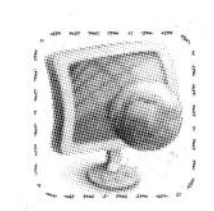

程序清单 5-3　busybox Makefile 设置

```
    …
164   CROSS_COMPILE?= /opt/gcc-linaro-7.5.0-2019.12-x86_64_arm-linux-gnueabihf/bin/ arm-linux-gnueabihf-
    …
191 ARCH ?= arm
    …
```

在程序清单 5-3 中，将 CROSS_COMPILE 设置为交叉编译器工具，并指定 ARCH 的值为 arm，即编译生成的根文件系统将运行于 arm 平台。

2. 系统配置

在 u-boot 和 Linux 内核移植的过程中，可以通过图形化的方式完成配置，根文件系统的制作也需要进行配置，以完善其功能。通过以下命令可以完成 busybox 的配置工作。

```
root@STM32MP157#make defconfig
root@STM32MP157#make menuconfig
```

第一行的命令将应用默认文件配置 busybox；第二行的命令将打开 busybox 配置的图形界面，如图 5.9 所示。

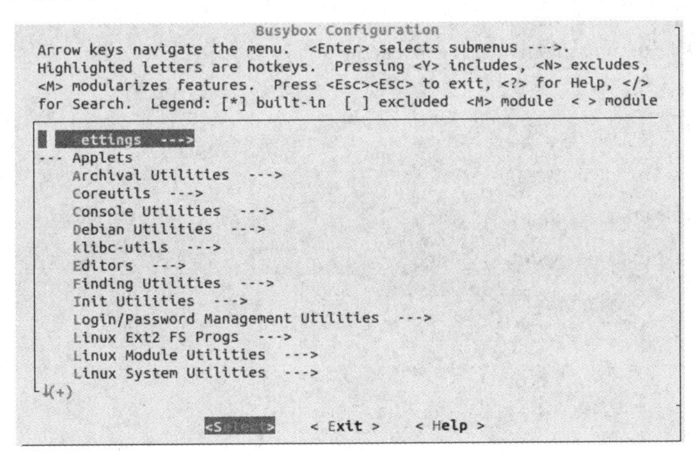

图 5.9　busybox 图形化配置文件

除默认配置外，为完善根文件系统的功能，需要进行额外的配置，如表 5.2 所示。

表 5.2　busybox 部分选项设置

编　号	选　　项	状　态
1	settings ->vi-style line editing	选中，即[*]
2	settings -> Build static binary(no shared libs)	不选中，即[ ]
3	Linux Module Utilities-> Simplified modutils	不选中，即[ ]
4	Settings->Support Unicode	选中，即[*]
5	Settings->Support Unicode->Check $LC_ALL, $LC_CTYPE and $LANG environment variables	选中，即[*]

busybox 制作的根文件系统并不能够很好地支持中文，中文的文件名会显示为“？”。为了使制作的根文件系统能够支持中文，除完成表 5.2 中的相关配置外，还需要对代码进

行如下调整。

首先，修改文件 libbb/printable_string.c，如程序清单 5-4 所示。注释掉第 31、32 行，能够避免字符值大于 0x7F 时，通过 break 语句退出。第 45 行代码被修改后，能够避免将中文字符显示为“?”。

程序清单 5-4　调整后的 printable_string.c

```
12  const char* FAST_FUNC printable_string2(uni_stat_t *stats, const char *str)
13  {
14      char *dst;
15      const char *s;
16
17      s = str;
18      while (1)
        {
19          unsigned char c = *s;
20          if (c == '\0')
            {
21              /* 99+% of inputs do not need conversion */
22              if (stats)
                {
23                  stats->byte_count = (s - str);
24                  stats->unicode_count = (s - str);
25                  stats->unicode_width = (s - str);
26              }
27              return str;
28          }
29          if (c < ' ')
30              break;
31          /*if (c >= 0x7f)
32              break;*/
33          s++;
34  }
35
36  #if ENABLE_UNICODE_SUPPORT
37  dst = unicode_conv_to_printable(stats, str);
38  #else
39  {
40      char *d = dst = xstrdup(str);
41      while (1)
        {
```

```
42          unsigned char c = *d;
43          if (c == '\0')
44          break;
45          /*if (c < ' ' || c >= 0x7f)*/
46          if ( c< ' ' )
47          *d = '?';
48            d++;
49       }
50      if (stats)
        {
51          stats->byte_count = (d - dst);
52          stats->unicode_count = (d - dst);
53          stats->unicode_width = (d - dst);
54       }
55   }
56   #endif
57   return auto_string(dst);
58   }
```

然后，修改文件 libbb/unicode.c，如程序清单 5-5 所示。第 1029 行和 1037 行的修改，主要解决中文字符显示为“？”。

程序清单 5-5　调整后的 unicode.c

```
1009  static char* FAST_FUNC unicode_conv_to_printable2(uni_stat_t *stats, const char *src, unsigned width,
     int flags)
1010  {
1011        char *dst;
1012        unsigned dst_len;
1013        unsigned uni_count;
1014        unsigned uni_width;
1015
1016        if (unicode_status != UNICODE_ON)
            {
1017          char *d;
1018          if (flags & UNI_FLAG_PAD)
              {
1019             d = dst = xmalloc(width + 1);
1020             while ((int)--width >= 0)
                 {
1021                unsigned char c = *src;
1022                if (c == '\0')
```

```
            {
1023          do
1024          *d++ = ' ';
1025          while ((int)--width >= 0);
1026          break;
1027         }
1028        /* *d++ = (c >= ' ' && c < 0x7f) ? c : '?';*/
1029        *d++ = (c >= ' ' ) ? c : '?';
1030         src++;
1031        }
1032        *d = '\0';
1033    } else
        {
1034      d = dst = xstrndup(src, width);
1035      while (*d)
          {
1036       unsigned char c = *d;
1037       /*if (c < ' ' || c >= 0x7f)*/
1038       if ( c < ' ' )
1039       *d = '?';
1040       d++;
1041      }
1042    }
1043    if (stats)
{
1044      stats->byte_count = (d - dst);
1045      stats->unicode_count = (d - dst);
1046      stats->unicode_width = (d - dst);
1047    }
1048    return dst;
1049  }
        …
1141  return dst;
1142  }
```

3. 编译安装

通过 make menuconfig 完成 busybox 的配置，将生成配置文件.config。下面将通过以下命令完成 busybox 的编译和安装工作。

```
root@STM32MP157#make
root@STM32MP157#make install CONFIG_PREFIX=/nfsroot/busybox_rootfs
```

首先，执行 make 命令，完成 busybox 的编译，生成根文件系统需要的命令及相关文件。然后，执行 make install 命令，通过 CONFIG_PREFIX 指定根文件系统的安装位置。在本示例中，根文件系统将安装于/nfsroot/busybox_rootfs。

4. 系统完善

busybox 生成的根文件系统与完善的根文件系统相比，缺少内核正常运行所需的目录和库文件。

1) 创建其他目录

除 busybox 生成的目录 bin、sbin、usr 以及文件 linuxrc，还需要创建目录 dev、etc、lib、mnt、proc、root、sys、tmp 等。这些目录在系统启动以后，将用于保存 Linux 操作系统特定的文件，具有特殊的用途。

2) 添加库文件

busybox 在编译的过程中，生成了 Linux 操作系统运行所需要的可执行程序。除了上述可执行程序，Linux 操作系统的运行还需要库文件的支持。可以将交叉编译程序中的库文件复制到根文件系统的特定目录下。

首先，进入交叉编译器库文件目录/opt/gcc-linaro-7.5.0-2019.12-x86_64_arm-linux-gnueabihf/ arm-linux-gnueabihf/libc/lib，通过下述命令将该目录下的所有库文件(包括软链接)，复制到根文件系统的目录/nfsroot/busybox_rootfs/lib。

```
root@STM32MP157#cp *so* /nfsroot/busybox_rootfs/lib -d
```

其中选项-d 表示将软链接复制到目标目录。在所有的链接文件中，需要将链接文件 ld-linux-armhf.so.3 所指向的原文件 ld-2.25.so 复制到根文件系统目录/nfsroot/busybox_rootfs/lib，并将其名字 ld-linux-armhf.so.3 保持不变，可以通过以下命令实现。

```
root@STM32MP157#rm /nfsroot/busybox_rootfs/lib/ld-linux-armhf.so.3
root@STM32MP157#cd /opt/gcc-linaro-7.5.0-2019.12-x86_64_arm-linux\
                        -gnueabihf/arm-linux-gnueabihf/libc/lib
root@STM32MP157#cp ld-linux-armhf.so.3 /nfsroot/busybox_rootfs/lib/
```

然后，进入目录/opt/gcc-linaro-7.5.0-2019.12-x86_64_arm-linux-gnueabihf/arm-linux-gnueabihf/lib，将该目录下的所有动态库文件和静态库文件复制到/nfsroot/busybox_rootfs/lib/下。具体命令如下：

```
root@STM32MP157#cd /opt/gcc-linaro-7.5.0-2019.12-x86_64_arm-linux\
                        -gnueabihf/arm-linux-gnueabihf/lib
root@STM32MP157#cp *so* *.a /nfsroot/busybox_rootfs/lib/ -d
```

最后，创建目录/nfsroot/busybox_rootfs/usr/lib/，进入目录/opt/gcc-linaro-7.5.0-2019.12-x86_64_arm-linux-gnueabihf/arm-linux-gnueabihf/libc/usr/lib。将此目录下的所有动态库和静态库文件复制到刚刚创建的/nfsroot/busybox_rootfs/usr/lib/下，命令如下：

```
root@STM32MP157#cp *so* *.a   /nfsroot/busybox_rootfs/usr/lib/ -d
```

将 Linux 操作系统运行所需的库文件全部复制到根文件系统的对应目录下。在复制的过程中，将所有的库文件复制到根文件系统中，因此会使文件系统过大。用户可以根据实际项目，选择复制需要的库文件，以裁剪根文件系统。

3) 创建文件/etc/fstab

Linux 操作系统运行过程中，会在内存中产生文件，以保存系统运行的状态或对 Linux 运行方式进行配置。这些文件由 Linux 内核运行时在内存中创建的文件系统进行管理，即 proc、tmpfs 以及 sysfs。

在启动的过程中，Linux 内核读取文件/etc/fstab，将内存中的文件系统挂载到 Linux 操作系统的虚拟文件系统上。/etc/fstab 文件如程序清单 5-6 所示。

程序清单 5-6　/etc/fstab 文件

```
1  #<file system><mount point><type><options><dump><pass>
2  proc          /proc        proc     defaults     0     0
3  tmpfs         /tmp         tmpfs    defaults     0     0
4  sysfs         /sys         sysfs    defaults     0     0
```

4) 创建文件/etc/inittab

Linux 内核启动成功后，将创建并运行进程 init。该进程将按照配置文件/etc/inittab 在不同的运行级别上启动指定的进程或执行对应的任务。本节根文件系统的/etc/inittab 文件如程序清单 5-7 所示。

程序清单 5-7　/etc/inittab 文件

```
1  #id:runlevels:action:process
2  ::sysinit:/etc/init.d/rcS
3  console::askfirst:-/bin/sh
4  ::restart:/sbin/init
5  ::ctrlaltdel:/sbin/reboot
6  ::shutdown:/bin/umount -a -r
7  ::shutdown:/sbin/swapoff -a
```

第 2 行指定在系统启动时执行脚本/etc/init.d/rcS；第 3 行指定在运行 Shell 程序/bin/sh 之前，显示“Please press Enter to activate this console”，与用户进行交互。当用户按下 Enter 键后，才会执行程序/bin/sh；第 4 行指定 init 重启时才会执行/sbin/init；第 5 行指定按下 Ctrl + Alt + Del 组合键会执行/sbin/reboot；第 6、7 行指定关机时执行的程序，它们分别是/bin/umount 和/sbin/swapoff。

5) 创建脚本/etc/init.d/rcS

在文件/etc/inittab 中，指定系统启动过程中会执行脚本/etc/init.d/rcS。该脚本的主要内容如程序清单 5-8 所示。

程序清单 5-8　/etc/init.d/rcS 文件

```
1  #!/bin/sh
2
3  PATH=/sbin:/bin:/usr/sbin:/usr/bin:$PATH
4  LD_LIBRARY_PATH=$LD_LIBRARY_PATH:/lib:/usr/lib
5  export PATH LD_LIBRARY_PATH
6
```

```
7    mount -a
8    mkdir /dev/pts
9    mount -t devpts devpts /dev/pts
10
11   echo /sbin/mdev > /proc/sys/kernel/hotplug
12   mdev -s
13
14   /bin/feed_watchdog &
```

在文件中，第 3～5 行指定命令对应的可执行文件所在的路径(PATH 变量)以及静态库和动态库文件所在的路径(LD_LIBRARY_PATH 变量)；第 7～9 行将挂载相应的文件系统，为系统的正常运行做好准备工作；第 11～12 行能够使 Linux 系统自动创建设备节点，并支持热插拔。

开发板 stm32mp157a-dk1 开启了看门狗(/dev/watchdog)，在规定时间内没有“喂狗”，系统将自动重启。为解决上述问题，后台运行程序 feed_watchdog，每隔 10 s“喂狗”一次，以防止系统重启。可执行程序 feed_watchdog 源码见程序清单 5-9。

程序清单 5-9　feed_watchdog.c 文件

```
1    #include <stdio.h>
2    #include <stdlib.h>
3    #include <string.h>
4    #include <fcntl.h>
5    #include <unistd.h>
6    #include <sys/stat.h>
7    #include <syslog.h>
8    #include <errno.h>
9    void main()
10   {
11       int fd = -1;
12       int err = 0;
13       unsigned char food = 0;
14       ssize_t res = 0;
15       fd = open("/dev/watchdog", O_WRONLY);
16       if(fd == -1)
17       {
18               err = errno;
19               printf("\nCannot open watchdog, errno: %d, %s\n", err, strerror(err));
20       }
21       if(fd >= 0)
22       {
23               while(1)
24               {
```

```
25                  sleep(10);
26                  food = 0;
27                  res = write(fd, &food, 1);
28                  if(res != 1) {
29                          printf("\nCannot feed the watchdog!!!!\r\n");
30                  }
31              }
32          }
33          close(fd);
34      }
```

第 15 行打开代表看门狗的设备文件/dev/watchdog；如果设备文件打开成功，则第 23～32 行每隔 10 s 会“喂狗”一次，以防止系统重启。

本 章 小 结

本章主要讲解了 STM32MP157 系列处理器上嵌入式 Linux 系统的移植。首先，搭建嵌入 Linux 系统开发环境，如安装交叉编译工具、安装各种服务及工具；然后，讲解 STM32MP 系统处理启动流程，并完成 u-boot 引导程序移植；紧接着，介绍 Linux 内核，并结合 stm32mp157a-dk1 开发板完成 Linux 内核移植；最后，通过 busybox 构建嵌入式 Linux 根文件系统。

复 习 思 考 题

1. 将交叉编译工具所在目录放入环境变量 PATH，实现系统自动搜索和运行交叉编译工具，并以查看 arm-ostl-linux-gnueabi-gcc 信息为例进行测试。
2. STM32MP 系列微处理器主要有哪些启动模式？如何确定不同的启动模式？
3. 引导程序 u-boot 第一个启动阶段的主要工作有哪些？
4. 详述 for p in `ls -1 ../*.patch`;do patch -p1<$p; done 的执行过程。
5. 如何修改根文件系统，实现启动系统时自动运行程序/home/book/test？

工 程 实 战

预启动执行环境(Preboot eXecution Environment，PXE)技术可以使嵌入式系统不依赖于本地存储设备，而通过网络接口启动系统。该技术既方便系统的调试，也方便系统的管理。本工程实战将在开发板 STM32MP157A-DK1 上应用 u-boot 提供的 PXE 技术，实现 Linux 内核镜像 uImage 和根文件系统的网络启动。

第 6 章

嵌入式 Linux 高性能应用程序开发

本章学习目标

知识目标

了解 Linux 操作系统进程标识符；理解 Linux 进程生命周期及工作状态；熟悉管道通信、内存共享、消息队列等进程间常用的通信方式；熟悉 Linux 系统中 pthread 线程库。

能力目标

灵活运用 Linux 系统中进程、线程相关的系统调用；掌握 Linux 系统中多进程编程及进程间同步通信技术；掌握 Linux 线程控制编程中线程基本函数、线程同步互斥以及线程池的应用。

素质目标

培养学生并行程序设计思维，即多进程或多线程编程思想。

课程思政目标

培养学生能够运用矛盾统一的观点去处理问题，理解事物自身所包含的既相互排斥又相互依存、既对立又统一的关系。

Linux 是多用户多任务的操作系统，通过多进程或多线程技术，开发高性能应用程序，能够充分发挥系统性能。Linux 是动态系统，每个进程或线程均有自己的生命周期，进程或线程之间也并不孤立，通过通信和同步能够高效完成指定任务。事实上，任何事物都是作为矛盾统一体而存在的，矛盾是事物发展的源泉和动力。进程或线程间存在的竞争与合作就是一对矛盾，因此需要通过同步控制实现有序竞争，从而合作完成任务。

6.1　Linux 进程控制编程

在操作系统原理课程中，进程是操作系统资源分配的基本单位，并通过进程控制块(Process Control Block，PCB)来表示操作系统中的进程。Linux 系统提供系统调用进行进程的创建、销毁以及进程间的同步和通信。

6.1.1 进程标识符

Linux 系统中，每个设备、文件、内存地址均通过不同的 ID 进行区别。每个进程同样通过不同的 ID 号进行识别，该 ID 号为进程标识符。进程标识符为一个非负的整数，能够唯一地标识 Linux 系统中的一个进程。

在 Linux 命令界面中，通过命令 ps 能够显示系统中进程的状态，运行结果如下所示。

运行结果如下：

```
root@STM32MP157#PS
  PID    TTY          TIME        CMD
  2134   pts/0        00:00:00    sudo
  2140   pts/0        00:00:00    su
  2153   pts/0        00:00:00    bash
  4613   pts/0        00:00:00    ps
root@STM32Mp157#
```

6.1.2 进程操作函数

系统中每一个进程均有自己的生命周期。进程被创建后，获得除 CPU 之外的所需资源后，进入就绪状态；当进程通过系统调度获得 CPU 硬件资源，则由就绪状态进入执行状态；在执行的过程中，由于系统或自身的原因可由执行状态进入阻塞状态；当进程运行所需的条件得到满足时，将由阻塞状态进入就绪状态。进程执行的工作完成或者系统强制终止进程，进程将被销毁，如图 6.1 所示。

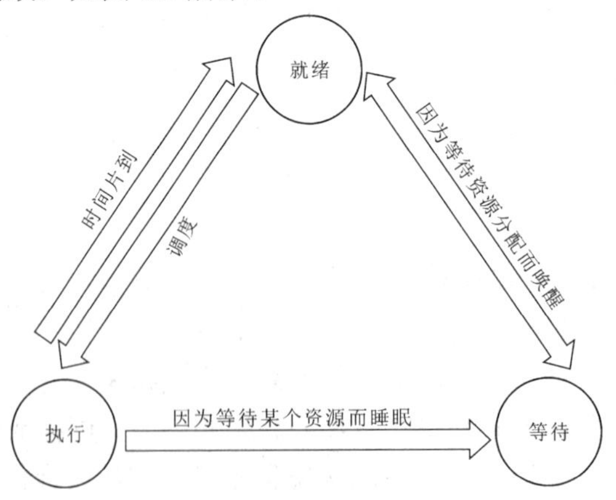

图 6.1 进程的状态

Linux 系统提供一系列系统调用进行进程管理，涉及 Linux 生命周期的各个阶段。接下来介绍与进程控制相关的系统调用。

1. 进程创建

Linux 系统提供 fork 函数实现进程的创建，通过该函数的父进程创建子进程。fork 函数的原型和参数说明如下表 6.1 所示。

表 6.1　fork 函数原型

<table>
<tr><th>类　别</th><th colspan="2">描　　述</th></tr>
<tr><td>函数</td><td colspan="2">pid_t fork(void)</td></tr>
<tr><td>参数</td><td>void</td><td>无</td></tr>
<tr><td rowspan="3">返回值</td><td>0</td><td>在子进程中返回 0</td></tr>
<tr><td>>0</td><td>在父进程中返回子进程的 ID 号</td></tr>
<tr><td>-1</td><td>执行错误</td></tr>
</table>

每一个进程都有堆栈段、数据段和代码段。一个进程通过系统调用 fork 创建子进程，子进程将从内核中获得进程空间，并获得父进程的进程空间的副本，因此子进程对代码中的变量进行修改时，并不会改变父进程中同名变量的值。

子进程创建成功后，父进程和子进程都执行 fork 函数内的代码，并都从 fork 函数中返回。父进程返回时，将子进程的 ID 号作为返回值；子进程返回时，将返回 0。

现代 Linux 系统采用写时复制(copy-on-write)技术，即创建子进程的过程中并不进行数据的复制，当进程空间的数据被写入，父子进程的数据不再一致时，将进行进程空间数据的复制。通过该技术，能够大大降低系统运行的开销，提高执行效率。

下面将通过程序示例演示 fork 函数执行的过程，如程序清单 6-1 所示。

程序清单 6-1　创建子进程

```
1   #include<stdio.h>
2   #include <stdlib.h>
3   #include <unistd.h>
4   int main(void)
5   {
6     pid_t result_id;
7     int modified_var = 20, same_var = 30;
8     result_id = fork();
9     if(result_id < 0)
10    {
11        perror("\r\n 创建子进程失败!!!\r\n");
12        exit(1);
13    }
14    else if( result_id == 0)
15    {
16        modified_var += same_var;
17        printf("当前执行子进程的代码,其 PID: %x.\r\n",getpid());
18        printf("在子进程中，被修改的变量 modified_var: %d,保持不变的变量
              same_var: %d.\r\n", modified_var, same_var);
19    }
20    else
```

```
21    {
22       sleep(5);
23       printf("当前执行父进程(PID:%x)的代码, 其创建的子进程(PID:%x).\r\n",getpid(), result_id);
24       printf("在父进程中，被修改的变量 modified_var: %d,保持不变的变量 same_var：%d.\r\n", modified_
             var, same_var);
26    }
27    return 0;
28 }
```

代码详解		
	第 8 行	当前进程通过 fork 系统调用，创建子进程。
	第 14～19 行	由于返回值 result_id 为 0，所以子进程将执行这些代码；在执行过程中修改变量 modified_var 的值为 50，而 same_var 的值保持 30 不变。
	第 23～24 行	由于返回值 result_id 大于 0，所以父进程将执行这几行代码，显示父进程和子进程的 ID 号，并显示变量 modified_var 和 samve_var 变量的值。

运行结果如下：

```
root@stm32mp-dk1#gcc 01_fork_demo.c -o fork_demo
root@stm32mp-dk1#./fork_demo
在子进程中, 被修改的变量 modified_var:50,保持不变的变量 same_var:30
在当前执行父进程(PID:16e1)的代码, 其创建的子进程(PID:16e2)
在父进程中, 被修改变量 modeified_var:20,保持不变的变量 same_var:30
```

由执行结果可知子进程虽然修改了变量 modified_var 的值，但由于修改的内存为子进程的进程空间，并且是父进程变量 modified_var 的复制品，因此并不能改变父进程变量 modified_var 的值。

2. 进程的退出

当运行中的进程执行完毕或收到终止进程的信号，进程将退出内核，内核将释放进程运行中占有的系统资源，包括内存空间、已打开的文件描述符。Linux 系统提供系统调用函数 exit()或_exit()供子进程在正常退出时使用。在子进程运行代码的任何位置，调用 exit()或_exit()，子进程将不再执行剩下的代码。exit()和_exit()原型如表 6.2 所示。

表 6.2　exit()和_exit()的原型

类　别	描　　述
函数	voidexit(int status) void _exit(int status)
参数	status　　给出子进程结束状态：0(正常)，非零(异常)
返回值	void　　无 说明　　父进程通过 wait 函数能够获得子进程结束相关息

在 Linux 操作系统中，每个运行中的进程均要打开文件。为避免频繁执行读取硬盘的操作，Linux 内核采用“缓冲 I/O”技术，针对每个打开的文件，系统在内存中创建 I/O 缓冲区。每次读文件时，首先判断该内容是否存在于缓冲，如果存在，则直接从缓冲区内读

取；如果不存在，则从硬盘等存储设备中读取，并依照相关算法连续读取后继内容存于缓冲区内。在写文件时，先将数据写入缓冲区，等满足条件后，一次性写入硬盘等存储设备。

虽然子进程执行系统调用 exit()和_exit()均能够终止其执行，但终止的过程不同。当子进程调用_exit()函数，将关闭子进程打开的文件、清除占用的内存，执行相关内核清理函数，但并不刷新 I/O 缓冲，容易造成数据丢失；而 exit()函数在_exit()函数执行的基础上，执行额外的清理工作，并检查子进程打开的文件，相关内容保存于文件，避免数据丢失。

3. 等待子进程结束

子进程结束后将释放其占用的系统资源，包括其进程地址空间，但子进程仍在进程列表中占有位置，保存进程结束的状态信息，并等待其他进程获取。如果没有进程获取进程结束的状态信息，则该子进程就成为僵尸进程。

Linux 系统提供系统调用 wait()和 waitpid()，以方便父进程获取子进程结束的状态信息。

1) wait 函数

进程没有创建子进程或者创建的子进程已经执行完毕时，进程调用该函数，将立即返回。如果进程创建的子进程还没有完全执行完毕，进程调用 wait 函数，将被阻塞，直到有一个子进程结束或者父进程收到相关信号。子进程的结束状态值会由参数 status 返回，而且子进程的进程识别码也会一起返回。其 wait 函数的原型如表 6.3 所示。

表 6.3　wait 函数的原型

类　别	描　　述
函数	pid_t wait(int *status)
参数	*status　　通过该参数返回子进程的结束状态
返回值	pid_t　　已经结束的子进程的 ID 号 -1　　执行失败，失败信息保存于 errno

2) waitpid 函数

与 wait()函数相比，waitpid()函数能够等待指定的子进程结束，并且通过参数设置使其成为非阻塞的 wait()函数，waitup 函数的原型如表 6.4 所示。

表 6.4　waitup 函数原型

类别	描　　述
函数	pid_t waitpid(pid_t pid, int *status,int option)
参数	pid　　pid<0：等待组 id 等于|pid|进程组中的任一子进程 pid==0：等待组 id 等于调用函数进程组 id 进程组中的任一进程 pid==-1：等待调用函数进程的任一子进程，等同于 wait()函数 pid>0：等待进程 ID 号为 pid 的子进程 status　　返回子进程的结束状态 option　　可以为 0 或相关宏或值，主要的宏定义如下 WNOHANG：调用进程非阻塞，如果没有结束的子进程，则立即结束 WUNTRACED：如果指定的子进程暂停，并且其结束状态未报告，则返回状态
返回值	pid_t　　已经结束的子进程的 ID 号 -1　　执行失败，失败信息保存于 errno

6.1.3 进程执行程序

创建进程的目的是执行程序，完成指定的任务。Linux 系统提供 exec 函数族在进程中执行程序，同时能够改变进程的地址空间。exec 函数族中 6 个函数的原型如下：

```
int execl(const char* pathname, const char *arg0, ...);
int execle(const char *pathname, const char *arg0,..., char * const envp[]);
int execv(const char *pathname, char * const argv[]);
int execve(const char *pathname, char * const argv[], char *const envp[]);
int execlp(const char *filename, const char *argv0,...);
int execvp(const char *filename, char *const argv[]);
```

返回值：

-1：执行失败，失败信息保存于 errno。

在以上 6 个函数中，不同函数参数传递的方式不同，并且可执行程序的查找方式也不同。下面将给出不同字母所表示的含义。

字母“l”：表示 list，执行程序的名字(argv0)以及执行时需要的参数 argv1、argv2、...等以列表的形式给出，并且要求最后一个参数必须为 NULL，对应的函数也被称为变参数函数。

字母“v”：表示 vector，执行程序的名字(argv0)以及执行时需要的参数 argv1、argv2、...，以及最后一个参数 NULL，被放入数组 argv[]中，然后传递给函数。

字母“p”：表示 path，表示在环境变量 PATH 所给路径和当前路径中，搜索 filename 表示的可执行文件。

字母“e”：表示 environment，可以给出可执行文件运行所需要的环境变量，每个环境变量以“key=valuer”的形式给出，每个环境变量占 envp[]的一个位置。

下面以 execl 执行 Shell 命令进行详细讲解，读者可以自行完成通过 excel 执行程序和 Shell 脚本。

在进程中执行 Shell 命令，首先通过 fork 函数创建子进程，然后在子进程中给出 Shell 命令对应程序的路径，命令名字以及参数，如程序清单 6-2 所示。

程序清单 6-2　execl 执行 Shell 命令 ls

```
1  #include <stdio.h>
2  #include <stdlib.h>
3  #include <unistd.h>
4  #include <sys/types.h>
5  #include <sys/wait.h>
6  int main(void)
7  {
8     pid_t result_id;
9     int start = 20, end = 30;
10    int status = 0;
11    result_id = fork();
```

```
12    if(result_id < 0)
13    {
14        perror("\r\n 创建子进程失败!!!\r\n");
15        exit(1);
16    }
17    else if( result_id == 0)
18    {
19        execl("/bin/ls","ls","-al","/etc/passwd",NULL);
20        exit(0);
21    }
22    else
23    {
24        if( -1 == wait(&status))
25        {
26            perror("wait 函数执行失败\n");
27            exit(1);
28        }
29        printf("子进程正常结束，父进程也将退出!!\n");
30    }
31    return 0;
32 }
```

本段程序主要通过 fork 函数创建子进程。第 19～22 行，子进程将执行这段代码，调用 execl 执行 Shell 命令“ls”，第一个参数路径(pathname)为“/bin/ls”，并以列表的形式给出其他参数，即执行命令的名字“ls”(argv0)，命令的选项“-al”(argv1)，以及命令的参数“/etc/passwd”，最后以 NULL 结尾。

运行结果如下：

```
root@stm32mp-dk1#gcc 02_execl_shell_command.c -o shell_command
root@stm32mp-dk1#./shell_commend
-rw-r—r—1 root root 2673 May 15 04:16 /etc/passwd
子进程正常结束,父进程也将退出!!
```

6.2　进程间的通信

每个进程是操作系统中独立的执行体，彼此隔离，并具有自己的生命周期。为了合作完成指定任务，进程之间也需要进行数据交互和同步。Linux 系统通过不同方式实现进程间通信和同步。不同的方式适用于不同的场合，用户可根据实际需要选择合适的进程间通信和同步机制。

下面将详细介绍 Linux 系统进程间通信和同步机制。

6.2.1 管道通信

管道是 Linux 系统中进程间的半双工通信方式。如果进程 A 和进程 B 通过管道连接起来，那么数据就能够通过管道由进程 A 流向进程 B，或者由进程 B 流向进程 A。管道主要分为两种：无名管道和有名管道。

1. 无名管道

无名管道，顾名思义，指该类管道没有名字，仅能够用于具有亲属关系的进程间通信，即通过管道通信的进程要么是父子关系，要么是兄弟关系。

管道是基于文件描述符的进程间通信。管道创建函数能够生成文件描述符数组，该数组包含两个文件描述符分别是 fds[0]和 fds[1]。文件描述符 fds[0]仅能够用于从管道中读取数据，而 fds[1]仅能够向管道中写入数据。通过两个文件描述符实现半双工的进程间通信。通过管道通信的两个进程能够通过文件读写 API 函数进行数据传输。无名管道 pipe 函数的原型如表 6.5 所示。

表 6.5 无名管道 pipe 函数

类　别	描　　述	
函数	int pipe(int fds[2])	
参数	fds	整形数组，返回用于管道通信的文件描述符
返回值	0	管道创建成功
	−1	执行失败

下面通过示例程序(程序清单 6-3)，讲解两个进程通过无名管道进行通信的过程。

程序清单 6-3 无名管道进程间通信

```
1 #include <stdio.h>
2 #include <stdlib.h>
3 #include <unistd.h>
4 #include <sys/types.h>
5 #include <sys/stat.h>
6 #include <sys/wait.h>
7 #include <string.h>
8 #include <limits.h>
9 #include <time.h>
10 #define BUF_SIZE PIPE_BUF
11 int main(void)
12 {
13      pid_t result_id;
14      int status = 0;
15      int pipe_fds[2];
16      int child_count = 0;
17      time_t cur_time;
```

```
18      char buffer[BUF_SIZE];
19      char parent_buffer[BUF_SIZE];
20      int length = 0;
21      int read_len = 0;
22      if( pipe(pipe_fds) < 0)
23      {
24        perror("创建管道失败!\n");
25        exit(1);
26      }
27      result_id = fork();
28      if(result_id < 0)
29      {
30          perror("创建子进程失败!!!\n");
31          exit(1);
32      }
33      else if( result_id == 0)
34      {
35          close(pipe_fds[0]);
36          while(child_count < 10)
37          {
38            time(&cur_time);
39            memset(buffer, 0 , BUF_SIZE);
40            length = sprintf(buffer,"当前时间:%s, 发送内容:%d.\n",ctime(&cur_time),
41            printf("子进程发送的内容:%s.", buffer);
42            if(write(pipe_fds[1], buffer, length + 1) < 0)
43            {
44                perror("向管道写入失败\n");
45                close(pipe_fds[1]);
46                exit(1);
47            }
48            sleep(3);
49            child_count ++;
50      }
51      close(pipe_fds[1]);
52      exit(0);
53 }
54 else
55 {
56      sleep(1); //让子进程先运行
```

```
57      close(pipe_fds[1]);
58      memset(parent_buffer, 0 , BUF_SIZE);
59      while((read_len = read(pipe_fds[0], parent_buffer, BUF_SIZE)) > 0)
60      {
61          printf("父进程接收的内容: %s.\n",parent_buffer);
62      }
63      close(pipe_fds[0]);
64      if( -1 == wait(&status))
65      {
66          perror("wait 函数执行失败\n");
67          exit(1);
68      }
69      printf("子进程正常结束,父进程也将退出!!\n");
70  }
71  return 0;
72 }
```

代码详解		
	第 22 行	通过系统调用 pipe()创建无名管道，并将操作管道的两个文件描述符放入数组 pipe_fds 中，其中 pipe_fds[0]为读文件描述符，而 pipe_fds[1]为定写文件描述符。
	第 27 行	通过 fork()函数创建子进程，演示子进程向管道写数据，而父进程从管道中读取数据。
	第 38～53 行	子进程执行这几行代码，为了实现子进程向管道写数据，将该子进程中读管道的文件描述符 pipe_fds[0]关闭，仅保留写管道的文件描述符 pipe_fds[1]，并通过 write 系统调用将准备好的数据放入管道。
	第 58～72 行	父进程执行这几行代码，由于父进程仅从管道中读取数据，因此将写管道的文件描述符 pipe_fds[1]关闭，仅保留读管道的文件描述符 pipe_fds[0]，并通过 read 系统调用从管道中读取数据。

运行结果如下：

```
root@| st-virtual-machine:/home/lst/03_anonymous_pipe
子进程发送的内容:当前时间:Sat Oct 23 14:49:32 2021
父进程接收内容:当前时间:Sat Oct 23 14:49:32 2021
```

2. 有名管道

有名管道能够在没有亲缘关系的进程之间进行数据传输。在使用有名管道之前，用户需要创建有名管道。在 Linux 系统，通过两种方式创建有名管道：① 通过系统调用 mkfifo()创建；② 通过 Shell 命令 mknod 创建有名管道。不管采用哪种方式，文件系统中将出现管道文件。不同的进程通过打开管道文件，采用读写文件的系统调用进行管道操作，进而实现数据传输。在打开有名管道的过程中，可以设置打开方式，一般为阻塞方式或非阻塞方

式。在阻塞方式下，读空的管道或写满的管道，进程将被一直阻塞，直到操作成功为止。如果以非阻塞的方式打开管道，读空的管道或写满的管道，将立即返回，用户需要根据返回值进一步处理。有名管道系统调用 mkfifo 的原型如表 6.6 所示。

表 6.6　有名管道调用 mkfifo 函数原型

类　别	描　　述	
函数	int mkfifo(const char *pipename, mode_t)	
参数	pipename	创建的管道名称
	mode_t	指定管道的读/写权限
返回值	0	创建的管道
	−1	执行失败，失败信息保存于 errno

示例程序通过 mkfifo 创建有名管道，并创建两个进程，通过创建的有名管理实现两个进程间的通信，如程序清单 6-4 所示。

程序清单 6-4　有名管道进程间通信

```
1    #include <stdio.h>
2    #include <stdlib.h>
3    #include <unistd.h>
4    #include <sys/types.h>
5    #include <sys/stat.h>
6    #include <sys/wait.h>
7    #include <string.h>
8    #include <limits.h>
9    #include <time.h>
10   #include <errno.h>
11   #include <fcntl.h>
12   #define BUF_SIZE PIPE_BUF
13   #define FIFO_PIPE "named_pipe"
14   int main(void)
15   {
16       int read_fd = 0;
17       int write_fd = 0;
18       int status = 0;
19       pid_t child_pid = 0;
20       int child_count = 0;
21       time_t cur_time;
22       char buffer[BUF_SIZE];
23       char parent_buffer[BUF_SIZE];
24       int length = 0;
25       int read_len = 0;
```

```
26      /*创建有名管道 named_pipe */
27      if( access(FIFO_PIPE, F_OK) == -1 )
28      {
29          if((mkfifo(FIFO_PIPE, 0666) < 0) && ( errno != EEXIST))
30          {
31              printf("无法创建有名管道\n");
32              exit(1);
33          }
34      }
35      child_pid = fork();
36      if(child_pid < 0)
37      {
38          perror("创建子进程失败!!!\n");
39          exit(1);
40      }
41      else if( child_pid == 0)
42      {
43          write_fd = open(FIFO_PIPE, O_WRONLY);
44          if(write_fd < 0)
45          {
46              perror("以只写打开有名管道失败\n");
47              exit(1);
48          }
49          while(child_count < 10)
50          {
51              time(&cur_time);
52              memset(buffer, 0 , BUF_SIZE);
54              printf("子进程发送的内容：%s.\n", buffer);
55              if(write(write_fd, buffer, length + 1) < 0)
56              {
57                  perror("向管道写入失败\n");
58                  close(write_fd);
59                  exit(1);
60              }
61              sleep(3);
62              child_count ++;
63          }
64          close(write_fd);
65          exit(0);
66  }
```

```
67  else
68  {
69      sleep(1); //让子进程先运行
70      read_fd = open(FIFO_PIPE, O_RDONLY);
71      memset(parent_buffer, 0 , BUF_SIZE);
72      while((read_len = read(read_fd, parent_buffer, BUF_SIZE)) > 0)
73      {
74          printf("父进程接收的内容: %s.\n",parent_buffer);
75          close(read_fd);
76          if( -1 == wait(&status))
77          {
78              perror("wait 函数执行失败\n");
79              exit(1);
80              printf("子进程正常结束,父进程也将退出!!\n");
81          }
82      }
83  }
84  return 0;
85  }
```

代码详解		
	第 27～34 行	创建有名管道“named_pipe”。首先，通过 access()判断有名管道“named_pipe”是否存在，如果不存在，则通过 mkfifo()创建有名管道“named_pipe”。
	第 36 行	通过 fork()函数创建子进程，进而实现多个进程通过有名管道“named_pipe”进行数据交互。
	第 42～67 行	子进程执行这段代码。通过 open()函数以只写方式打开管道文件“named_pipe”，在循环中，使用 write()函数将子进程准备好的数据写入管道。退出时，使用 close()函数关闭管道文件。
	第 68～85 行	父进程以只读方式打开管道文件“named_pipe”，并以阻塞方式循环读取管道获取子进程通过管道文件发来的数据。退出时，同样通过 close()函数来关闭管道文件。

运行结果如下：

```
root@stm32mp-dkl#clear
root@stm32mp-dkl#./mkfio_pipe
子进程发送的内容:当前时间:Thu Aug 26 00:43:33 2021
父进程接收的内容:当前时间:Thu Aug 26 00:43:33 2021
```

6.2.2　信号

在嵌入式系统中，硬件模块的事件将会触发中断，处理器收到中断信号后，执行完当前指令后会执行中断处理函数。Linux 的信号在软件层面对硬件中断进行模拟。运行中的进程会收到内核或其他进程发来的信号。接收到信号后，进程根据预先设置的动作对信号进行处理。

在 Linux 系统中，进程对信号的响应主要有三种形式：① 忽略信号(SIG_IGN)进程将忽略信号，不做任何响应，但对于信号 SIGKILL 和 SIGSTOP，进程不能够忽略；② 默认动作(SIG_DFL)对于给定的信号采用系统默认操作；③ 捕捉信号对于给定的信号预先设置信号处理函数，收到信号后，进程将执行信号处理函数。

在信号生命周期中，某个事件(硬件或软件)触发信号，Linux 内核负责将信号转发给目标进程，进程根据约定的方式对信号进行处理。

1. 设置信号处理函数

信号是进程之间唯一的异步通信方式，为了实现及时处理信号，开发人员需要设置信号处理函数。Linux 系统提供两种方式设置信号处理函数。

1) signal 函数

这是设置信号处理函数最简单的方式，初学者也能够理解和应用。signal 函数的原型如表 6.7 所示。

表 6.7　signal 函数的原型

类　别	描　　述	
函数	typedef void (*Type_signal_handler)(int)Type_signal_hanlder * signal(int signo, Type_signal_handler handler)	
参数	signo	信号值
	handler	信号处理函数
返回值	Type_signal_hanlder*	返回之前的信号处理函数的指针
	-1	执行失败，失败信息保存于 errno

2) sigaction 函数

虽然通过 signal()函数可方便地设置信号处理函数，但是该函数不够灵活。当希望对信号处理进行精细化操作时，往往倾向于使用 sigaction 函数对信号屏蔽以及信号选项进行设置。在 sigaction 函数中，需要使用结构体 struct sigaction，该结构体定义在 signal.h 文件中，具体数据结构如下：

```
struct sigaction
{
    void (* sa_handler)(int);
    sigset_t sa_mask;
    int sa_flags;
    void (*sa_sigaction)(int, siginfo_t *, void *);
}
```

结构体第一个成员 sa_handler 表示信号处理函数，其参数表示其处理的信号，也可以将该成员设置为 SIG_DFL(信号默认处理函数)或 SIG_IGN(对信号不做什么处理)。

结构体第二个成员 sa_mask，指定在信号处理函数执行时，将被屏蔽的信号集合，即

在信号处理函数执行前，sa_mask 中的信号要被加入到信号屏蔽字中。信号处理函数执行结束后，信号屏蔽字将恢复到设置前的状态。

结构体第三个成员 sa_flags，指定信号选项，可以对信号进行精细化控制，具体意义如表 6.8 所示。

结构体第四个成员 sa_sigaction 表示可替换使用的信号处理函数，当 sa_flags 设置为 SA_SIGINFO 将使用 sa_sigaction 指定的信号处理函数，而不再使用 sa_handler 指定的信号处理函数。

表 6.8　信号处理的选项

sa_flags	含　义
SA_NODEFER	在执行信号处理函数时，不会屏蔽该信号，除非 sa_mask 指定屏蔽
SA_INTERRUPT	被此信号中断的系统调用不会再启动
SA_RESTART	被信号中断的系统调用会重新启动
SA_NOCLDSTOP	进程的子进程被停止时产生的信号将被忽略
SA_RESETHAND	注册的信号处理函数执行后，将被清除，恢复默认处理函数
SA_SIGINFO	不使用 sa_handler 指向的信号处理函数，使用 sa_sigaction 指向的函数
SA_NOCLDWAIT	进程调用 wait 函数将会阻塞，直到所有子进程结束后才能返回，避免产生僵尸进程

信号处理函数注册系统调用的原型如表 6.9 所示。

表 6.9　信号处理 sigaction 函数原型

类　别	描　述	
函数	int sigaction(int signo, const struct sigaction *act, structsigaction *oldact)	
参数	signo	信号值
	act	指向包含信号处理函数的结构体指针
返回值	0	执行成功
	-1	执行失败，失败信息保存于 errno

下面将给出 sigaction 注册信号处理函数的示例，如程序清单 6-5 所示。该示例程序将给信号 SIGINT 注册新的信号处理函数。

程序清单 6-5　sigaction 注册信号处理函数

```
1    #include <stdio.h>
2    #include <stdlib.h>
3    #include <unistd.h>
4    #include <sys/types.h>
5    #include <sys/stat.h>
6    #include <sys/wait.h>
7    #include <string.h>
8    #include <limits.h>
9    #include <time.h>
```

```
10  #include <errno.h>
11  #include <fcntl.h>
12  #include <signal.h>
13  #define time_interval 10
14  void signal_handler(int signo)
15  {
16      if(signo == SIGINT)
17      {
18          printf("接收到信号 SIGINT,将退出执行!\n");
19          exit(0);
20      }
21  }
22  int main(void)
23  {
24      struct sigaction sig_act;
25      sig_act.sa_handler = signal_handler;
26      sig_act.sa_flags = 0;
27      sigemptyset(&sig_act.sa_mask);
28      if(sigaction(SIGINT, &sig_act, NULL) == -1)
29      {
30          perror("设置信号处理函数失败!\n");
31          exit(1);
32      }
33      printf("信号测试程序,模拟向通信对象发送心跳报文.\r\n");
34      while(1)
35      {
36          printf("周期性的工作循环!!!\r\n");
37          sleep(2);
38      }
39      return 0;
40  }
```

SIGINT 信号的处理函数为 signal_handler，接收到信号后输出字符串，然后通过 exit(0) 终止进程的执行。通过函数 sigaction 注册信号处理函数的过程：首先，给出结构体 struct sigaction 的变量，并对其成员进行赋值：① 第一个成员设置信号处理函数 signal_handler；② 第二个成员设置为 0，使用其默认信号选项；③ 通过函数 sigemptyset 将清空中断屏蔽信号集，执行中断处理函数时，不屏蔽任何信号。因为并未使用可替代的信号处理函数，因此未对第四个成员进行赋值。最后，通过函数 sigaction 为信号 SIGINT 注册新的信号处理函数。

在正常执行过程中，每 2 秒钟输出一个字符串。当用户通过 CTRL + C 触发信号 SIGINT

时，将执行信号处理函数，输出提示字符串，然后终止进程执行。

运行结果如下：

```
root@stm32mp-dkl#gcc 03_03_sigaction_demo.c -o sigaction_demo
root@ stm32mp-dkl#./sigaction_demo
信号测试程序，模拟向通信对象发送心跳报文
周期性的工作循环!! !
...
周期性的工作循环!! !
接收到信号 SUGINT,将退出执行!
```

2. 发送信号

在 Linux 内核中，产生和发送信号的方式主要有：① 硬件异常产生信号，如无效内存访问会产生 SIGEGV 信号；② 用户通过组合按键发送信号，如 CTRL+C 将产生信号 SIGINT 信号，终止当前进程的运行；③ 通过 Shell 命令发送信号，通过 kill 命令可以向给定进程发送信号；④ Linux 内核系统调用 kill()和 raise()同样能够发送信号。信号产生发送的系统调用 kill 的函数原型如表 6.10 所示。

表 6.10　kill 函数原型

类　别	描　　述	
函数	int kill(pid_t pid, int signo)	
参数	pid	指定信号的接收者 pid>0 指定信号接收者是进程号为 pid 的教程 pid=0 将信号发送给与当前进程同一进程组的教程 pid<0　将信号发送给教程组号为|pid|的所有进程 pid = −1 将信号发送给所有进程
	signo	具体的信号
返回值	0	信号发送成功
	−1	执行失败，失败信息保存于 errno

系统调用 kill()能够将信号发送给指定的进程，当进程需要向进程本身发送信号时可以使用系统调用 raise()。系统调用 raise()的原型如表 6.11 所示。

表 6.11　系统调用 raise 的原型

类　别	描　　述	
函数	int raise(int signo)	
参数	signo	信号值
返回值	0	信号发送成功
	−1	执行失败，失败信息保存于 errno

思考题：如何通过 kill 向进程本身发送信号？

下面将给出信号发送的示例程序，如程序清单 6-6 所示。在该示例程序中，通过 raise 函数向自身发送信号 SIGUSR1 和 SIGINT。在代码中，给出信号 SIGUR1 处理函数

sigusr1_handler，没有给出信号 SIGINT 信号的处理函数，采用默认动作响应信号 SIGINT。

程序清单 6-6　raise 执行情况

```
1 #include <stdio.h>
2 #include <signal.h>
3 void sigusr1_handler(int signo)
4{
5     printf("捕捉到信号 SIGUSR1.\n");
6 }
7 int main(void)
8 {
9     signal(SIGUSR1, sigusr1_handler);
10    printf("系统调用 raise()测试.\n");
11     if(0 == raise(SIGUSR1))
12     {
13         printf("\tSIGUSR1 信号发送成功.\n");
14     }
15     else
16     {
17         printf("\tSIGUSR1 信号发送失败.\n");
18         printf("通过 raise 发送信号 SIGUSR1.\n");
19     }
20     if(0 == raise(SIGINT))
21     {
22         printf("\tSIGINT 信号发送成功.\n");
23     }
24     else
25     {
26         printf("\tSIGINT 信号发送失败.\n");
27     }
28     printf("测试程序将无法执行到此,已被终止!!\n");
29 }
```

代码详解		
	第 4～7 行	给出信号 SIGUSR1 的处理函数 sigusr1_handler，该函数仅输出字符串“捕获到信号 SIGUSR1”。
	第 11 行	通过函数 signal 指定信号 SIGUSR1 的处理函数 sigusr1_handler，即当进程收到信号 SIGUSR1 时，将执行处理函数 sigusr1_handler。
代码详解	第 20 行	通过函数 raise()向进程自身发送信号 SIGUSR1。
	第 22 行	通过函数 raise()向本进程发送信号 SIGINT，由于没有给出信号处理函数，使用系统默认动作，终止进程执行。

运行结果如下：

```
root@stm32mp-dk1#clear
root@stm32mp-dk1#gcc 02_02_signal_raise.c -o raise_test
root@stm32mp-dk1#./raise_test
系统调用 raise()测试
捕捉到信号 SIGUSR1
        SIGUSR1 信号发送成功
通过 raise 发送信号 SIGUSR1。
```

在示例程序执行过程中，通过 raise(SIGUSR1)向进程自己发送信号 SIGUSR1。由执行情况可知，进程暂停正常执行，转而执行信号处理函数，然后返回继续向下执行。当进程通过 raise(SIGINT)向本进程发送信号 SIGINT，没有设置信号 SIGINT 的信号处理函数，内核将执行信号默认操作，终止当前进程。通过这种方式终止进程与 exit 系统调用不同，不进行任何善后操作，如关闭文件，并处理缓冲区等。

3. 等待信号

进程在运行过程中，可以通过执行系统调用等待内核发来的信号，主要有两种方式：① 阻塞等待——进程将被挂起，直到收到信号为止；② 定时等待——进程通过设置定时器，当时间到时，进程将收到内核发来的 SIGALRM 信号。

自愿挂起的系统调用 pause 原型如表 6.12 所示。

表 6.12　系统调用 pause 原型

类　别	描　　述	
函数	int pause(void)	
参数	void	无
返回值	-1	唯一返回值，并将 error 设置为 EINTER，表示正确执行

进程调用 pause()函数，将使进程自身挂起，直到收到内核发过来的信号。收到信号后，进程首先执行信号处理函数，信号处理函数执行完毕，函数 pause()才返回，并返回值为 -1。

Linux 系统可以通过函数 alarm()设置一个定时器，进程继续执行，当定时器时间到时，内核将向进程发送信号 SIGALRM，进程执行 SIGALRM 信号处理函数。系统调用 alarm()的原型如表 6.13 所示。

表 6.13　系统调用函数 alarm 原型

类　别	描　　述	
函数	unsignedintalarm(unsigned int seconds)	
参数	seconds	设置定时器的定时值
返回值	0	设置的定时时间或已经超时间
	>0	设置的定时时间没有到，返回定时器剩余的秒数

通过 alarm()函数可以实现周期性的定时，下面示例代码将模拟网络通信中心跳报文的发送，如程序清单 6-7 所示。

程序清单 6-7　alarm()模拟网络心跳

```
1    #include <stdio.h>
2    #include <stdlib.h>
3    #include <unistd.h>
4    #include <sys/types.h>
5    #include <sys/stat.h>
6    #include <sys/wait.h>7 #include <string.h>8 #include <limits.h>
9    #include <time.h>
10   #include <errno.h>
11   #include <fcntl.h>
12   #include <signal.h>
13   #define time_interval 10
14   void signal_handler(int signo)
15   {
16     if(signo == SIGALRM)
17     {
18       printf("向对方发送心跳报文!\n");
19       alarm(time_interval);
20     }
21     else if(signo == SIGINT)
22     {
23       printf("接收到信号 SIGINT,将退出执行!\n");
24       exit(0);
25     }
26   }
27   int main(void)
28   {
29     printf("信号测试程序,模拟向通信对方发送心跳报文.\r\n");
30     signal(SIGINT, signal_handler);
31     signal(SIGALRM, signal_handler);
32     alarm(time_interval);
33     while(1)
34     {
35        printf("周期性的工作循环!!!\r\n");
36       sleep(2);
37     }
38     return 0;
39   }
```

<table>
<tr><td rowspan="3">代码
详解</td><td>第 16～28 行</td><td>给出信号处理函数 signal_handler，对信号 SIGALRM 和 SIGINT 进行响应。用户按下组合键 CTRL+C 将向进程发出 SIGINT 信号，收到该信号时将打印字符串，并执行 exit(0)终止进程的执行。当进程收到信号 SIGALRM 时，将执行第 20～21 行，发送字符串并再次设置定时器，循环执行，实现周期性的定时器，实现模拟周期性的网络心跳报文。</td></tr>
<tr><td>第 30～31 行</td><td>通过 signal 函数指定信号 SIGINT 和 SIGALRM 的信号处理函数是 signal_handler。</td></tr>
<tr><td>第 32 行</td><td>通过 alarm(time_interval)设置定时器，当经过 time_interval 秒后，进程将收到信号 SIGALRM，并执行信号处理函数 signal_handler</td></tr>
</table>

运行结果如下：

```
root@|st-virtual-machine:/home/lst #./03_03_signal_alarm
信号测试程序,模拟向通信对象发送心跳报文
周期性工作循环!!!
...
```

6.2.3 共享内存

共享内存是进程间高效数据传输的通信方式。共享内存是 Linux 内核中的资源。进程通过共享内存实现数据通信，先将其映射到进程地址空间，然后访问该地址空间，进行读写操作，就能够实现对共享内存的读写。当多个进程对同一个共享内存进行操作时，为了保证数据的一致性，往往通过同步机制对其进行保护，比如互斥锁或信号量。下面详细介绍共享内存的相关操作函数。

进程间的通信

1. 创建共享内存

在使用共享内存之前，进程应该向 Linux 内核申请创建共享内存，创建共享内存的函数原型如表 6.14 所示。

表 6.14　创建共享内存的函数原型

类　别	描　　述	
函数	intshmget(key_t key, size_t size, int shmflag)参数	
参数	key	共享内存的键值，不同的进程通过该键值可以访问
	size	共享内存区的大小
返回值	>0	共享内存段标识
	−1	执行出错

2. 映射共享内存

共享内存创建成功后，需要将共享内存映射到进程空间，才能够对其进行读写操作，共享内存映射的原型函数如表 6.15 所示。

表 6.15　共享内存映射的函数

类　别	描　　述	
函数	char* shmat(int shm_id, const void* shmadr, int shmflag)	
参数	shm_id	共享内存的键值，不同的进程通过该键值可以访问
	shmadr	共享内存区的大小
	shmflag	默认为 0 表示共享内存可写，SHM_RDONLY 表示共享内存只读
返回值	>0	被映射的内存地址
	-1	执行出错

3. 撤销共享内存的映射

在进程中，地址空间也是资源，共享内存使用结束后，也需要将其占用的地址空间释放掉，其原型函数如表 6.16 所示。

表 6.16　地址空间释放的函数

类　别	描　　述	
函数	int shmdt(const void *sh)	
参数	shmaddr	被映射的内存地址
返回值	0	执行成功
	-1	执行出错

下面通过具体的示例讲解共享内存的使用。在该示例中，创建共享内存唯一键值，然后向内核申请共享内存并将键值分配给该内存作为唯一标识。通过 fork 函数创建子进程，并在父子进程中将共享内存映射到各自进程的地址空间。父子进程通过共享内存实现数据通信，如程序清单 6-8 所示。

程序清单 6-8　共享内存实现进程通信

```
1 #include <stdio.h>
2 #include <stdlib.h>
3 #include <unistd.h>
4 #include <sys/shm.h>
5 #include <sys/ipc.h>
6 #include <sys/types.h>
7 #include <sys/wait.h>
8 #include <wait.h>
9 #include <errno.h>
10 #include <string.h>
11 #define BUFFER_SIZE 1024
12 typedef struct
13 {
14      int read_or_write; //0 表示可写, 1 表示可读
15      pid_t pid;
```

```
16      char buffer[BUFFER_SIZE];
17 } Typeof_SHARED_MEMORY;
18 int main(void)
19 {
20      pid_t result_id;
21      int start = 20, end = 30;
22      int status = 0;
23      key_t shm_key = 0;
24      shm_key = ftok(".",'m');//共享内存的键值
25      result_id = fork();
26      if(result_id < 0)
27      {
28          perror("\r\n 创建子进程失败!!!\r\n");
29          exit(1);
30      }
31      else if( result_id == 0)
32      {
33          int child_shm_id = 0;
34          void *child_shared_memory;
35          Typeof_SHARED_MEMORY *child_write_buffer;
36          child_shm_id = shmget(shm_key,sizeof(Typeof_SHARED_MEMORY),0666 |IPC_CREAT);
37          if( -1 == child_shm_id )
38          {
39              perror("子进程中,共享内存申请失败!\n");
40              exit(1);
41          }
42          child_shared_memory = shmat(child_shm_id, 0, 0);
43          if(child_shared_memory == (void *) -1)
44          {
45              perror("子进程中,共享内存映射失败!\n");
46              exit(1);
47          }
48          printf("在子进程中,共享内存的地址开始于:%x.\n",(int)child_shared_memory);
49          child_write_buffer = (Typeof_SHARED_MEMORY*)child_shared_memory;
50          while(1)
51          {
52              //子进程向共享内存里写
53              while(child_write_buffer->read_or_write == 1)
```

```
54                {
55                    sleep(1);
56                }
57                printf("请输入发送给父进程的数据:\n");
58                if(NULL == fgets(child_write_buffer->buffer, BUFFER_SIZE, stdin ))
59                {
60                    perror("子进程获取数据失败!\n");
61                    break;
62                }
63                child_write_buffer->read_or_write = 1;
64                child_write_buffer->pid = getpid();
65                if(0 == strncmp(child_write_buffer->buffer, "quit", 4 ))
66                {
67                    printf("子进程将退出!!!");
68                    break;
69                }
70            }
71            if( -1 == shmdt(child_shared_memory))
72            {
73                perror("子进程,共享内存撤销失败!\n");
74                exit(1);
75            }
76            sleep( 2 );
77            exit(0);
78        }
79        else
80        {
81            int parent_shm_id = 0;
82            void *parent_shared_memory = 0;
83            Typeof_SHARED_MEMORY *parent_read_buffer;
84            parent_shm_id = shmget(shm_key,sizeof(Typeof_SHARED_MEMORY),0666 | IPC_CREAT);
85            if( -1 == parent_shm_id )
86            {
87                perror("父进程中,共享内存申请失败!\n");
88                exit(1);
89            }
90            parent_shared_memory = shmat(parent_shm_id, 0, 0);
91            if(parent_shared_memory == (void *) -1)
```

```
92          {
93              perror("父进程中,共享内存映射失败!\n");
94              exit(1);
95          }
96          printf("在父进程中,共享内存的地址开始于:%x.\n",(int)parent_shared_memory);
97          parent_read_buffer = (Typeof_SHARED_MEMORY*)parent_shared_memory;
98          while(1)
99          {
100             //子进程向共享内存里写
101             while(parent_read_buffer->read_or_write == 0)
102             {
103                 sleep(1);
104             }
105             printf("父进程收到来自子进程( %d )的数据:%s.\n",parent_read_buffer->pid, parent_read_
                buffer->buffer);
106             if(0 == strncmp(parent_read_buffer->buffer, "quit", 4 ))
107             {
108                 printf("父进程将退出!!!");
109                 break;
110             }
111             parent_read_buffer->read_or_write = 0;
112             memset(parent_read_buffer->buffer, 0, BUFFER_SIZE );
113             parent_read_buffer->pid = getpid();
114         }
115         if( -1 == shmdt(parent_shared_memory))
116         {
117             perror("父进程,共享内存撤销失败!\n");
118             exit(1);
119         }
120         if( -1 == wait(&status))
121         {
122             perror("wait 函数执行失败\n");
123             exit(1);
124         }
125         printf("子进程正常结束,父进程也将退出!!\n");
126     }
127     return 0;
128 }
```

代码详解		
	第 13～17 行	给出共享内存的结构体，以便于对其进行操作，主要将数据放入结构体中的 buffer 中，其他两个仅起到读写共享内存的辅助工作。
	第 24 行	通过 ftok 函数获取共享内存的键值，实现在 Linux 内核中唯一标识共享内存。
	第 30 行	通过 fork 函数创建子进程，进而实现父子进程通过共享内存进行数据传输。
	第 38～78 行	子进程执行这段代码。通过键值获取 Linux 内核中的共享内存，如果共享内存不存在，则按照要求进行创建；如果已经创建成功，则直接获取共享内存。在子进程中使能变量 child_shm_id 来标识该共享内存。通过 shmat 将共享内存映射到子进程的地址空间，并返回指向该地址空间的指针 child_shared_memory。在循环中，获取用户通过键盘输入的字符串，并放入共享内存中，等待父进程读取，直到用户输入 quit 退出该过程。最后，通过 shmdt 撤销该共享内存的映射，将地址空间资源归还子进程。
	第 81～128 行	父进程执行这段代码。关于共享内存的操作与子进程相同，不再重复说明。在循环中，父进程从共享内存读出数据，并将其通过屏幕输出，设置共享内存读写标志，通过子进程可以写新的数据。

6.2.4 消息队列

在数据结构中，队列是先进先出(FIFO)的线性结构，并在多种场合中使用，以方便数据管理。在 Linux 系统中，进程间通信的消息队列方式，功能类似，但操作更加灵活，不仅能够以先进先出对消息进行管理，还能够随机读取消息队列中的消息。

Linux 系统中的消息队列使用结构体 msqid_ds 进行描述，表示消息队列当前的状态。Linux 内核也提供系统调用对消息队列进行操作，主要操作如下。

1. 创建消息队列

在 Linux 内核中，不同的进程会创建不同的消息队列。虽然每个消息队列都通过结构体 msqid_ds 进行描述，但仍然需要通过唯一的标识符进行区分。与共享内存的管理一样，也需要通过 ftok()或其他方式获取唯一的消息队列键值，然后通过如下系统调用向内核申请创建消息队列，函数原型如表 6.17 所示。

表 6.17　创建消息队列

类　别	描　　述	
函数	int msgget(key_t key,int msgflag)	
参数	Key	消息队列的键值，多个进程通过该键值访问同一个消息队列
	msgflag	访问权限的标志位
返回值	>0	创建成功，返回消息队列的 ID
	-1	执行出错

2. 写消息队列

用户在使用消息队列进行数据传输，应将数据封装到消息的结构体中，然后通过系统

调用将消息写入到消息队列。在 Linux 操作系统中，消息的结构体如下所示：

```
struct msgbuf{
    long mtype;
    char mtext[];
}
```

在该结构体中，第一个成员 mtype 表示消息类型；第二个成员为字符数组 mtext,主要保存进程间传输的数据。消息队列可用于传输大小不一的数据，但每一数据块均封闭到消息结构体中。将消息发送到消息队列的函数原型如表 6.18 所示。

表 6.18　消息队列的函数

类　别	描　　述	
函数	int msgsnd(int msgid, const void *msgptr, size_t msgsize, int msgflag)	
参数	msgid	共享内存的键值，不同的进程通过该键值可以访问
	msgptr	共享内存区的大小
	msgsize	默认为 0 表示共享内存可写，SHM_RDONLY 表示共享内存只读
	msgflag	0:表示阻塞发送，直到发送成功
		IPC_NOWAIT 表示非阻塞发送，无法发送则立即返回
返回值	0	发送成功
	-1	执行出错

3. 读消息队列

进程在运行的过程中，可以通过 msgrcv()从消息队列中获取消息，并读取消息中的数据，做进一步的处理。进程可以获取消息队列中的第一个消息，也可以根据消息类型指定将读取的消息。读消息队列的函数原型如表 6.19 所示。

表 6.19　msgrcv 的函数原型如下

类　别	描　　述	
函数	int msgrcv(int msgid, void *msgptr, size_t msgsize, long msgtype,int msgflag)	
参数	msgid	消息队列的 ID 号
	msgptr	指向消息结构体的指针
	msgsize	要接收数据的大小，不包含消息类型大小
		0：表示收获取队列的第一个消息
		大于 0：表示获取类型等于该值的第一个消息
		小于 0：表示收获消息类型小于等对于其绝对值的消息中，选取最小的
		0：表示阻塞接收，直到接收到满足条件的消息为止
返回值	0	发送成功
	-1	执行出错

4. 管理消息队列

Linux 内核并没有提供删除消息队列的系统调用，而提供了功能更加强大的消息队列管理的系统调用。该系统调用不仅能够删除消息队列，还能够获取结构体 msqid_ds 的数据，以及对该结构体的 ipc_perm 域进行修改。该系统调用的函数原型如表 6.20 所示。

表 6.20　消息队列的函数

类　别	描　　述	
函数	int msgctl(int msgid, int cmd, struct msqid_ds *buffer)	
参数	msgid	消息队列的 ID 号
	cmd	IPC_RMID 删除消息队列并消除所有消息(对操作进程有要求) IPC_STAT 获取消息队列 msqid_ds 结构体，将其放入 buffer 中 IPC_:表示阻塞发送，直到发送成功
	buffer	配置 cmd 对消息队列结构体进行读写
返回值	0	执行成功
	-1	执行出错

下面将采用消息队列实现上节共享内存示例程序的功能。使用消息队列后，用户能够更方便地实现相同功能，如程序清单 6-9 所示。

程序清单 6-9　消息队列实现进程通信

```
1 #include <stdio.h>
2 #include <stdlib.h>
3 #include <unistd.h>
4 #include <sys/msg.h>
5 #include <sys/ipc.h>
6 #include <sys/types.h>
7 #include <sys/wait.h>
8 #include <wait.h>
9 #include <errno.h>
10 #include <string.h>
11 #define BUFFER_SIZE 1024
12 typedef struct
13 {
14      long msg_types;
15      char msg_buffer[BUFFER_SIZE];
16 }
17 Typeof_MESSAGE;
18 int main(void)
19 {
20      pid_t result_id;
21      int status = 0;
22      key_t msg_key = 0;
23      msg_key = ftok(".",'q');//消息队列的键值
24      result_id = fork();
```

```
25      if(result_id < 0)
26      {
27          perror("\r\n 创建子进程失败!!!\r\n");
28          exit(1);
29      }
30      else if( result_id == 0)
31      {
32          int child_queue_id;
33          Typeof_MESSAGE child_message;
34          child_queue_id = msgget(msg_key, 0666 | IPC_CREAT);
35          if( -1 == child_queue_id )
36          {
37              perror("子进程中,消息队列申请失败!\n");
38              exit(1);
39          }
40           printf("在子进程中,消息队列的 ID: %d.\n",child_queue_id);
41           while(1)
42           {
43              printf("请输入发送给父进程的数据: \n");
44              memset(child_message.msg_buffer, 0 , BUFFER_SIZE);
45              if(NULL == fgets(child_message.msg_buffer, BUFFER_SIZE, stdin ))
46              {
47                  perror("子进程获取数据失败!\n");
48                  break;
49              }
50              child_message.msg_types = getpid();
51              if( -1 == msgsnd(child_queue_id, &child_message,strlen(child_message.msg_buffer), 0))
52              {
53                  perror("在子进程中,发送消息失败");
54                  exit(1);
55              }
56              if(0 == strncmp(child_message.msg_buffer, "quit", 4 ))
57              {
58                  printf("子进程将退出!!!");
59                  break;
60              }
61           }
62           sleep( 2 );
63           exit(0);
```

```
64      }
65      else
66      {
67          Typeof_MESSAGE parent_message;
68          int parent_queue_id;
69          parent_queue_id = msgget(msg_key, 0666 | IPC_CREAT);
70          if( -1 == parent_queue_id )
71          {
72              perror("父进程中,获取消息队列失败!\n");
73              exit(1);
74          }
75          printf("在父进程中,打开消息队列并读取消息.\n");
76          while(1)
77          {
78              //子进程向共享内存里写
79              memset(parent_message.msg_buffer, 0, BUFFER_SIZE);
80              if( -1 == msgrcv(parent_queue_id, (void *)&parent_message, BUFFER_SIZE, 0, 0))
81              {
82                  perror("从消息队列获取消息失败!\n");
83                  break;
84              }
85              printf("父进程收到来自子进程(%d)的消息:%s.\n",(int)parent_message.msg_types ,parent_
                message.msg_buffer);
86              if(0 == strncmp(parent_message.msg_buffer, "quit", 4 ))
87              {
88                  printf("子进程发来 quit 命令,父进程将退出!!!");
89                  break;
90              }
91          }
92          if(-1 == msgctl(parent_queue_id, IPC_RMID, NULL))
93          {
94              perror("消息队列删除失败!\n");
95              exit(1);
96          }
97          if( -1 == wait(&status))
98          {
99              perror("wait 函数执行失败\n");
100             exit(1);
101         }
```

```
102         printf("子进程正常结束,父进程也将退出!!\n");
103         exit(0);
104     }
105     return 0;
106 }
```

<table>
<tr><td rowspan="6">代码详解</td><td>第 12～17 行</td><td>给出消息队列中消息的结构体，第一个成员为消息类型，第二个成员为保存数据的字符数组(大小 1024 字节)。</td></tr>
<tr><td>第 23 行</td><td>通过 ftok 函数生成消息队列的键值。</td></tr>
<tr><td>第 24 行</td><td>通过 fork 函数创建子进程，实现父子进程间通过消息队列进行数据交互。</td></tr>
<tr><td>第 33～64 行</td><td>子进程执行这段代码。首先，以给定的键值 key 通过 msgget 向 Linux 内核申请创建或获取消息队列；然后，用户从键盘获取字符串，并将其封装消息中，并以子进程的 ID 号作为消息类型，通过 msgsnd 将消息发送到消息队列。当用户输入的字符串为“quit”时，进程将调用 exit 函数终止。</td></tr>
<tr><td>第 65～105 行</td><td>父进程执行这段代码。针对消息队列的操作流程与子进程相同，请读者自行分析。在父进程中，将从消息队列中读取消息，并取出消息中的数据，做进一步的处理。最后，父进程通过 msgctl 执行删除命令，删除不再使用的消息队列，释放相关内存。</td></tr>
</table>

运行结果如下：

```
root@lst-virtual-machine:/home/lst/snap#./02_05_sharememory
在父进程中,共享内存的地址开始于:88d3b000
在子进程中,共享内存的地址开始于:88d3b000
请输入发送父进程的数据:123456
父进程收到来自子进程(5685)的数据:123456
```

6.2.5 信号量

Linux 操作系统中的信号实现进程之间的异步通信，信号量则主要用于进程之间的同步控制。

在操作系统的课程中，通过 PV 原子操作对临界资源进行保护，进而使系统中的进程有序地对临界资源进行操作。Linux 操作系统提供信号量机制实现 PV 原子操作。信号量表示临界资源的数目，并在该信号量下分配进程等待队列。

进程访问临界资源时，先获取与临界资源关联的信号量，当信号量显示临界资源无法访问，当前进程将进入信号量的进程等待队列，等待获取临界资源；当信号量显示临界资源可以被访问，当前进程将直接获取临界资源，对临界资源进行操作，操作结束释放临界资源，即操作系统中的 P 操作。

进程释放临界资源时，如果与临界资源关联的信号量的进程等待队列中有进程等待该临界资源，则按照规则将临界资源分配给某进程；如果没有进程等待该临界资源，则直接释放，并修改信号量值，即操作系统中的 V 操作。

1. 信号量系统调用

Linux 操作系统提供一组函数实现对信号量的操作，主要包括信号量创建、信号量控制、信号量操作及信号量编程。

1) 信号量创建

开发人员应用信号量协调多个进程对临界资源的访问，需要通过如下系统调用创建信号量或通过键值获取系统中指定的信号量。创建信号量的函数原型如表 6.21 所示。

表 6.21　信号量函数原型

类　别	描　　述
函数	int semget(key_t key, int nsems, int semflag)
参数	key　　信号量的键值，多个进程通过该键值获取同一个信号量 nsems　　信号量所代表的临界资源的数量，通过取 1 表示互斥信号量 msgflag　　访问权限标志位
返回值	>0　　创建成功，返回信号量标识符 -1　　执行出错

2) 信号量控制

与消息队列一样，Linux 内核提供信号量控制的系统调用，实现信号量的删除操作。除此之外，还能够获取系统中信号量的结构体，以及对信号量值进行设置或者读取。信号量控制系统调用的函数原型如表 6.22 所示。

表 6.22　信号量系统控制调用的函数原型

类　别	描　　述
函数	int semctl(int semid, int semnum, int cmd, union semun arg)
参数	semid　　信号量标识符 semn　　信号量编号，当使用单个信号量时该值为 0 um　　对信号量的各种控制操作，对于单个信号量主要命令如下： IPC_STAT 获取内核中信号结构体 semid_ds 信息，并由第四个参数返回 IPC_STAT 获取内核中信号结构体 semid_ds 信息，并由第四个参数返回 IPC_SETVAL 设置信号量的值为 arg 成员的 val 值 cmd　　IPC_GETVAL 获取信号量的值 IPC_RMID　删除信号量
返回值	0　　命令 IPC_STAT、IPC_SETVAL、IPC_RMID 执行成功的返回值执行 >0　　命令 IPC_GETVAL 时，返回信号量的当前值 -1　　执行出错

3) 信号量操作

通过前面对信号量的介绍可知，信号量的操作主要分为 P 操作和 V 操作，但 Linux 内核仅提供一个系统调用实现这两个操作，该系统调用的函数原型如表 6.23 所示。

表 6.23　信号量函数原型

类　别	描　　述	
函数	int semop(int semid, struct sembuf *semoparray, size_t nops)	
参数	semid	信号量标识符

	semoparray	信号量操作数组，该结构体定义如下：
		struct sembuf{
		unsigned short sem num;//信号在信号集中编号
		short sem op;// -1 表示 p 操作,1 表示 v 操作

	msgflag	shortsemflag；//信号操作的标识
	nops	信号量操作数组操作个数
返回值	> 0	信号量标识符
	-1	执行出错

4) 信号量编程

虽然 Linux 内核提供系统调用对信号量进行操作，但是开发人员在编程的过程中仅创建信号量、信号量 P 操作、信号量 V 操作以及删除信号量。下面将对相关系统调用进行封装，以方便开发人员使用。

(1) 设置信号量数量。创新信号量后，需要根据具体情况设置信号量数值，可以通过系统调用 semctl 实现，具体封装过程如程序清单 6-10 所示。

程序清单 6-10　设置信号量数量

```
18  int sem_setval(int sem_id, int value)
19  {
20      int ret = 0;
21      union semun su;
22      su.val = value;
23      ret = semctl(sem_id, 0, SETVAL, su);
24      if( -1 == ret )
25      {
26          perror("信号量初始化失败!!\n");
27      }
28      return ret;
29  }
```

代码详解		
	第 12～17 行	定义共用体 union semun 变量 su，并依需要对其成员 val 进行赋值。
	第 23 行	调用系统调用 semctl，使用命令 SETVAL，对信号量 sem_id 设置信号量数量。

(2) 获取信号量数量。开发人员在进程执行的过程中，可以获取当前信号量的数量。通过调用 semctl 函数实现，封装过程如程序清单 6-11 所示。

程序清单 6-11　获取信号量数量

```
31  int sem_getval(int sem_id)
32  {
33      int ret = 0;
34      ret = semctl(sem_id, 0, GETVAL, 0);
35      if( -1 == ret)
36      {
37          perror("无法获取信号量当前值!!\n");
38      }
39      return ret;
40  }
```

调用系统调用 semctl，使用命令 GETVAL，获取信号量 sem_id 当前的信号量数量，作为函数 semctl 返回值赋值给变量 ret。

(3) 删除信号量。信号量属于系统资源，使用完成后应及时释放掉，可以通过系统调用 semctl，设置要执行的命令为 IPC_RMID 实现，具体封装如程序清单 6-12 所示。

程序清单 6-12　删除信号量

```
42  int sem_delete(int sem_id)43 {
44  int ret = 0;
45  ret = semctl(sem_id, 0, IPC_RMID, 0);
46  if( -1 == ret )
47  {
48      perror("无法删除当前的信号量!!\n");
49  }
50  return ret;51 }
```

(4) 信号量 P 操作。进程在对临界资源进行访问之前，需要对信号量执行 P 操作。如果条件满足，进程可以直接操作临界资源；如果条件不满足，进程将进入信号量的进程等待队列，等待获取该信号量。信号量 P 操作具体过程如程序清单 6-13 所示。

程序清单 6-13　信号量 P 操作

```
53  int sem_opt_p(int sem_id)
54  {
55      int ret = 0;
56      struct sembuf sb;
57      b.sem_num = 0;
58      sb.sem_op = -1;
59      sb.sem_flg = SEM_UNDO;
60      ret = semop(sem_id, &sb, 1);
```

```
61      if( -1 == ret )
62      {
63          perror("信号量上的 P 操作失败!!\n");
64      }
65      return ret;
66  }
```

本段代码主要定义结构体 struct sembuf 变量 sb，并根据信号量 P 操作的要求设置各成员值，即 sem_num、sem_op、sem_flg 分别设置为 0、-1、SEM_UNDO。第 60 行，调用系统调用 semop()对信号量 sem_id 进行 P 操作。

(5) 信号量 V 操作。进程对临界资源操作后，需要执行信号量 V 操作，以便其他进程能够访问临界资源。信号量 V 操作的过程如程序清单 6-14 所示。

程序清单 6-14　信号量 V 操作

```
68  int sem_opt_v(int sem_id)
69  {
70      int ret = 0;
71      struct sembuf sb;
72      sb.sem_num = 0;
73      sb.sem_op = 1;
74      sb.sem_flg = SEM_UNDO;
75      ret = semop(sem_id, &sb, 1);
76      if( -1 == ret )
77      {
78          perror("信号量上的 V 操作失败!!\n");
79      }
80      return ret;
81  }
```

本段代码，定义结构体 struct sembuf 变量 sb，并根据信号量 V 操作的要求设置各成员值，即 sem_num、sem_op、sem_flg 分别设置为 0、1、SEM_UNDO。其中第 75 行，调用系统调用 semop()对信号量 sem_id 进行 P 操作。

2. 信号量示例

下面将通过具体示例，综合应用前述信号量操作函数，实现进程对共享内存的同步操作，如程序清单 6-15 所示。

程序清单 6-15　信号量示例

```
1   #include <stdio.h>
2   #include <stdlib.h>
3   #include <unistd.h>
4   #include <sys/types.h>
```

```
5   #include <sys/wait.h>
6   #include <time.h>
7   #include <sys/ipc.h>
8   #include <sys/sem.h>
9   #include <sys/shm.h>
10  #include "sem_operator_set.h"
11  #define MAX_DELAY_TIME 6.0
12  #define BUFFER_SIZE 1024
13  typedef struct
14  {
15     pid_t pid;
16     char buffer[BUFFER_SIZE];
17  }
18  Typeof_SHARED_MEMORY;
19  int main(void)
20  {
21     pid_t result_id;
22     key_t key;
23     int protected_value = 0;
24     int ret;
25     int status;
26     int index = 0;
27     int parent_index = 0;
28     int sem_mutex_id;
29     int sem_have_space_id;
30     int sem_have_data_id;
31     key_t shm_key = 0;
32     shm_key = ftok(".",'h');//共享内存的键值
33     /*对随机数设置*/
34     srand(time(NULL));
35     key = ftok(".", 'm'); //mutex
36     if( -1 == key)
37     {
38        perror("创建 mutex 键值失败!!\n");
39        exit(1);
40     }
41     sem_mutex_id = semget(key, 1, 0666 | IPC_CREAT);
42     if( -1 == sem_mutex_id )
43     {
```

```
44        perror("创建 mutex 信号量失败!!\n");
45        exit(1);
46    }
47    ret = sem_setval(sem_mutex_id, 1);
48    if( -1 == ret)
49    {
50        perror("信号量 umtext 初始化失败!!\n");
51        exit(1);
52    }
53    key = ftok(".",'s');
54    if( -1 == key)
55    {
56        perror("创建 have_space 键值失败!!\n");
57        exit(1);
58    }
59    sem_have_space_id = semget(key, 1, 0666 | IPC_CREAT);
60    if( -1 == sem_have_space_id )
61    {
62        perror("创建 have_space 信号量失败!!\n");
63        sem_delete(sem_mutex_id);
64        exit(1);
65    }
66    ret = sem_setval(sem_have_space_id, 1);
67    if( -1 == ret)
68    {
69        perror("信号量 have_space 初始化失败!!\n");
70        exit(1);
71    }
72    key = ftok(".",'d');
73    if( -1 == key)
74    {
75        perror("创建 have_data 键值失败!!\n");
76        exit(1);
77    }
78    sem_have_data_id = semget(key, 1, 0666 | IPC_CREAT);
79    if( -1 == sem_have_data_id )
80    {
81        perror("创建 have_data 信号量失败!!\n");
```

```
82          sem_delete(sem_mutex_id);
83          sem_delete(sem_have_space_id);
84        exit(1);
85      }
86      ret = sem_setval(sem_have_data_id, 0);
87      if( -1 == ret)
88      {
89          perror("信号量 have_data 初始化失败!!\n");
90          exit(1);
91      }
92      result_id = fork();
93      if(result_id < 0)
94      {
95          perror("\r\n 创建子进程失败!!!\r\n");
96          exit(1);
97      }
98      else if( result_id == 0)
99      {
100         int child_delay_time = 0;
101         int child_shm_id = 0;
102         void *child_shared_memory;
103         Typeof_SHARED_MEMORY *child_write_buffer;
104         child_shm_id = shmget(shm_key,sizeof(Typeof_SHARED_MEMORY),0666 |IPC_CREAT);
105         if( -1 == child_shm_id )
106         {
107             perror("子进程中,共享内存申请失败!\n");
108             exit(1);
109         }
110         child_shared_memory = shmat(child_shm_id, 0, 0);
111         if(child_shared_memory = = (void *) -1)
112         {
113             perror("子进程中,共享内存映射失败!\n");
114             exit(1);
115         }
116     child_write_buffer = (Typeof_SHARED_MEMORY*)child_shared_memory;
117     for(index = 0 ; index < 10; index ++)
118     {
119         child_delay_time = (int)(rand() * MAX_DELAY_TIME / (RAND_MAX) /2.0) + 1;
```

```
120         sleep(child_delay_time);
121         if(-1 == sem_opt_p(sem_have_space_id))
122         {
123             perror("子进程中,对信号量 sem_have_space_id, P 操作失败!!\n");
124         }
125         if(-1 == sem_opt_p(sem_mutex_id))
126         {
127             perror("子进程中,对信号量 sem_mutex_id, P 操作失败!!\n");
128         }
129         child_write_buffer->pid = getpid();
130         protected_value ++;
131         child_write_buffer->buffer[0] = protected_value;
132         printf("子进程修改变量值,修改后的值为: %d\n",protected_value);
133         if( -1 == sem_opt_v(sem_have_data_id))
134         {
135            perror("子进程中,对信号量 sem_have_data_id, V 操作系统!!\n");
136         }
137         if( -1 == sem_opt_v(sem_mutex_id))
138         {
139             perror("子进程中,对信号量 sem_mutex_id, V 操作系统!!\n");
140         }
141     }
142     if( -1 == shmdt(child_shared_memory))
143     {
144         perror("子进程,共享内存撤销失败!\n");
145         exit(1);
146     }
147     sleep(10);// 子进程退出过早,父进程将收不到信号量
148     printf("子进程退出!!!\n");
149     exit(0);
150   }
151   else
152   {
153     int parent_delay_time = 0;
154     int parent_shm_id = 0;
155     void *parent_shared_memory = 0;
156     Typeof_SHARED_MEMORY *parent_read_buffer;
157     parent_shm_id = shmget(shm_key,sizeof(Typeof_SHARED_MEMORY),066|IPC_CREAT);
```

```
158     if( -1 == parent_shm_id )
159     {
160       perror("父进程中,共享内存申请失败!\n");
161       exit(1);
162     }
163     parent_shared_memory = shmat(parent_shm_id, 0, 0);
164     if(parent_shared_memory == (void *) -1)
165     {
166        perror("父进程中,共享内存映射失败!\n");
167        exit(1);
168     }
169     parent_read_buffer = (Typeof_SHARED_MEMORY*)parent_shared_memory;
170     for(parent_index = 0 ; parent_index < 10; parent_index ++)
171     {
172       parent_delay_time = (int)(rand() * MAX_DELAY_TIME / (RAND_MAX)) + 1;
173       sleep(parent_delay_time);
174       if(-1 == sem_opt_p(sem_have_data_id))
175       {
176         perror("父进程中, P 操作失败!!\n");
177       }
178        if(-1 == sem_opt_p(sem_mutex_id))
179        {
180          perror("父进程中, P 操作失败!!\n");
181        }
182        printf("父进程收到的信息:数值(%d)来自进程(%d)\n",parent_read_buffer->buffer[0],parent_read_
           buffer->pid);
183        if( -1 == sem_opt_v(sem_have_space_id))
184        {
185          perror("子进程中,对信号量 sem_have_space_id, V 操作系统!!\n");
186        }
187        if( -1 == sem_opt_v(sem_mutex_id))
188        {
189           perror("父进程中,对信号量 sem_mutex_id, V 操作系统!!\n");
190        }
191     }
192     if( -1 == shmdt(parent_shared_memory))
193     {
194       perror("父进程,共享内存撤销失败!\n");
```

```
195         exit(1);
196     }
197     if( -1 == wait(&status))
198     {
199         perror("wait 函数执行失败\n");
200         exit(1);
201     }
202     printf("子进程正常结束,父进程也将退出!!\n");
203     printf("最终 proected_value 的值为: %d.\n", protected_value);
204     }
205     return 0;
206 }
```

<table>
<tr><td rowspan="6">代码
详解</td><td>第 13～18 行</td><td>给出共享内存的结构体 Typeof_SHARED_MEMORY。在本示例程序中，子进程将数据放入共享内存，而父进程将数据取出并打印。在程序执行的过程中，通过三个信号量实现子进程和父进程的同步，即子进程写入一个数据，父进程读取一个数据。</td></tr>
<tr><td>第 35～52 行</td><td>创建用于互斥访问临界资源共享内存的信号量 sem_mutex_id。</td></tr>
<tr><td>第 53～71 行</td><td>给出用于控制子进程写共享内存的同步信号量。</td></tr>
<tr><td>第 72～91 行</td><td>给出用于控制父进程读共享内存的同步信号量。</td></tr>
<tr><td>第 92 行</td><td>通过系统调用 fork()创建子进程。</td></tr>
<tr><td>第 99～150 行</td><td>子进程执行这段代码，主要完成将共享内存映射到子进程的地址空间，并循环将数据放入共享内存，等待父进程读取。在每一次循环中，让子进程随机休眠几秒钟，然后通过信号量 sem_have_space_id 来判断是否能够向共享内存写入数据，否则该进程将进入信号量 sem_have_space_id 的进行等待队列。如果能够写入数据，则要通过 sem_mutex_id 实现对共享内存的互斥访问。最后，通过 shmdt 撤销对共享内存的映射。</td></tr>
</table>

6.3　Linux 线程控制编程

由操作系统的理论知识，进程是资源分配的基本单位，而进程中的所有线程将共享进程的内存资源。在 Linux 系统中，每创建一个进程，内核将开辟内存块保存进程的进程控制块(PCB)和其他进程资源。如果仅是执行体的并行，可以通过创建线程实现，代价较小，效果更好。

在 Linux 操作系统中，在用户空间实现线程的所有操作。大多数开发人员均使用 POSIX 推出的 pthread 线程库进行多线程编程。

6.3.1　线程基本函数

pthread 线程库中提供线程操作的结构体和函数，实现线程创建、线程撤销、线程退出以及线程间的同步互斥等。

1. 线程创建

在线程创建的过程中，需要给出线程的执行体，即线程函数。线程创建的原型函数如表 6.24 所示。

表 6.24　线性创建函数原型

类　别	描　　述
函数	int pthead_create(pthread_t *pthread, pthread_attr_t *attr, void * (*start_rtn)(void *), void *arg)
参数	pthread　　线程标识符 attr　　线程属性，设为 NULL start_rtn　　线程函数 arg　　传递给线程函数的参数
返回值	0　　线程创建成功 非零　　执行出错

2. 线程等待

父进程在执行的过程中，如果希望获得子进程执行情况，就会调用 wait()系统调用获取子进程是否正常退出。pthread 线程库也提供等待线程结束的函数，该函数的原型如表 6.25 所示。

表 6.25　等待线程函数原型

类　别	描　　述
函数	int pthead_join(pthread_t tid, void ** thread_ret)
参数	tid　　指定等待的线程标识符 thread_ret　　用于存储被等待线程结束时的返回值
返回值	0　　线程创建成功 非零　　执行出错

3. 线程撤销

一个进程可以通过 kill 系统调用发送信号使另一个进程结束执行。同样，pthread 线程提供函数以便于结束另一个线程的执行，该函数的原型如表 6.26 所示。

表 6.26　线程撤销函数原型

类　别	描　　述
函数	int pthead_cancel(pthread_t tid)
参数	tid　　指定结束线程的标识符
返回值	0　　线程创建成功 非零　　执行出错

4. 线程退出

进程在退出的时刻可以通过调用函数 exit 向父进程返回正常退出或异常退出的信息；线程在执行过程中，也可以通过函数返回线程的执行情况，该函数的原型如表 6.27 所示。

表 6.27　线程退出函数

类　别	描　　述	
函数	void pthead_exit(void *ret)	
参数	ret	线程结束时的返回值
返回值	void	无

6.3.2　线程同步与互斥

同一个进程创建的不同线程共享进程的内存空间，因此属于同一个进程的不同线程可以很方便地实现数据共享。为了保证不同线程对共享资源的同步访问，pthread 库提供线程同步和互斥的函数，并通过条件变量的使用，实现精细化的线程同步与互斥。

1. 互斥锁的操作函数

1) 初始化互斥锁

在 Linux 操作系统中，线程互斥锁的类型为 pthread_mutex_t，在使用互斥锁之前需要对其进行初始化，互斥锁初始化的函数原型如表 6.28 所示。

表 6.28　初始化互斥锁函数原型

类　别	描　　述	
函数	int pthead_mutex_init(pthread_mutex_t *mutex, const pthread_mutexattr_t *attr)	
参数	mutex	待初始化的互斥锁
	attr	指定线程互斥锁的属性，一般取值为 NULL 使用默认属性
返回值	0	初始化
	非零值	返回出错码

2) 上锁互斥锁

当线程在操作临界资源之前，需要先锁住线程互斥锁，其他线程将不能够访问临界资源，上锁互斥锁的原型函数如表 6.29 所示。

表 6.29　互斥锁上锁原型

类　别	描　　述	
函数	int pthead_mutex_lock(pthread_mutex_t *mutex)	
参数	mutex	上锁的线程互斥锁
返回值	0	上锁成功
	非零值	返回出错码

3) 解锁互斥锁

线程访问完临界资源之后，需要解锁线程互斥锁，以便于其他线程能够访问临界资源，解锁互斥锁的函数原型如表 6.30 所示。

表 6.30　互斥解锁原型

类　别	描　　述	
函数	int pthead_mutex_lock(pthread_mutex_t *mutex)	
参数	mutex	需要解锁的线程互斥锁
返回值	0	上锁成功
	非零值	返回出错码

4) 销毁互斥锁

线程互斥锁是系统资源，当不再使用时，应该及时将其销毁，pthread 库提供的互斥锁销毁的函数原型如表 6.31 所示。

表 6.31　销毁互斥锁函数原型

类　别	描　　述	
函数	int pthead_mutex_lock(pthread_mutex_t *mutex)	
参数	mutex	被销毁的线程互斥锁
返回值	0	销毁成功
	非零值	返回出错码

2. 条件变量操作函数

单纯依靠线程互斥锁，无法实现精细化的线程互斥和同步，需要借助条件变量，完成极限情况下的线程互斥和同步。pthread 线程库提供条件变量操作函数，以方便开发人员灵活操作条件变量。

1) 初始化条件变量

条件变量在使用之前，需要通过初始化函数分配条件变量需要的内存空间，并对其属性进行设置。初始化条件变量的函数原型如表 6.32 所示。

表 6.32　初始化条件变量函数

类　别	描　　述	
函数	int pthead_cond_init(pthread_cond_t *cond, const pthread_condattr_t *attr)	
参数	cond	待初始化的条件变量
	attr	指定条件变量的属性，一般取值为 NULL 使用默认属性
返回值	0	初始化成功
	非零值	返回出错码

2) 等待条件变量

在等待条件变量之前，需要对相关线程互斥锁上锁，并判断访问临界资源的相关条件是否满足，如果不满足则调用函数等待条件变量，并将当前线程放入条件变量的线程等待

队列。等待条件变量的函数原型如表 6.33 所示。

表 6.33　等待条件变量函数

类　别	描　　述	
函数	int pthread_cond_wait(pthread_cond_t *cond, pthread_mutex_t *mutex)	
参数	cond	待初始化的条件变量
	mutex	与条件变量相关的线程互斥锁
返回值	0	线程阻塞，并最终接收到条件变量信号
	非零值	返回出错码

3) 向条件变量发送信号

当被阻塞的线程访问临界资源的条件满足时，将向条件变量发送信号，并唤醒阻塞在条件变量的线程，让其重新执行，重新判断访问临界资源的条件。当条件满足时，将访问临界资源。向条件变量发送信号的函数原型如表 6.35 所示。

表 6.34　条件向量发送信号

类　别	描　　述	
函数	int pthead_cond_signal(pthread_cond_t *cond)	
参数	cond	待接收信号的条件变量
返回值	0	当成功解除线程“被阻塞”状态时的返回值
	非零值	返回出错码

4) 销毁条件变量

不再使用的条件变量，可以通过 pthread 库提供的销毁函数将其删除，其函数原型如表 6.35 所示。

表 6.35　销毁条件变量

类　别	描　　述	
函数	int pthead_cond_destroy(pthread_cond_t *cond)	
参数	cond	被销毁的条件变量
返回值	0	销毁成功
	非零值	返回出错码

6.4　线程池及应用

在一个应用程序中，可能需要创建多个线程，并且特殊的应用程序在执行的过程中可能重复创建和销毁线程，对系统性能影响极大。在网络服务器的应用编程中，如果服务器为每个客户端创建线程与之进行数据交互，那么当大量的客户连接服务器，就需要创建大量线程。特别当客户连接持续的时间较短时，就需要频繁地创建和销毁线程，严重影响系统的性能。

6.4.1 线程池设计

为了有效解决线程频繁创建和销毁的问题，开发人员提出线程池解决方案。应用程序启动后，创建线程列表和任务队列。预先创建一定数据量的线程，并将其放入线程列表，并处于阻塞状态。当新的任务被放入任务队列，系统从线程列表中取出空闲线程，处理队列中的任务。任务执行完成后，并不销毁线程，而是继续等待，并处理新的任务。下面将综合应用上述线程操作函数，设计线程池的示例程序并画出线程池的工作示意图，如图 6.2 所示。在示例程序中，给出两个仿真任务(用户可以自行完成)，任务一执行求和工作，即对给定的参数 A，求 1 + 2 + 3 + 4 + … + A；任务二显示数据，即对给定的参数 A，显示 1，2，3，…，A。

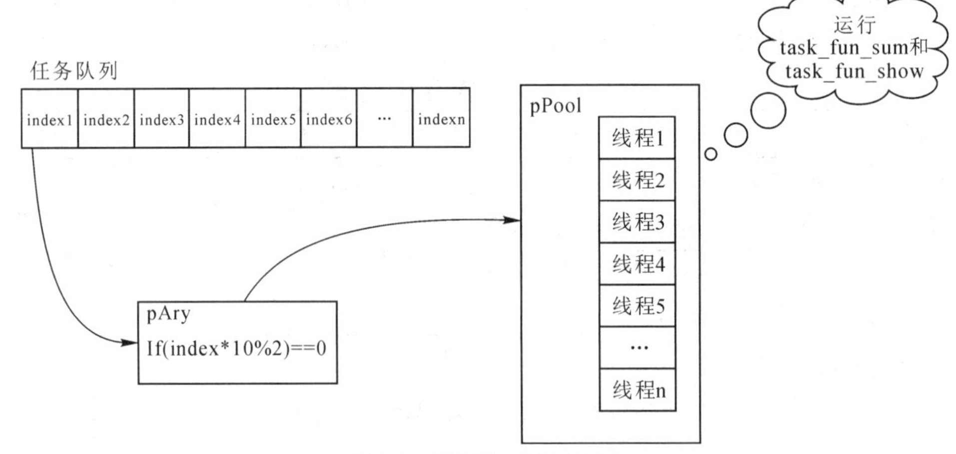

图 6.2　线程池工作示意图

1. 创建线程池

在线程池创建函数中，需要创建线程链表和任务队列，并创建用于线程同步的线程互斥锁和条件变量，如程序清单 6-16 所示。

程序清单 6-16　创建线程池

```
27 Typeof_Thread_Pool* create_thread_pool(unsigned int maximum_threads_items,unsigned int maximum_
   tasks_in_queue)
28 {
29     unsigned int index = 0;
30     Typeof_Thread_Pool *pPool = NULL;
31     unsigned int malloc_space_sizes = 0;
32     pPool = (Typeof_Thread_Pool *)malloc(sizeof(Typeof_Thread_Pool));
33     if(NULL == pPool)
34     {
35         printf("\r\n 无法给线程池结构体分配空间\r\n");
36         goto error_routine;
```

```
37    }
38    memset(pPool, 0 , sizeof(Typeof_Thread_Pool));
39    pPool->maximum_thread_number = maximum_threads_items;
40    pPool->task_queue_max_items =   maximum_tasks_in_queue;
41    /*创建线程数组*/
42    malloc_space_sizes = pPool->maximum_thread_number * sizeof(pthread_t *);
43    pPool->pThreads_array = (pthread_t *)malloc(malloc_space_sizes);
44    if(NULL == pPool->pThreads_array)
45    {
46        printf("\r\n 无法给线程数组分配内存\r\n");
47        goto error_routine;
48    }
49    memset(pPool->pThreads_array, 0 , malloc_space_sizes);
50    /*创建任务队列*/
51    malloc_space_sizes = pPool->task_queue_max_items * sizeof(Typeof_Task);
52    pPool->pTask_queue = (Typeof_Task *)malloc(malloc_space_sizes);
53    if(NULL == pPool->pTask_queue)
54    {
55        printf("\r\n 无法给任务队列分配内存! \r\n");
56        goto error_routine;
57    }
58    memset(pPool->pTask_queue, 0, malloc_space_sizes);
59    /*创建互斥锁和条件变量*/
60    if(0 != pthread_mutex_init(&(pPool->pool_mutex_lock), NULL))
61    {
62        printf("\r\n 初始化线程池互斥锁失败:pPool->pool_mutex_lock!!\r\n");
63        goto error_routine;
64    }
65    if(0 != pthread_cond_init(&(pPool->task_queue_have_items), NULL))
66    {
67        printf("\r\n 创建条件变量失败:pPool->task_queue_have_items!!\r\n");
68        goto error_routine;
69    }
70    if(0 != pthread_cond_init(&(pPool->task_queue_have_space), NULL))
71    {
72        printf("\r\n 创建条件变量失败: pPool->task_queue_have_space!!\r\n");
73        goto error_routine;
74    }
75    /*创建工作线程*/
```

```
76    for(index = 0; index <= pPool->maximum_thread_number; index++)
77    {
78        if(0 != pthread_create(&pPool->pThreads_array[index], NULL,thread_function, (void *)pPool))
79        {
80            printf("\r\n 线程 %d 创建失败!!!\r\n", index);
81            goto error_routine;
82        }
83        printf("\r\n 线程 %d 创建成功,并已启动!!! \r\n",index);
84    }
85    return pPool;
86    error_routine:
87    deallocate_thread_pool(pPool);
88    return NULL
89 }
```

代码详解		
	第 32～38 行	给线程池数据结构分配空间，并将其初始化为 0。
	第 41～49 行	创建线程数组，并将其初始化为 0。
	第 51～58 行	创建任务队列，同样将其初始化为 0。
	第 60～78 行	创建线程互斥锁、条件变量，线程互斥锁实现对线程池的互斥访问，而两个条件变量则用于判断任务队列有任务还是为空。

2. 释放线程池

在创建线程池出现异常或者应用程序不需要线程池时，将调用线程池释放函数，将对应资源归还系统，释放线程池的函数如程序清单 6-17 所示。

程序清单 6-17　释放线程池

互斥锁的设计

```
105   int deallocate_thread_pool(Typeof_Thread_Pool * pPool)
106   {
107     if( NULL == pPool )
108     {
109       return -1;
110     }
111     //如果任务队列不为空,则将任务队列所占空间释放掉
112     if( NULL != pPool->pTask_queue)
113     {
114       free(pPool->pTask_queue);
115     }
116     //如果线程数组不为空,则将线程数组
117     if( NULL != pPool->pThreads_array)
118     {
```

```
119         free(pPool->pThreads_array);
120         pthread_mutex_lock(&(pPool->pool_mutex_lock));
121         pthread_mutex_destroy(&(pPool->pool_mutex_lock));
122         pthread_cond_destroy(&(pPool->task_queue_have_items));
123         pthread_cond_destroy(&(pPool->task_queue_have_space));
124     }
125     free(pPool);
126     pPool = NULL;
127     return 0;
128 }
```

代码详解		
	第 78～84 行	通过循环创建线程，每个线程执行的函数均为 thread_function，并将线程放入线程数组中。
	第 107～110 行	当没有为线程池分配空间时，直接返回。
	第 112～115 行	如果为任务队列分配空间，则将内存资源归还系统。
	第 117～124 行	释放线程数组所占用的空间，并将线程互斥锁和两个条件变量也调用相关函数进行销毁。
	第 125 行	将线程池数据结构所占用的空间也释放掉。

3. 向任务队列添加任务

创建线程池的目的是动态执行任务队列中的任务，因此应用程序将需要完成的工作以任务函数形式放在任务队列，如程序清单 6-18 所示。

程序清单 6-18　添加任务

```
139 int add_task(Typeof_Thread_Pool * pPool, void * (*task_function)(void *), void *function_argument)
140 {
141     pthread_mutex_lock(&(pPool->pool_mutex_lock));
142     /*如果线程池任务队列满了,则调用 add_task 线程进入条件变量等待队列     */
143     while((pPool->task_queue_sizes == pPool->task_queue_max_items))
144     {
145             pthread_cond_wait(&(pPool->task_queue_have_space), &(pPool->pool_mutex_lock));
146     }
147     /*处理未释放的空间*/
148     if((pPool->pTask_queue[pPool->task_queue_tail]).pArgument != NULL)
149     {
150           free((pPool->pTask_queue[pPool->task_queue_tail]).pArgument);
151         (pPool->pTask_queue[pPool->task_queue_tail]).pArgument = NULL;
152     }
153     /*将任务放入任务队列*/
154     (pPool->pTask_queue[pPool->task_queue_tail]).pTask_fun = task_function;
155     (pPool->pTask_queue[pPool->task_queue_tail]).pArgument = function_argument;
```

```
156     pPool->task_queue_tail = (pPool->task_queue_tail + 1) % pPool->task_queue_max_items;
157     pPool->task_queue_sizes ++;
158     pthread_cond_signal(&(pPool->task_queue_have_items));
159     pthread_mutex_unlock(&(pPool->pool_mutex_lock));
160     return 0;
161 }
```

代码详解		
	第 141 行	上锁线程池互斥锁，以防止线程池中的线程访问线程池任务队列。
	第 143～146 行	通过条件变量查询线程池任务队列是否有空闲位置保存当前任务(此处有多余换行)函数，如果没有，则调用 add_task 的线程将在条件变量的线程等待队列中阻塞；如果有，则继续向下执行。
	第 148～160 行	从线程池任务队列的队尾取出空闲空间将当前任务函数放入任务(此处有多余换行)队列中，更新相关参数，并向条件变量 pPool->task_queue_have_items 发送信号，说明任务队列有新的任务，线程池中的线程可以将其取出执行。最后，释放线程池互斥锁。

4. 线程函数

线程池中的每个函数均执行该线程函数，主要工作从线程池任务队列中获取任务函数，并执行任务，如程序清单 6-19 所示。

程序清单 6-19　线程函数

```
173 void* thread_function(void* thread_argument)
174 {
175     Typeof_Thread_Pool* pPool = (Typeof_Thread_Pool*)thread_argument;
176     Typeof_Task current_task;
177     while(1)
178     {
179         pthread_mutex_lock(&(pPool->pool_mutex_lock));
180         /*当线程池任务队列为空,则挂起当前线程*/
181         while(pPool->task_queue_sizes == 0)
182         {
183             printf("\r\n 线程池任务队列为空,当前线程(ID:0x%x)挂起\r\n",(unsigned int)pthread_self());
184             pthread_cond_wait(&(pPool->task_queue_have_items), &(pPool->pool_mutex_lock));
185         }
186         current_task.pTask_fun = pPool->pTask_queue[pPool->task_queue_front].pTask_fun;
187         current_task.pArgument = pPool->pTask_queue[pPool->task_queue_front].pArgument;
188         pPool->task_queue_front = (pPool->task_queue_front + 1) % pPool->task_queue_max_items;
189         pPool->task_queue_sizes --;
190         /*可以向任务队列放入新的任务*/
191         pthread_cond_broadcast(&(pPool->task_queue_have_space));
192         pthread_mutex_unlock(&(pPool->pool_mutex_lock));
```

```
193             printf("\r\n 当前线程(ID:0x%x)开始执行任务\r\n",(unsigned int)pthread_self());
194             (*(current_task.pTask_fun))(current_task.pArgument);
195             printf("\r\n 当前线程(ID:0x%x)执行完任务\r\n",(unsigned int)pthread_self());
196     }
197 }
```

本段代码显示，线程创建后，上锁线程池互斥锁，然后判断线程池任务队列中是否有任务。如果有，则取出任务函数并执行；如果没有，则线程阻塞，直到有任务执行为止。调用线程池任务队列头指针，并广播信号，让阻塞在条件变量 pPool->task_queue_have_space 的线程开始工作。最后，释放线程池互斥锁。其中第 194 行释放线程池互斥锁后，执行任务函数，以提高线程池执行效率。

5. 工程 Makefile 文件

由于该示例工程用到 pthread 线程库，因此在编译时需要添加选项-lpthread，如程序清单 6-20 所示。

程序清单 6-20　工程 Makefile

```
1  CC=gcc
2  #CC=arm-linux-gnueabihf-g++
4  ThreadPoolTest:ThreadPoolTest.c ThreadPool.c
5     $(CC)   $^ -o $@ -lpthread
6  clean:
7     @rm ThreadPoolTest *.o
```

6.4.2　线程池测试

为了检验线程池是否达到设计要求，测试人员需要编写代码对线程池功能进行测试。在创建线程池的过程中，主要创建线程队列和任务队列。同时，创建 5 个线程，并将其放入线程队列。由于当前任务队列为空，因此线程池中的线程挂起。在执行过程中，每隔 10 ms 将一个任务放入任务队列。此时，线程队列中的线程将互相竞争获取任务队列中的任务。测试函数如程序清单 6-21 所示。

程序清单 6-21　线程池测试函数

```
50  void main(void)
51  {
52      Typeof_Thread_Pool* pPool = NULL;
53      int index = 0;
54      int *pArg = NULL;
55      printf("\r\n 下面将进行线程池的测试:\r\n");
56      pPool = create_thread_pool(5,10);
57      for(index = 1; index < 20; index ++)
58      {
59          pArg = (int *)malloc(sizeof(int));
```

```
60          *pArg = index * 10;
61          if(index % 2 == 0)
62              add_task(pPool, task_fun_sum, (void*)pArg);
63          else
64              add_task(pPool, task_fun_show, (void*)pArg);
65          sleep(10);
66      }
67  }
```

本 章 小 结

Linux 操作系统是多用户多任务的操作系统，并向开发人员提供系统调用实现多进程、多线程以及进程线程间的通信和同步机制。本章主要讲解进程、进程间通信、线程控制编程以及线程池的相关概念，并给出相应的代码，以便于理解。本章的重点和难点主要是线程池和互斥锁，读者可以通过动手编程实践来加深理解。

复 习 思 考 题

1. 当一个进程正在通过管道，向另外一个进程传送数据。如果接收数据的进程，因为来不及处理接收到的数据，而暂时停止从管道中读取数据，这对负责发送数据的另一个进程，会产生什么影响？

2. 进程在使用消息队列或者共享内存段交换数据时，一个前提条件是，相互通信的进程，必须访问到同一个消息队列，或者同一个共享内存段。请问，在 Linux 系统中，如何确保多个不同的进程，可以访问到同一个消息队列或共享内存段？

3. 进程间的通信方式有多种。其中基于消息队列的进程通信，和管道通信相比，有哪些突出的优势？

4. 大多数情况下，在调用一个函数时，都是通过 if 语句判断所调用函数的返回值，以便确定这一次调用是否成功。分析下面的代码，并回答问题：

```
execl("/bin/date","date",(char*)0);
perror("execl()failure!\n\n");
```

在 execl()函数调用之后，没有任何判断，就做了出错的处理。你认为这样合适吗？说明你的理由。

5. 下面是一段程序，如果这段程序中涉及的函数调用都成功执行，请问运行这段程序所能看到的执行效果是怎样的？请对这样的结果加以解释。

```
#include <stdio.h>
#include <unistd.h>
int main()
{
```

```
    fork();
    printf("Hello! I'm A!\n");
    fork();
    printf("Hello! I'm B!\n");
    return 0;
}
```

工 程 实 战

智能电网中边缘计算网关通过 485 总线连接终端数据采集设备，并采用电力系统 IEC101 规约进行通信，请使用多线程技术实现边缘计算网关中协议中数据接收和发送。

第 7 章

嵌入式 Linux 高性能网络编程

本章学习目标

知识目标

理解基本套接字编程的原理及高性能网络编程的优势，熟悉嵌入式 Linux 网络通信的流程，掌握高性能并发网络服务器编程的方法，掌握多路复用网络编程的方法。

能力目标

培养学生应用高性能网络编程技术解决复杂网络通信问题的能力。

素质目标

严格遵守网络通信协议规范，培养学生自觉遵守规则的意识。

课程思政目标

树立“没有规矩不成方圆”“自由必是以遵守法律为前提”的观点。

嵌入式终端通常需要与外部通信，接收控制指令，传输运行状态和采集的数据。嵌入式 Linux 系统能够驱动各种网络设备，并通过网络协议实现通信。每一位嵌入式软件工程师，都需要熟练掌握网络通信编程方法。

7.1 基于套接字的网络编程

主流操作系统的网络编程大都基于套接字实现。套接字(Socket)已经成为网络程序设计的编程标准。在 Windows 操作系统中，网络应用程序开发主要基于 Windows Socket。Windows Socket 既保留 Berkeley Socket 的库函数，又针对 Windows 操作系统提供扩展库函数，使开发人员能够基于 Windows 消息驱动机制进行网络编程。在 Linux 操作系统中，套接字作为特殊的文件描述符，不仅能够实现不同联网设备之间的数据交换，也能够实现进程之间的通信。

基于套接字的网络编程需要严格遵守网络通信协议规范。网络通信协议是参与通信的各方严格遵守的规则及约定。程序开发者需要严格按照协议的规定开发网络通信程序，否则无法实现互联互通，并造成网络混乱。网络通信协议之于网络，相当于社会规则和法律在人类社会中的作用，比如交通规则是保证行驶的车辆安全地从出发点到目的地的通行规则，只有全体车辆遵守交通规则，才能保证出行安全、道路畅通。网络通信协议保证了数据分组的高效交换和传输，那么人就是社会中的“数据分组”，而法律是保证这些“数据分组”如何融洽地相处、顺畅地交往。所以，在网络通信中，没有规矩不成方圆，自由必是以遵守法律为前提。

7.1.1 套接字简介

套接字(Socket)是一种特殊的 I/O 接口，可以使网络中不同主机上的应用实现双向通信。套接字提供了一套访问底层 TCP/IP 通信服务的标准 API 接口，在嵌入式 Linux 系统中应用十分广泛。利用二元组<IP,Port>来描述一个套接字。套接字的类型主要有以下三种：

1) *流式套接字*(SOCK_STRAM)

流式套接字使用 TCP 协议，能够为网络程序提供稳定的、可靠的、面向连接的数据传输服务。在可靠性方面，主要通过握手机制、数据确认、超时重传等机制实现。为了保证数据传输的高效性，在数据传输之前建立稳定的连接，然后再进行高效的数据传输，同时在协议中引入各种定时机制，进一步提高数据传输效率。

2) *数据报套接字*(SOCK_DGRAM)

数据报套接字使用 UDP 协议，主要提供不可靠的，面向无连接的数据传输服务。它仅实现数据由网络中一个主机交付到另一个主机，没有实现流量控制，并仅提供简单的差错处理机制。主机通过数据报套接字收到数据，仅进行报文校验和的计算。如果校验失败，则直接丢弃该报文。

3) *原始套接字*(SOCK_RAW)

在原始套接字编程时，用户可以自己定义协议头部，因此能够直接访问网络层协议，如 IP 协议和 ICMP 协议。高级网络程序员通过原始套接字，能够进行网络协议开发，实现更加强大的网络功能。

7.1.2 套接字编程

通过套接字的相关函数，开发人员能够实现面向连接的 TCP 服务器和客户端，以及面向无连接的 UDP 网络程序开发。TCP 的服务器实现流程如图 7.1 所示，下面将给出套接字通信函数

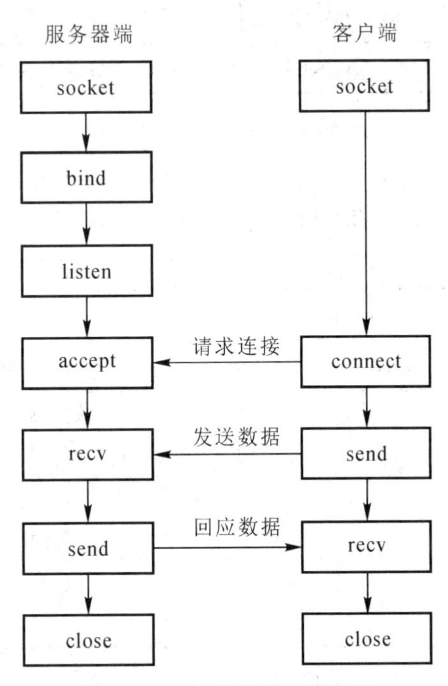

图 7.1 TCP 服务器实现流程

的详细说明：

1) 套接字创建函数

在网络应用程序的开发过程中，首先需要创建进行网络通信的套接字。在 Linux 操作系统中，通过使用 socket()函数创建套接字。该函数的原型如表 7.1 所示。

表 7.1　socket 函数原型

类　别	描　　述	
函数	int socket(int domain, int type, int protocol)	
参数	domain	套接字使用的协议族
	type	表示创建的套接字的类型
	protocol	通常取值 0，表示将使用默认的协议
返回值	>0	表示套接字的文件描述符
	-1	函数执行失败

该函数返回表示套接字的文件描述符，后面的所有函数都将会用到该套接字描述符。参数 domain 的主要取值如表 7.2 所示；参数 type，表示创建的套接字的类型，主要有流式套接字(SOCK_STREAM)、数据报套接字(SOCK_DGRAM)以及原始套接字(SOCK_RAW)。

表 7.2　参数 domain 取值

domain 值	描　　述
AF_INET	应用 IPv4 协议
AF_INET6	应用 IPv6 协议
AF_LOCAL	表示本地通信
AF_PACKET	表示底层数据包接口

2) 地址和端口绑定函数

绑定函数的主要作用就是将创建的套接字绑定到指定的 IP 地址和端口号上。套接字与地址和端口号进行绑定，才能够应用于网络通信，其函数原型如表 7.3 所示。

表 7.3　bind 函数原型

类　别	描　　述	
函数	int bind(int sockfd, struct sockaddr *my_addr, socklen_t addrlen)	
参数	sockfd	socket 函数创建的套接字描述符
	my_addr	表示指向套接字地址结构的指针，主要用于保存该套接字要绑定的 IP 地址和端口号
	addrlen	表示套接字地址结构体的长度，一般取值为 sizeof(struct sockaddr)
返回值	0	套接字绑定成功
	-1	出错

在该函数中，我们用到结构体 sockaddr，详细信息如程序清单 7-1 所示。

程序清单 7-1　sockaddr 结构体

```
1  struct sockaddr{
2      sa_family_t sa_family;           /*协议簇*/
3      char sa_data[14];                /*字符数组*/
4 };
```

该结构体占用内存空间的大小为 16 字节。IP 地址和端口号的信息主要保存在字符数组 sa_data 中，占 14 个字节；sa_family 主要被赋值所采用的协议簇。在实际开发过程中，该结构并不好操作，程序员往往使用结构体 sockaddr_in。该结构体的具体定义如程序清单 7-2 所示。

程序清单 7-2　sockaddr_in 结构体

```
1  struct sockaddr_in{
2      short int sin_family;                /*协议族*/
3      unsigned short int sin_port;         /*端口号*/
4      struct in_addr sin_addr;             /*IP 地址*/
5      unsigned char sin_zero[8];           /*保留空间*/
6  };
```

在该结构体中，sin_family 表示协议族；sin_port 表示端口号，占 2 个字节；sin_addr 表示 IP 地址，占 4 个字节；sin_zero 主要为与结构体 sockaddr 占用相同的内存空间，而保留未用的空间，占 8 个字节。该函数的应用示例如程序清单 7-3 所示。

程序清单 7-3　bind 函数示例

```
1   struct sockaddr_in * server_addr;
2   server_addr = (struct sockaddr_in *)malloc(sizeof(struct sockaddr_in));
3   bzero(server_addr, sizeof(struct sockaddr_in)) ;
4   server_addr -> sin_family = AF_INET ;
5   server_addr ->sin_port = htons(4000);
6   server_addr ->sin_addr.s_addr = INADDR_ANY;
7   if( bind( server_fd,(struct sockaddr*)server_addr, sizeof(struct sockaddr)) == -1)
8   {
9       printf("Error: can not bind \r\n");
10      return 1;
11  }
12  else
13  {
14      printf("OK: bind successfully!\r\n");
15  }
```

在该示例程序中，首先定义指向结构体 struct sockaddr_in 的指针 server_addr，然后通过 malloc 进行内存空间分析并对其进行初始化；紧接着，对结构体的相关成员进行赋值，给出要绑定的 IP 地址及端口号；最后，调用 bind 函数完成绑定的工作。套接字描述符 server_fd 与特定 IP 地址及端口号建立关联。

3) 服务器监听函数

建立服务器的目的就是为客户端提供网络服务。将服务器套接字与特定 IP 地址及端口号关联后，就可以通过 listen 函数使用服务器工作于监听状态，等待客户端的连接请求。该函数原型如表 7.4 所示。

表 7.4　listen 函数原型

类　别	描　　述
函数	int listen(int sockfd, int backlog)
参数	sockfd　套接字描述符 backlog　表示监听过程中能够在队列中排队的客户端最大数目，队列满，则拒绝客户的连接请求
返回值	0　函数执行成功 -1　函数执行失败

4) 客户端连接函数

客户端进行网络通信前，首先也需要创建套接字，然后给出客户端期望通信的服务器的 IP 地址及端口号，应用 connect 函数尝试连接服务器。该函数的原型如表 7.5 所示。开发人员根据函数的返回值，完成不同的处理工作，保证网络应用程序的可靠性和稳定性。

表 7.5　connect 函数原型

类　别	描　　述
函数	int connect(int sockfd, const struct sockaddr *addr, socklen_t len)
参数	sockfd　客户端创建的套接字描述符 addr　提供客户端期望连接的服务器的 IP 地址和端口号 len　给出结构体 struct sockaddr 的大小，在 IPv4 中，len 的取值为 16 个字节
返回值	0　连接服务器成功 -1　连接服务器失败

5) 服务器接收客户端连接函数

服务器在监听的过程中，收到客户端的连接请求，将通过 accept 函数接收客户端的连接请求。该函数的原型如表 7.6 所示。

表 7.6　accept 函数原型

类　别	描　　述
函数	int accept(int sockfd, struct sockaddr *addr, socklen_t len)
参数	sockfd　处于监听状态的套接字 addr　保存发起连接请求的客户端的 IP 地址及端口号 len　结构体 struct sockaddr 的大小，单位为字节
返回值	大于 0　新的套接字描述符

accept 函数工作在阻塞模式下，没有新连接时，进程会进入睡眠状态，直到有客户发起新的连接请求。该函数执行成功，将返回新的套接字描述符，服务器将通过该新的套接

字与客户端进行数据的接收和发送，而原来的套接字将仍处于监听状态，监听新的客户端的连接请求。

6) 数据接收函数

服务器在完成接收客户端的连接请求后，以及客户端在完成连接服务器的操作后，都将进行数据的收发工作。数据接收的工作主要通过 recv 函数来实现，该函数的原型如表 7.7 所示。

表 7.7　recv 函数原型

类　别	描　　述	
函数	int recv(int sockfd, void *buf, int len, unsigned int flags)	
参数	sockfd	用于数据传输的套接字，在服务器中，该套接字由 accept 函数返回，而在客户端中，该套接字由 socket 函数创建。
	buf	表示接收到的数据保存的缓冲区
	len	表示打算接收的数据的大小
	flags	一般取值为 0
返回值	>0	实际接收的数据的大小，单位为字节
	−1	执行出错

7) 数据发送函数

互联网上不同主机建立网络连接，主要目的就是实现数据的交互。在网络套接字编程中，数据发送主要通过 send 函数实现，该函数的原型如表 7.8 所示。

表 7.8　send 函数原型

类　别	描　　述	
函数	int send(int sockfd, const void *msg, int len, int flags)	
参数	sockfd	表示用于数据发送的套接字，同数据接收函数的第一个参数
	msg	用于保存待发送数据的缓冲区
	len	保存发送缓冲区中数据的大小
	flags	一般取值为 0
返回值	大于 0	实际发送的字节数
	−1	执行失败

8) 关闭套接字函数

网络通信结束后，需要通过 close 函数关闭套接字，以释放相关系统资源，该函数的原型如表 7.9 所示。

表 7.9　close 函数原型

类　别	描　　述	
函数	int close(int sockfd)	
参数	sockfd	表示要关闭的套接字
返回值	0	成功关闭套接字
	−1	关闭套接字失败

7.1.3 套接字编程示例

下面将以面向连接的服务器与客户端通信为例，对基于套接字网络编程进行详细讲解。

1. **基于套接字的服务器设计**

在该示例中，服务器的主要工作：创建套接字、绑定到具体的 IP 地址和端口号、监听客户端的连接请求、接受客户端的连接请求、接受客户端发送的数据、向客户端发送数据、关闭网络套接字。

1) 服务器代码解析

下面将通过分析服务器的工作流程，编写程序代码实现简单服务器，如程序清单 7-4 所示。

程序清单 7-4 简单服务器示例

```
1  #include <stdio.h>
2  #include <stdlib.h>
3  #include <unistd.h>
4  #include <sys/socket.h>
5  #include <sys/types.h>
6  #include <netinet/in.h>
7  #include <arpa/inet.h>
8  #include <errno.h>
9  #include <string.h>
   /*服务器相关信息*/
10 #define SERVER_COMMUNICATE_PORT 6000          //服务器的端口号
11 #define BUFFER_SIZE             1024          //服务器数据缓冲的大小
12 #define SERVER_LISTEN_QUEUE_MAX 5             //服务器监听队列容量
   /*************************************
   *函数名: main()
   *功  能:实现服务器的主体工作
   *输  入: argc    参数的个数
   *        argv    保存具体的参数
   *输  出: 0       函数执行成功
   *        -1      函数执行出现错误
   *************************************/
13 int main(int argc, char *argv[])
14 {
15    int server_fd = 0;                          //服务器套接字描述符
16    int client_fd = 0;                          //代表客户端的套接字描述符
17    struct sockaddr_in server_addr, client_addr;   //保存服务器、客户端信息的结构体
```

```
18    socklen_t client_addr_len;                          //客户端地址结构体的字节长度
19    char data_buf[BUFFER_SIZE];                         //数据缓冲的大小
20    char client_ipaddr[INET_ADDRSTRLEN];                //存储客户端地址的缓冲区
21    int recv_sizes = 0;                                 //接收的数据大小
22    int tmp_res = 0;                                    //存放中间结果的临时变量
      /*设置服务器*/
23    server_addr.sin_family = AF_INET;
24    server_addr.sin_port = htons(SERVER_COMMUNICATE_PORT);
25    server_addr.sin_addr.s_addr = htons(INADDR_ANY);
      /*第一步:创建服务器网络通信套接字*/
26    server_fd = socket(AF_INET, SOCK_STREAM, 0);
27    if( -1 == server_fd)
28    {
29        perror("Create server sokcet fail!!");
30        exit(1);
31    }
      /*第二步:绑定到指定的 IP 地址和端口号*/
32    tmp_res = bind(server_fd, (struct sockaddr*)&server_addr, sizeof(server_addr));
33    if( -1 == tmp_res )
34    {
35        perror("bind ip and port error!!!");
36        exit(1);
37    }
      /*第三步:服务器进行监听操作*/
38    tmp_res = listen(server_fd, SERVER_LISTEN_QUEUE_MAX);
39    if( 0 != tmp_res)
40    {
41        perror("listen error.\r\n");
42        close(server_fd);
43        exit(1);
44     }
45     printf("The tcp server is running!!!!\r\n");
46     while(1)
47     {
          /*第四步:接收客户端的连接请求*/
48        client_fd = accept(server_fd, (struct sockaddr *)&client_addr, &client_addr_len);
49        inet_ntop( AF_INET, &client_addr.sin_addr, client_ipaddr, sizeof(client_ipaddr));
50       printf("Client Info: IP %s, PORT %d\r\n",client_ipaddr, ntohs(client_addr.sin_port));
         /*第五步:网络数据的收发操作*/
```

```
51          do
52          {
53                 recv_sizes = recv(client_fd, data_buf, BUFFER_SIZE, 0);
54                 if(0 == recv_sizes)
55                 {
56                        perror("Connection closed!!!\r\n");
57                        close(client_fd);
58                        break;
59                 }
60                 else if( -1 == recv_sizes )
61                 {
62                        perror("Fail to receive, try again!!!\r\n");
63                        continue;
64                 }
65                 printf("Received Content: %s\r\n",data_buf);
66                 if(strstr(data_buf, "quit") != NULL)
67                 {
68                      printf("Will close the current communication: client_fd\r\n");
69                      close(client_fd);
70                      break;
71                 }
72                 send(client_fd, data_buf, strlen(data_buf) + 1, 0);
73          }
74          while (1);
75     }
76     return 0;
77 }
```

<table>
<tr><td rowspan="6">代码
详解</td><td>第 23～25 行</td><td>主要完成服务器地址信息的描述，主要内容包括：① 协议簇采用 AF_INET，说明通过 IPv4 进行网络通信；② 服务器套接字绑定的端口号 6000，通过函数 htons 将端口号转换为网络字节序；③ 服务器套接字绑定的 IP 地址，通过宏 INADDR_ANY(表示本机的所有 IP 地址)给出。</td></tr>
<tr><td>第 26～27 行</td><td>完成服务器套接字的创建任务，并根据返回进行相应处理。</td></tr>
<tr><td>第 32～37 行</td><td>将创建的服务器套接字与指定的服务器 IP 地址和端口号进行绑定。</td></tr>
<tr><td>第 38～44 行</td><td>通过 listen()函数使服务器套接字工作于监听状态，监听客户端的连接请求。</td></tr>
<tr><td>第 48 行</td><td>接收客户端的连接请求，并获得客户端的地址信息包括 IP 地址和端口号，同时返回与指定客户端关联的套接字，后面将通过该套接字实现数据的收发。</td></tr>
<tr><td>第 49 行</td><td>通过 inet_ntop 函数自 client_addr.sin_addr 中获取客户的 IP 地址，以字符串的形式存放于 client_ipaddr。</td></tr>
</table>

代码详解		
	第 53～64 行	将通过 recv 函数接收客户端发送的数据，并对返回值进行如下处理：① 当返回值为 0 时，说明客户端已经关闭连接，接收不到数据，因此需要通过 close 函数关闭套接字 client_fd，并跳出本循环；② 当返回值为 -1 时，说明接收数据的过程中出现问题，将通过 continue 再次尝试接收数据。
	第 65 行	将接收到的数据以字符串的形式打印出来。
	第 72 行	将接收到的数据再次发送到客户端。

2) 编译服务器源代码

在 Linux 操作系统中，通过下面命令编译服务器源代码文件 tcp_simple_server.c，生成简单服务器的可执行程序 tcp_simple_server。具体命令如下：

```
root@stm32mp-dk1#gcc tcp_simple_server.c -o tcp_simple_server
```

运行结果如下：

```
root@stm32mp-dk1#./simple_server
接收的字符串: This is test for simple server!!!
```

2. 基于套接字的客户端设计

TCP 客户端的主要工作包括：创建套接字、向指定的服务器发送连接请求、向服务器发送数据、接收服务器发送的数据、关闭套接字。

1) 客户端代码分析

根据 TCP 客户端的工作内容，下面将通过具体的代码，完成客户端的工作流程，如程序清单 7-5 所示。

程序清单 7-5　简单客户端示例

```
1  #include <stdio.h>
2  #include <stdlib.h>
3  #include <unistd.h>
4  #include <sys/socket.h>
5  #include <sys/types.h>
6  #include <netinet/in.h>
7  #include <arpa/inet.h>
8  #include <errno.h>
9  #include <string.h>
   /*相关参数*/
10 #define BUFFER_SIZE 1024                    //数据缓冲的大小
11 /*************************************
12  *函数名: main()
13  *功    能:实现服务器的主体工作
14  *输    入: argc    参数的个数
15  *           argv  保存具体的参数
16  *输    出: 0          函数执行成功
17  *           -1     函数执行出现错误
```

```
18 ****************************************/
19 int main(int argc, char *argv[])
20 {
21     int client_fd = 0;                          //代表客户端的套接字描述符
22     struct sockaddr_in server_addr;             //保存服务器信息的结构体
23     char server_ip[BUFFER_SIZE];                //保存连接服务器的 IP 地址
24     char server_port[BUFFER_SIZE];              //保存连接服务器的端口号
25     char data_buf[BUFFER_SIZE];                 //数据缓冲区
26     char send_buf[BUFFER_SIZE];                 //发送数据缓冲区
27     int recv_sizes = 0;                         //接收的数据大小
28     int send_sizes = 0;                         //发送数据的多少
29     int tmp_res = 0;
30     /*第一步:创建客户端网络通信套接字*/
31     client_fd = socket(AF_INET, SOCK_STREAM, 0);
32     if(-1 == client_fd)
33     {
34         perror("Create network sokcet fail!!");
35         exit(1);
36     }
37     /*第二步:给出连接的服务器 IP 地址和端口号*/
38     printf("\r\n 请输入连接服务器的 IP 地址:");
39     fgets(server_ip,BUFFER_SIZE, stdin);
40     printf("\r\n 用户输入的 IP 地址为: %s.", server_ip);
41     printf("\r\n 请输入连接服务器的端口号:");
42     fgets(server_port,BUFFER_SIZE, stdin);
43     printf("\r\n 用户输入的服务器端口号为: %s",server_port);
44     /*第三步:设置相关结构体*/
45     server_addr.sin_family = AF_INET;
46     server_addr.sin_port = htons(atoi(server_port));
47     //将字符串表示的 IP 地址转换,并放入结构体中
48     inet_pton(AF_INET, server_ip, &server_addr.sin_addr.s_addr);
49     memset(server_addr.sin_zero, 0, 8);
50    tmp_res = connect(client_fd,(struct sockaddr *)&server_addr, sizeof(struct sockaddr));
51    if( -1 == tmp_res)
52    {
53        perror("Connect error.\r\n");
54        exit(1);
55    }
56    printf("\r\n 客户端已经运行!!!!\r\n");
```

```
57  while(1)
58  {
59      /*第四步:输入发送到服务器的字符串*/
60      printf("\r\n 请输入发送到服务器的字符中:");
61      memset(send_buf, 0, BUFFER_SIZE);
62      fgets(send_buf, BUFFER_SIZE, stdin);
63      send_sizes = send(client_fd, send_buf, BUFFER_SIZE, 0);
64      if(send_sizes == -1)
65      {
66          perror("send error!!\r\n");
67          exit(1);
68      }
69      memset(data_buf, 0, BUFFER_SIZE);
70      recv_sizes = recv(client_fd, data_buf, BUFFER_SIZE, 0);
71      if(0 == recv_sizes)
72      {
73          perror("Connection closed!!!\r\n");
74          close(client_fd);
75          break;
76      }
77      else if( -1 == recv_sizes )
78      {
79          perror("Fail to receive, try again!!!\r\n");
80          continue;
81      }
82      printf("\r\n 接收到的字符串: %s",data_buf);
83  }
84  return 0;
```

代码详解		
	第 31～36 行	主要完成客户端网络通信套接字的创建，如果返回结果为 -1，说明创建的过程中出错，需要进行错误处理。
	第 37～43 行	用户输入要连接的服务器的 IP 地址以及端口号。
	第 45～49 行	完成服务器地址信息的结构体设置，设置地址簇、服务器的端口号以及 IP 地址。
	第 50 行	通过调用 connect()函数完成连接服务器的工作。如果连接失败，则在 51-55 行进行错误处理。
	第 57～83 行	在此循环中，完成服务器与客户端之间的数据收发，以及相关数据处理。

2) *编译客户端源代码*

在 Linux 操作系统中，通过下面命令编译客户端代码 tcp_simple_client.c，生成简单客户端的可执行程序 tcp_simple_client。具体命令如下：

```
root@stm32mp-dk1#gcc tcp_simple_client.c -o tcp_simple_client
```

基于套接字的网络通信

3) 测试简单客户端

在客户端运行之前，启动服务器 tcp_simple_server。在客户端运行过程中，根据提示给出服务器的 IP 地址和端口号。同时，可以根据提示输入发送到服务器字符串，并能够显示服务器发回的数据。

运行结果如下：

```
root@stm32mp-dk1#./tcp_simple_client
根据提示输入信息:请输入连接服务器的 IP 地址: 127.0.0.1
接收的字符串:用户输入的 IP 地址为：127.0.0.1
请输入连接服务器的端口号: 6000
用户输入的服务器端口号为: 6000
客户端已经运行!!!!
请输入发送到服务器的字符中: This is test for simple server@!!@
接收到的字符串: This is test for simple server@!!@
```

7.2　基于多线程网络服务器

在 Linux 软件开发领域，高性能的网络服务是开发的重点。实现高性能的网络服务器需要从底层的网络协议到操作系统对服务器进行优化。

在 Linux 操作系统中，进程的创建需要分配独立的内存空间，其创建和维护代价较高，系统难以提供大量进程同时运行所需的资源。与进程相比，进程中的线程共享内容空间，创建和维护代价较低。为了进一步提高网络服务器的性能，下面将通过多线程实现高性能的网络服务器。在该服务器运行的过程中，每接收新的客户端的连接请求，均创建新的线程为其服务，接收客户端发来的数据，并进行数据处理，最后将处理结果反馈给客户端。基于多线程网络服务器的实现如程序清单 7-6 所示。

程序清单 7-6　基于多线程的网络服务器示例

```
1   #include <stdio.h>
2   #include <stdlib.h>
3   #include <unistd.h>
4   #include <sys/socket.h>
5   #include <sys/types.h>
6   #include <netinet/in.h>
7   #include <arpa/inet.h>
8   #include <errno.h>
9   #include <string.h>
10  #include <pthread.h>
    /*服务器相关信息*/
```

```
11  #define SERVER_COMMUNICATE_PORT 6000          //服务器的端口号
12  #define BUFFER_SIZE             1024          //服务器数据缓冲的大小
13  #define SERVER_LISTEN_QUEUE_MAX 5             //服务器监听队列容量
14  /*线程函数的声明*/
15  extern void *multi_thread_client_fun(void * arg);
    /***************************************
    *函数名: main()
    *功    能:实现服务器的主体工作
    *输    入: argc    参数的个数
    *          argv  保存具体的参数
    *输    出: 0        函数执行成功
    *          -1    函数执行出现错误
    ****************************************/
16 int main(int argc, char *argv[])
17 {
18    int server_fd = 0;                            //服务器套接字描述符
19    pthread_t tid = 0;                            //代表新创建的线程
20    struct sockaddr_in server_addr, client_addr;  //保存服务器、客户端信息的结构体
21    socklen_t client_addr_len;                    //客户端地址结构体的字节长度
22    char client_ipaddr[INET_ADDRSTRLEN];          //存储客户端地址的缓冲区
23    int tmp_res = 0;                              //存放中间结果的临时变量
24    /*设置服务器*/
25    server_addr.sin_family = AF_INET;
26    server_addr.sin_port = htons(SERVER_COMMUNICATE_PORT);
27    server_addr.sin_addr.s_addr = htons(INADDR_ANY);
28    /*第一步: 创建服务器网络通信套接字*/
29    server_fd = socket(AF_INET, SOCK_STREAM, 0);
30    if( -1 == server_fd)
31    {
32        perror("Create server sokcet fail!!");
33        exit(1);
34    }
35    /*第二步:绑定到指定的 IP 地址和端口号*/
36    tmp_res = bind(server_fd, (struct sockaddr*)&server_addr, sizeof(server_addr));
37    if( -1 == tmp_res )
38    {
39        perror("bind ip and port error!!!");
40        exit(1);
41    }
```

```
42  /*第三步:服务器进行监听操作*/
43  tmp_res = listen(server_fd, SERVER_LISTEN_QUEUE_MAX);
44  if( 0 != tmp_res)
45  {
46     perror("listen error.\r\n");
47     close(server_fd);
48     exit(1);
49  }
50  printf("The tcp server is running!!!!\r\n");
51  while(1)
52  {
53        /*第四步:接收客户端的连接请求*/
54        client_fd = accept(server_fd, (struct sockaddr *)&client_addr, &client_addr_len);
55        inet_ntop( AF_INET, &client_addr.sin_addr, client_ipaddr, sizeof(client_ipaddr));
56        printf("Client Info: IP %s, PORT %d\r\n", client_ipaddr, ntohs(client_addr.sin_port));
57        /*第五步:创建新的线程为客户提供个性化服务*/
58      tmp_res = pthread_create(&tid,NULL,multi_thread_client_fun,(void*)client_fd);
59      if(tmp_res != 0)
60      {
61           perror("Create the multi thread failed!!!!");
62           exit(1);
63      }
64      tmp_res = pthread_detach(tid);
65      if(tmp_res != 0)
66      {
67           perror("The thread detach error!!!!");
68           exit(1);
69      }
70    }
71    close(server_fd);
72    return 0;
73  }
74  /*************************************
75   *函数名: multi_thread_client_fun()
76   *功    能: 线程函数，处理客户数据
77   *输    入: arg 传递给线程函数的参数
78   *
79   *输    出: void *
80   *
```

```
81   ****************************************/
82   void *multi_thread_client_fun(void * arg)
83   {
84       int client_fd = (int)arg;
85       char data_buf[BUFFER_SIZE];
86       char send_buf[BUFFER_SIZE];
87       int recv_sizes = 0;
88       //子线程内执行的代码
89       do
90       {
91           memset(data_buf, 0, BUFFER_SIZE);
92           memset(send_buf, 0, BUFFER_SIZE);
93           recv_sizes = recv(client_fd, data_buf, BUFFER_SIZE, 0);
94           if(0 == recv_sizes)
95           {
96               perror("Connection closed!!!\r\n");
97               close(client_fd);
98               break;
99           }
100            else if( -1 == recv_sizes )
101          {
102              perror("Fail to receive, try again!!!\r\n");
103              continue;
104          }
105          printf("Received Content: %s\r\n",data_buf);
106          if(strstr(data_buf, "quit") != NULL)
107          {
108              printf("Will close the current communication: client_fd\r\n");
109              close(client_fd);
110              break;
111          }
112          snprintf(send_buf, BUFFER_SIZE,"%s\r\n",data_buf);
113          send(client_fd, send_buf, strlen(send_buf) + 1, 0);
114      }
115      while (1);
116  }
```

在基于多线程的高性能服务器实现中，通过 accept()函数接收来自客户端的连接请求后，需要创建新的线程。在新的线程中，接收来自客户端的数据，并进行数据处理，最后将处理结果返回客户端。

为了创建新的线程，需要实现线程函数。在该示例代码中，82～116 行实现线程函数，主要功能接收并处理客户端发来的数据，如图 7.2 所示。

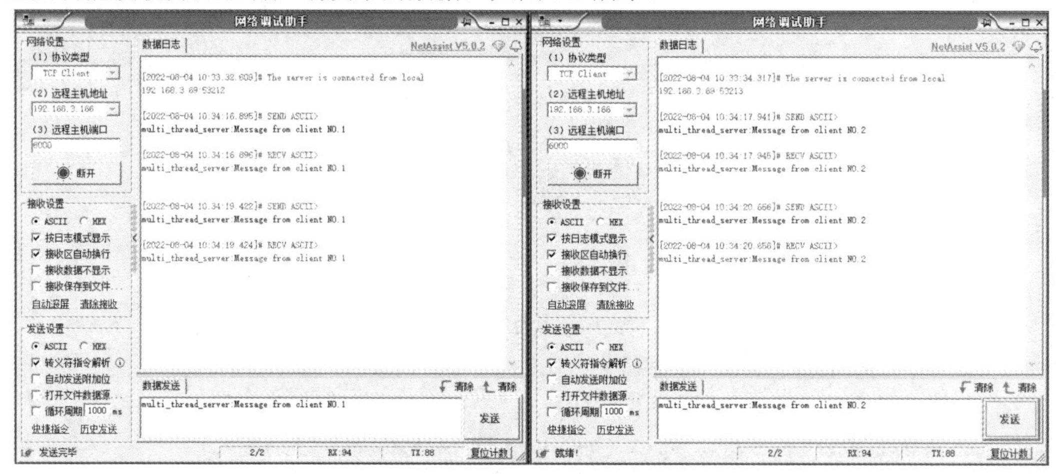

图 7.2　运行中的模拟客户端

运行结果如下：

```
root@stm32mp-dk1#./multi_thread_server
接收的字符串: The tcp server is running!!!!
Client Info: IP 192.168.3.69, PORT 53212
Client Info: IP 192.168.3.69, PORT 53213
Received Content: multi_thread_server:Message from client NO.1
Received Content: multi_thread_server:Message from client NO.2
Connection closed!!!
: Success
```

7.3　基于多路复用的网络通信

高性能的服务器往往通过 I/O 多路复用服务大量客户端的连接请求，并为客户提供数据服务。下面将通过常见的 I/O 多路复用技术实现高性能的网络服务器进行介绍。

高性能网络服务和客户端的示例

7.3.1　基于 select 机制的网络服务器

虽然 select 函数能够监控输入文件描述符集合、输出文件描述符集合以及错误处理文件描述符集合，但本示例程序将所有的网络通信的套接字放入输入文件描述符集合进行监控，如程序清单 7-7 所示。

程序清单 7-7　基于 select 机制的网络服务器

```
...
64    while(1)
65    {
```

```
66      FD_ZERO(&inset);
67      for(i = 0; i < ARRAY_SIZE(sockets_array); i++)
68      {
69        if(sockets_array[i] < 0)
70        {
71          continue;
72        }
73        maxfd = (sockets_array[i]> maxfd)? sockets_array[i] : maxfd;
74        FD_SET(sockets_array[i], &inset);
75      }
76      sin_size=sizeof(struct sockaddr_in);
77      memset(buf, 0, sizeof(buf));
78      /*调用 select()函数*/
79      if (!(select(maxfd + 1, &inset, NULL, NULL, NULL) > 0))
80      {
81        perror("select");
82      }
83      if(FD_ISSET(sockfd,&inset))
84      {
85        if((client_fd = accept(sockfd,
86                (struct sockaddr *)&client_sockaddr, &sin_size)) < 0)
87        {
88          printf(" accept error: %s\r\n", strerror(errno));
89          continue;
90        }
91        if(client_fd > 0)
92        {
93        printf("Client:IP %s,PORT %d\n",inet_ntop(AF_INET,&client_sockaddr.sin_addr,\client_ip, sizeof
          (client_ip)),ntohs(client_sockaddr.sin_port));
95        }
96        flags = -1;
97        for( i = 0; i < ARRAY_SIZE(sockets_array); i++)
98        {
99          if(sockets_array[i] < 0)
100           {
101             printf(" Find an empty place, add [%d] into the sockets_array", client_fd);
102             sockets_array[i] = client_fd;
103             flags = i;
104             break;
```

```
105                }
106            }
107            if(flags == -1)
108            {
109                printf("There is no empty place, refuse the client[%d]!\r\n",client_fd);
110                close(client_fd);
111            }
112        }
113        else
114        {
115            for( i = 0; i < ARRAY_SIZE(sockets_array); i++)
116            {
117                if((sockets_array[i] < 0) || !FD_ISSET(sockets_array[i], &inset))
118                {
119                    continue;
120                }
121                if ((count = recv(sockets_array[i], buf, BUFFER_SIZE, 0)) > 0)
122                {
123                    printf("Received a message from %d: %s\n",sockets_array[i], buf);
125                    /*将数据发给服务器*/
126                    if((sendbytes = send(sockets_array[i], buf, strlen(buf),0)) == -1)
127                    {
128                        perror("send");
129                        close(sockets_array[i]);
130                        FD_CLR(sockets_array[i], &inset);
131                        printf("Client %d(socket) write failure:%s!\n", sockets_array[i],\strerror(errno));
132                        sockets_array[i] = -1;
133                    }
134                }
135                else
136                {
137                    close(sockets_array[i]);
138                    FD_CLR(sockets_array[i], &inset);
139                    printf("Client %d(socket) has left\n", sockets_array[i]);
140                    sockets_array[i] = -1;
141                }
142            }
143        }
144    } /* end of while
```

代码详解		
	第 66～75 行	FD_SET(sockets_array[i], &inset)清空输入文件描述符集合，并通过循环将被监控的网络套接字放入输入文件描述符集合 inset 中,计算被监控网络套接字的最大值保存在 maxfd。
	第 79 行	执行 select 函数，网络服务器通过 select 函数阻塞套接字，直到被监控的网络套接字上发生输入事件。
	第 83～112 行	如果当前服务器套接字上发生输入事件，说明有新的客户发出连接请求。首先，通过 accept 函数接收客户端的连接请求，并返回与该客户端进行通信的网络套接字 client_fd；然后遍历 sockets_array 找到对应位置并保存套接字 client_fd。
	第 114～143 行	通过循环遍历 sockets_array，如果当前的套接字在输入事件发生的集合 inset 中，则与该套接字关联的客户端向服务器发送数据，服务器将为端提供网络服务。

该代码文件名 network_select.c，通过 gcc 将其编译为可执行程序 network_select。在测试过程中，两个客户端连接的服务器均为 192.168.31.183，其端口号为 4321。两个客户端均能够连接到 select 的服务器，并能够实现数据的收发工作，运行稳定，如图 7.3 所示。

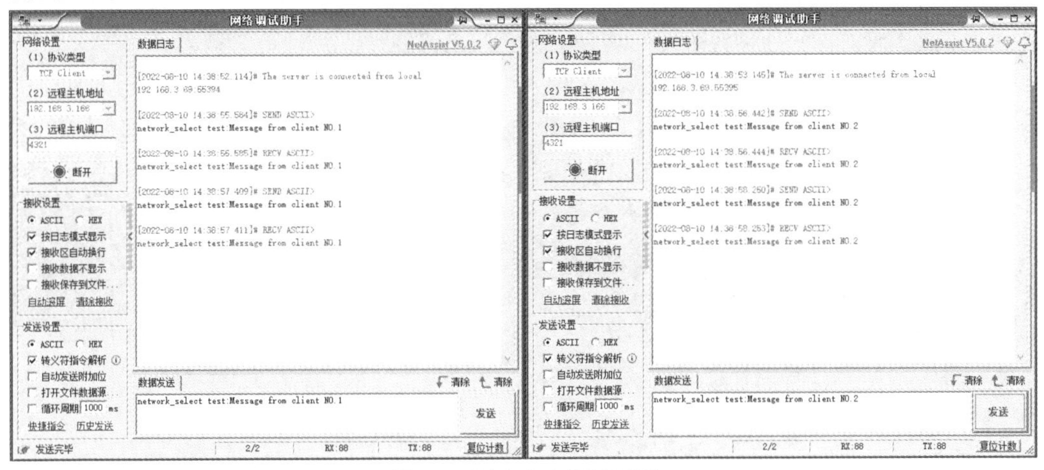

图 7.3　两个客户端运行图

基于 select 的服务器运行结果如下所示。在 select 服务器运行的过程中，能够接收来自多个客户端的连接请求。

运行结果如下：

```
root@stm32mp-dk1#./network_select
接收的字符串: listening...
Client:IP 192.168.3.69, PORT 55394
Find an empty place, add [4] into the sockets_array
Client:IP 192.168.3.69, PORT 55395
Find an empty place, add [5] into the sockets_array
Received a message from 4: network_select test:Message from client NO.1
Received a message from 5: network_select test:Message from client NO.2
```

```
...
Client 4(socket) has left
Client 5(socket) has left
```

基于多路复用的网络服务器示例

7.3.2 基于 epoll 机制的网络服务器

epoll 是高效的 I/O 多路复用技术，它仅对发生事件的文件描述符进行操作处理。程序清单 7-8 实现的基于 epoll 机制的网络服务器中，创建 epoll 实例，并将创建的服务器监听套接字封装成 epoll 事件。在服务器运行的过程中，每接收到新的客户端连接请求，均将对应的网络套接字封装成 epoll 事件，并注册到 epoll 实例中。

程序清单 7-8 基于 epoll 机制的网络服务器

```
78 int main()
79 {
80        struct sockaddr_in server_sockaddr;
81        int listen_sock;
82        int epfd = epoll_create(256);
83        int number = 0;
84        int timeout = -1;
85        int i = 0;
86        struct epoll_event ev;
87        struct epoll_event revs[SOCKET_SIZE];
88        if((listen_sock = socket(AF_INET, SOCK_STREAM, 0)) == -1)
89        {
90             perror("socket");
91             exit(1);
92        }
93        ev.events = EPOLLIN|EPOLLET;
94        ev.data.fd = listen_sock;
95        epoll_ctl(epfd,EPOLL_CTL_ADD,listen_sock,&ev);
96        server_sockaddr.sin_family = AF_INET;
97        server_sockaddr.sin_port = htons(PORT);
98        server_sockaddr.sin_addr.s_addr = INADDR_ANY;
99        bzero(&(server_sockaddr.sin_zero), 8);
100        i = 1;/* 允许重复使用本地地址与套接字进行绑定*/
101        setsockopt(listen_sock, SOL_SOCKET, SO_REUSEADDR, &i, sizeof(i));
102        if (bind(listen_sock, (struct sockaddr *)&server_sockaddr,
103                                                 sizeof(struct sockaddr)) == -1)
104        {
105             perror("bind");
106             exit(1);
```

```
107     }
108     if(listen(listen_sock, MAX_QUE_CONN_NM) == -1)
109     {
110         perror("listen");
111         exit(1);
112     }
113     printf("listening...\n");
114     /*将调用 socket()函数的描述符作为文件描述符*/
115     while(1)
116     {
117         int number = epoll_wait(epfd,revs,SOCKET_SIZE,timeout);
118         if(number == -1)
119         {
120             perror("epoll wait");
121         }
122         else if(number == 0)
123         {
124             perror("timeout...");
125         }
126         else
127         {
128             server(revs,number,epfd,listen_sock);
129         }
130     } /* end of while */
131     epoll_ctl(epfd,EPOLL_CTL_DEL,listen_sock,NULL);
132     close(listen_sock);
133     exit(0);
134 }
```

<table>
<tr><td rowspan="4">代码
详解</td><td>第 82 行</td><td>通过 epoll_create 函数，创建一个 epoll 实例，返回 epoll 文件描述符 epfd。该 epoll 实例将被用于保存用于开发人员关注的 epoll 事件。</td></tr>
<tr><td>第 88～95 行</td><td>通过 socket()函数创建服务器的套接字 listen_sock，并使用该套接字生成 epoll 事件。该事件关联的事件是服务器套接字 listen_sock 的输入事件(EPOLLIN)并采用边缘方式来触发(EPOLLET)。最后，使用 epoll_ctl 函数将该 epoll 事件注册到 epoll 实例 epfd 中。</td></tr>
<tr><td>第 102～112 行</td><td>将服务器套接字 listen_sock 通过函数 bind 绑定到指定的 IP 地址和端口号上。然后，通过 listen 函数监听客户端的连接请求。</td></tr>
<tr><td>第 115～130 行</td><td>首先，通过函数 epoll_wait 函数监控 epoll 实例中发生的事件，并将发生的事件个数作为 epoll_wait 函数返回值，同时发生的事件将被存入事件数组 revs 中。然后，调用函数 server 对相关事件进行处理。</td></tr>
</table>

所调用的函数 server 如程序清单 7-9 所示。

程序清单 7-9　epoll 事件处理函数

```
21 void server(struct epoll_event *events_array,int number,int epfd,int listen_sock)
22 {
23         struct epoll_event ev;
24         int i, count;
25         int sendbytes = -1;
26         for(i = 0; i < number; i++)
27         {
28                 int fd=events_array[i].data.fd;
29                 if(events_array[i].events & EPOLLIN)
30                 {
31                         if(fd == listen_sock)
32                         {
33                                 struct sockaddr_in client_sockaddr;
34                                 int sin_size = sizeof(struct sockaddr_in);
35                                 char client_ip[INET_ADDRSTRLEN];
36                                 struct epoll_event ev;
37                                 int client_fd;
38                                 if((client_fd = accept(fd, (struct sockaddr *)&client_sockaddr, \&sin_size)) < 0)
39                                 {
40                                         printf(" accept error: %s\r\n", strerror(errno));
41                                         continue;
42                                 }
43                                 if(client_fd > 0)
44                                 {
45                                         printf("Client:IP %s, PORT %d\n",inet_ntop(AF_INET,&client_\sockaddr.sin_addr,
                                        client_ip,sizeof(client_ip)),ntohs(client_sockaddr.sin_port));
46                                 }
47                                 ev.data.fd = client_fd;
48                                 ev.events = EPOLLIN|EPOLLET;
49                                 epoll_ctl(epfd,EPOLL_CTL_ADD,client_fd,&ev);
50                         }
51                         else
52                         {
53                                 char buf[BUFFER_SIZE];
54                                 if((count = recv(fd, buf, BUFFER_SIZE, 0)) > 0)
55                                 {
56                                         printf("Received a message from %d: %s\n", fd, buf);
```

```
57                      /*将数据发给服务器*/
58                      if((sendbytes = send(fd, buf, strlen(buf),0)) == -1)
59                      {
60                          perror("send");
61                          close(fd);
62                          printf("Client %d(socket) write failure:%s!\n", fd,strerror(errno));
63                          epoll_ctl(epfd,EPOLL_CTL_DEL,fd,NULL);
64                      }
65                  }
66                  else
67                  {
68                      close(fd);
69                      printf("Client %d(socket) has left\n", fd);
70                      epoll_ctl(epfd,EPOLL_CTL_DEL,fd,NULL);
71                  }
72              }
```

代码详解		
	第 26 行	通过 for 循环对发生的所有事件进行遍历，这也是与 select、epoll 相比 poll 效率高的原因。
	第 31～50 行	完成新客户连接处理，如果事件是由服务器监听套接字触发，则说明是新的客户端发起连接服务器的请求。服务器将接收客户端的连接请求，并返回套接字生成 epoll 事件，注册到 epoll 实例中。
	第 52～72 行	通过 recv 和 send 函数完成数据的接收、响应过程，如果是已经连接套接字触发事件，说明已连接的客户端正在向服务器发送数据，服务器将接收数据，并对数据进行处理。

该代码文件名 network_epoll_server.c，通过 GCC 编译工具将其编译为可执行程序 network_epoll_server。在测试过程中，两个客户端连接的服务器均为 192.168.3.166，其端口号为 4321。两个客户端均能够连接到 epoll 的服务器，并能够实现数据的收发工作，运行稳定。如图 7.4 所示。

基于 epoll 机制的服务器运行结果如下所示。在 epoll 服务器运行的过程中，能够接收来自多个客户端的连接请求。

运行结果如下：

```
root@stm32mp-dk1#./network_epoll_server
接收的字符串: listening...
Client:IP 192.168.3.69, PORT 55804
Client:IP 192.168.3.69, PORT 55805
Received a message from 5: network_epoll_server:Message from client NO.1
Received a message from 6: network_epoll_server:Message from client NO.2
…
```

Client 5(socket) has left

Client 6(socket) has left

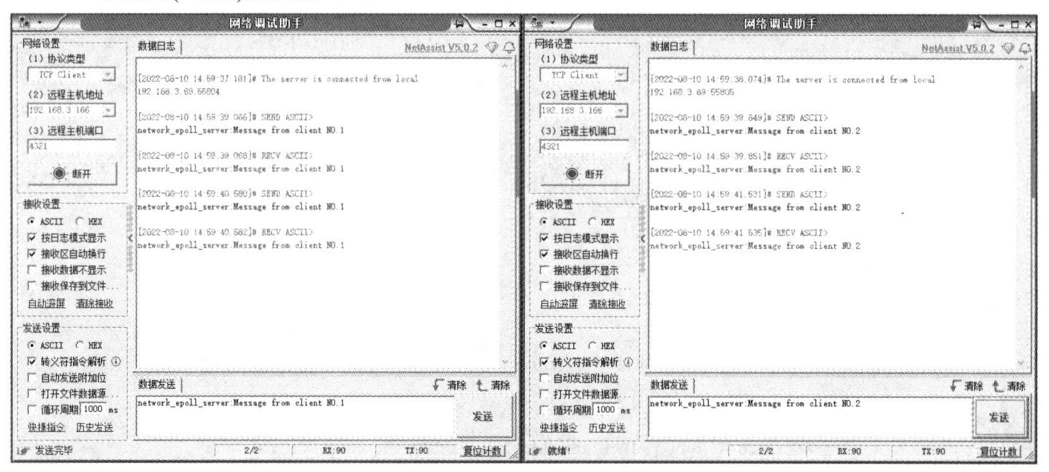

图 7.4　两个客户端运行图

本 章 小 结

本章讲述了几种面向连接的网络通信方式，由简单的套接字网络编程，到多进程、多线程以及线程池等方式实现并发操作的服务器，之后通过几种常见的 I/O 多路复用技术实现了高性能的网络服务器。

复 习 思 考 题

1. 在网络通信中，流式和数据报两种套接字类型有什么不同？

2. 在基于套接字的网络通信实例中，关闭服务器程序，并再次运行服务器时，可能出现绑定 IP 和端口错误，地址已经被占用的提示信息，试分析原因并予以解决。

3. 简述使用 TCP 协议的网络通信流程。

4. 在 TCP 服务器程序中，accept 函数的作用？

5. 在本章介绍的几种并发服务器中性能最好、传输效率最高的是哪个服务器，是什么导致了它具备优势？

工 程 实 战

基于多线程方法实现具有并发多任务处理能力的网络服务器，并利用客户端测试。客户端任务发送文件，服务器接收文件，文件传输完毕断开网络连接。

第 8 章

嵌入式 Linux 驱动程序开发

本章学习目标

知识目标

了解驱动程序与硬件设备、操作系统内核之间的关系；理解 Linux 内核模块执行机理；理解新型字符设备驱动程序各接口函数的作用；了解平台总线、平台设备、平台驱动等概念，熟悉平台设备驱动模型的工作原理；熟悉设备树语法及常用函数。

能力目标

掌握新型字符设备驱动程序开发；掌握平台设备模块、平台驱动模块开发，并掌握平台设备驱动开发方法；掌握通过设备树描述硬件设备信息的方法，针对新的嵌入式设备能够独立编写基于设备树的驱动程序。

素质目标

培养学生的系统思维，即嵌入式系统开发中的软硬件协同。

课程思政目标

引导学生通过分治思想解决工程问题，通过平台设备和设备树驱动案例，培养学生将复杂的工程问题进行分解，各个击破，灵活解决复杂问题。

随着信息技术的发展，新的设备层出不穷，现代化的操作系统需要能够对设备进行有效的操作和管理。设备驱动程序能够使操作系统与硬件设备进行直接通信。不论 Windows 还是 Linux 系统都要通过驱动程序来操作设备。从操作系统的角度来看，设备驱动程序包含设备信息，并将设备功能统一到设备驱动程序的接口函数中，进而能够屏蔽不同硬件设备的差异。Linux 设备驱动程序是硬件设备和操作系统之间联系的桥梁。

8.1　Linux 设备驱动

设备驱动程序是一种操作系统与硬件设备进行通信的特殊程序。在 Linux 系统中，设备文件代表硬件设备，并且应用程序打开设备文件，通过对设备文件的读/写操作，实现对硬件设备的数据读/写。设备驱动程序提供操作系统访问设备的文件操作接口，并协调操作系统和设备之间的关系。设备驱动程序作为中间层，向上为操作系统提供访问硬件设备的统一接口，向下屏蔽硬件设备不同工作机理。

8.1.1 操作系统用户态和内核态

为了保证系统稳定运行，操作系统将执行权限进行分级。当程序运行于 3 级以上的特权级时，该程序运行于用户态。运行于用户态的程序不能够访问操作系统的内核结构，并且其能够访问的内存空间也受到限制。应用程序在执行过程中，大部分时间运行于用户态。

当应用程序需要调用操作系统功能时，它将切换到内核态。内核态的程序运行于 0 级特权级上。内核态的程序拥有较高的执行权限，如果存在错误，将导致操作系统崩溃。Linux 驱动程序运行于内核态，因此驱动程序开发人员不仅需要具有驱动设计和开发能力，还要肩负操作系统安全的责任。在驱动程序开发的过程中，严格执行开发规范，遵守职业道德和操守，更不能为了私利违反法律，开发恶意驱动程序，破坏操作系统的稳定性，甚至导致操作系统崩溃，给社会带来安全隐患。

8.1.2 Linux 设备驱动分类

对于不同类型的设备，其操作和管理方式不同。为了优化设备操作，Linux 内核将设备驱动程序分为三类：字符设备驱动程序、块设备驱动程序以及网络设备驱动程序。

字符设备驱动程序以字节为单位对设备进行读/写操作。由于字符设备数量最多，因此该类驱动程序占比最大。从最简单的 LED 灯、蜂鸣器、按键到 I2C 设备、SPI 设备以及 ADC 设备，均属于字符设备。驱动这些设备的驱动程序，被称为字符设备驱动程序。

块设备驱动程序主要以块为单位对设备进行读/写操作。在计算机中，存储设备大多属于块设备，如硬盘、光盘、SD 卡、U 盘等。在 Linux 操作系统中，不论块设备还是字符设备，在应用层均通过文件操作的 open、read、write 等函数进行操作。在操作系统的内核层，将块设备上的文件读/写转换为扇区的读/写，以提高数据读取的速度。

网络设备驱动程序主要对网络硬件设备进行操作和管理。由于网络硬件设备的运行依赖于网络套接字机制，因此网络设备驱动程序运行不需要使用设备节点。网络设备驱动程序的框架不同于字符设备和块设备驱动程序。

8.2 Linux 内核模块

Windows 操作系统是微内核操作系统的代表，仅实现关键核心部分，其他功能模块单独编译加载，不同功能模块之间通过微内核通信机制进行交互。Linux 操作系统采用宏内核的结构，即将所有内核功能进行整体编译，得到单独的内核镜像文件。宏内核通过函数调用进行不同功能模块之间的交互，因此执行效率极高。

Linux 操作系统需要驱动各种各样的外设，外设驱动程序一般以内核模块的形式存在于系统内核。如果每次修改外设驱动模块都将 Linux 内核进行重新编译加载，则开发人员可能无法忍受如此低的效率。Linux 操作系统采用内核模块机制以解决上述问题。开发人员根据内核模块框架进行模块功能开发，并编译成独立的内核模块。系统管理人员可根据需要动态加载内核模块，以扩充系统功能；也能够动态卸载不需要的内核模块，以精简内核，提高运行效率。

一个 Linux 内核模块主要由模块加载函数、模块卸载函数、许可证声明以及简单描述信息组成。每个部分均通过对应的宏进行说明。简单内核模块的示例如程序清单 8-1 所示。

程序清单 8-1　简单的内核模块

```
1 #include <linux/module.h>
2 #include <linux/init.h>
3 #include <linux/fs.h>
4
5 static int __init hello_init(void)
6 {
7       printk("This is a simple linux kernel module!\r\n");
8       return 0;
9 }
10
11 static void__exit hello_exit(void)
12 {
13      printk("Now the simple module exits from the system!!!\n");
14 }
15
16 module_init(hello_init);
17 module_exit(hello_exit);
18 MODULE_LICENSE("GPL");
19 MODULE_AUTHOR("JASON");
20 MODULE_DESCRIPTION("A simple Linux kernel module");
```

代码详解		
	第 5～9 行	module_init 宏指定的模块加载函数 hello_init,模块加载时执行该函数。
	第 11～14 行	module_exit 宏指定的模块卸载函数 hello_exit，模块卸载时执行该函数。
	第 18～20 行	MODULE_LICENSE 指定模块的许可权限，该内核模块遵守 GPL 的许可权限；MODULE_AUTHOR 指定模块的开发人员；MODULE_DESCRIPTION 给出内核模块的描述信息。

8.2.1　内核模块入口函数

在 Linux 内核模块编程的过程中，用户通过模块加载命令 insmod，请求内核加载指定的模块。模块入口函数的基本结构如程序清单 8-2 所示。

程序清单 8-2　模块入口函数

```
1 static int __init module_init_function_name(void)
2 {
3       /*模块入口函数功能代码*/
4       return 0;
5 }
6 module_init(module_init_function_name);
```

代码详解		
	第 1～5 行	定义以“__init”修饰的模块入口函数，该函数将被链接到.init.text 区段内。在内核初始化的过程中，该区段的函数将被依次执行，完成系统的初始化。函数返回值类型为整型，成功执行模块初始化函数将返回 0，否则模块初始化失败。开发人员根据信息提示，确定出错原因。
	第 6 行	执行 module_init 函数注册的模块入口函数。

8.2.2　内核模块出口函数

在 Linux 内核模块的代码中，内核模块出口函数的基本结构如程序清单 8-3 所示。

程序清单 8-3　模块出口函数

```
1 static void __exit module_exit_function_name(void)
2 {
3       /*模块入口函数功能代码*/
4       return 0;
5 }
6 module_exit (module_exit_function_name);
```

代码详解		
	第 1～5 行	定义以“__exit”修饰的模块出口函数，该函数执行与模块入口函数相反的操作，释放模块入口函数申请的系统资源(内存地址空间、中断号、端口号等)，并注销内核模块。该函数返回值类型仍为整型，返回 0 表示内核模块卸载成功，否则内核模块注销失败。开发人员将尽量保证内核模块卸载成功，以免影响内核正常运行。
	第 6 行	执行 module_exit 函数指定的模块出口函数。

8.2.3　内核模块编译执行

在 Linux 操作系统中，主要通过两种方式完成内核模块编译工作：① 将内核模块代码融入内核源码树中，并修改内核源码及其对应的 Makefile 文件，与 Linux 内核一起编译；② 指定内核模块运行的 Linux 内核信息，单独编译成内核模块。

下面将以灵活的第二种方式给出内核模块的编译、加载和卸载的全过程。

1. 内核模块的编译

在 Linux 操作系统中，内核模块的编译可以通过 make 命令完成。与应用程序的编译一样，需要先完成 Makefile 文件。针对上述内核模块源码 hello.c，其 Makefile 文件如程序清单 8-4 所示。

程序清单 8-4　Makefile 文件

```
1
2 KERNELDIR := /home/book/st-dk1/linux-stm32mp-4.19-r0/build
3
4 CURRENT_PATH := $(shell pwd)
5 obj-m := hello.o
6
7 build : kernel_modules
8
9 kernel_modules:
10          $(MAKE) -C $(KERNELDIR) M=$(CURRENT_PATH) modules
11 clean:
12          $(MAKE) -C $(KERNELDIR) M=$(CURRENT_PATH) clean
13
```

在该 Makefile 文件中，第 10 行可以展开为：

```
make -C /home/book/st-dk1/linux-stm32mp-4.19-r0/build/ M=$PWD modules1
```

由于内核模块运行于内核态，因此与内核源代码密切相关。在编译内核模块时，需要通过选项-C 指定内核源码所在的目录。选项 M=$PWD 指定编译过程中产生的模块保存位置，此处为当前工作目录。modules 关键字说明编译生成的为 hello.ko 的模块文件。

在当前目录下执行 make 命令，将进入目录/home/book/st-dk1/linux-stm32mp-4.19-r0/build，导入内核源码，编译当前目录下的 hello.c，最终生成模块文件 hello.ko。

2. 加载内核模块

通过网络文件系统将当前目录映射到开发板的/mnt 目录下，在目录/mnt 下找到 hello.ko，执行命令 insmod hello.ko 实现内核模块的加载，如图 8.1 所示。

```
1 stm32157A-DK1
root@stm32mp-dk1#insmod hello.ko
root@stm32mp-dk1#dmesg |tail -n 5
[    5.953785] stm32-dwmac 5800a000.ethernet eth0: IEEE 1588-2008 Advanced Ti
[    5.954158] stm32-dwmac 5800a000.ethernet eth0: registered PTP clock
[    9.036815] stm32-dwmac 5800a000.ethernet eth0: Link is Up - 100Mbps/Full
[ 1763.368780] hello: loading out-of-tree module taints kernel.
[ 1763.369296] This is a simple module for testing!
root@stm32mp-dk1#
```

图 8.1　内核模块的加载

在内核模块加载的过程中，模块入口函数将被执行，完成初始化的相关操作。在该示例代码中，将打印出字符串，示意该函数被调用。

3. 卸载内核模块

在内核模块 hello.ko 所在目录下，执行命令 rmmod hello.ko，完成内核模块的卸载，如图 8.2 所示。

```
root@stm32mp-dk1#dmesg | tail -n 5
[    5.954158] stm32-dwmac 5800a000.ethernet eth0: registered PTP clock
[    9.036815] stm32-dwmac 5800a000.ethernet eth0: Link is Up - 100Mbps/Full
- flow control rx/tx
[ 1763.368780] hello: loading out-of-tree module taints kernel.
[ 1763.369296] This is a simple module for testing!
[ 2095.844849] Now the simple module exits from the system!!!
root@stm32mp-dk1#
```

图 8.2　内核模块的卸载

在内核模块卸载的过程中，需要执行内核模块的出口函数，释放模块运行过程中申请的资源，执行与模块入口函数相反的操作。

8.3　字符设备驱动编程

嵌入式终端最常见的外围设备大多是低速的字符设备，如 LED 灯、蜂鸣器、模/数转换、触摸屏等。字符设备驱动是 Linux 操作系统中最常见的驱动程序。下面将详细讲解字符设备驱动编程。

8.3.1　字符设备驱动的基本概念

字符设备就是以字节为单位进行读/写操作的设备。按字符设备驱动的发展，主要存在以下三种类型的字符设备驱动：

(1) 传统的字符设备驱动。该类驱动程序需要开发人员事先确定主设备号，并需要保证系统内核未使用该主设备号，因此需要驱动开发人员清楚系统设备号的使用情况，并有可能造成设备号资源的浪费。

(2) 自动创建设备节点的字符设备驱动。该类驱动程序可以自动向系统申请未被使用的设备号，并能够在驱动加载的过程中，自动创建对应的设备节点，大大提高驱动开发的灵活性。

(3) 基于平台模型的字符设备驱动。该类驱动程序可实现设备与驱动的分离和分层，解决驱动和设备信息杂糅的问题，驱动开发人员能够以面向对象的思想设计字符设备驱动，降低维护成本。

8.3.2　传统的字符设备驱动编程

在传统的字符设备驱动程序中，驱动程序开发人员事先确定设备号，然后通过 register_chardev 向 Linux 操作系统内核注册驱动程序，并通过 mknod 手动创建设备节点。该设备节点就是代表传统字符设备驱动程序的设备文件。应用程序开发人员能够通过文件

操作的 API 函数操作该设备文件，进而实现对设备的数据读/写。

1. 设备号

在 Linux 操作系统中，通过设备号来区分不同的设备。设备号由主设备号和次设备号组成。主设备号表示一类设备，次设备号表示这类设备不同的个体。嵌入式终端有 4 个串口，假设主设备号 132 表示串口，4 个串口的次设备号分别是 0、1、2、3，如图 8.3 所示。

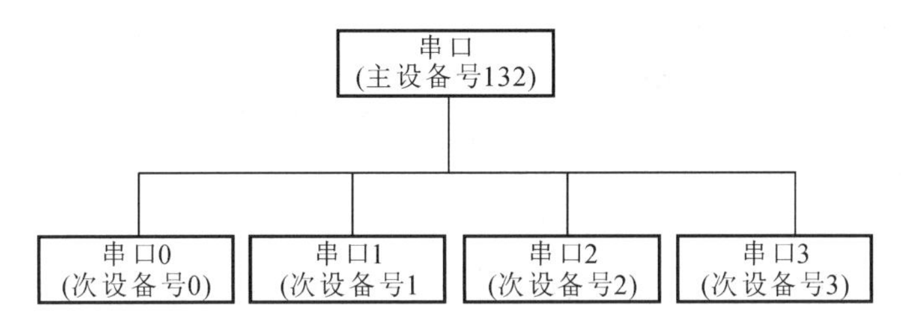

图 8.3　串口设备号

Linux 设备号的类型为 dev_t，在内存中占 4 个字节，共 32 位。主设备号占 12 位，次设备号占 20 位。Linux 内核提供以下宏来处理设备号：

(1) MAJOR(dev)：从设备号中获取主设备号。

(2) MINOR(dev)：从设备号中获取次设备号。

(3) MKDEV(major, minor)：由主设备号 major 和次设备号 minor 组合成设备号。

2. 常用函数

在设备驱动程序开发的过程中，最常见的操作包括设备的注册和撤销，它们分别在模块加载函数和模块卸载函数中执行。

1) 设备注册函数

驱动程序开发人员使用函数 register_chrdev 完成设备注册，其设备名将保存到文件/proc/devices 中。函数原型如表 8.1 所示。

表 8.1　register_chrdev 函数原型

类　别	描　　述	
函数	static inline int register_chrdev(unsigned int major, const char * name, const struct file_operations * fops)	
参数	major	指定设备的主设备号
	name	指定设备的名字
	fops	指向设备操作函数的集合
返回值	0	设备注册成功
	非零值	执行错误

在字符设备驱动程序模块加载过程中，调用设备注册函数完成向 Linux 内核注册设备的工作，申请对应资源，建立映射。

2) 设备注销函数

字符设备驱动程序模块卸载的过程中，会调用设备注销函数释放该设备占用的内核资源，将其从内核中移除。函数原型如表 8.2 所示。

表 8.2　unregister_chrdev 函数原型

类　别	描　　述
函数	static inline void unregister_chrdev(unsigned int major, const char * name const struct file_operations * fops)
参数	major　指定被注销的设备对应的主设备号 name　指定被注销的设备名 fops　指向设备操作函数的集合
返回值	无

3. 工程示例

下面以 LED 灯控制为例，给出传统字符设备驱动开发的过程。该 LED 灯的硬件原理图如图 8.4 所示。

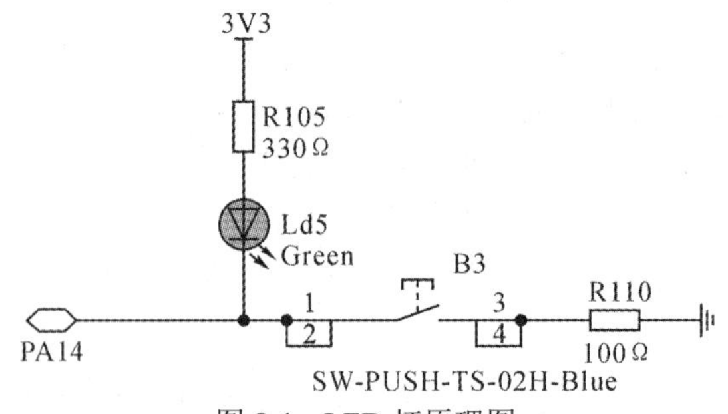

图 8.4　LED 灯原理图

由 LED 灯原理图可知，当 PA14 输出为高电平时，LED 灯处于灭的状态；当 PA14 输出为低电平时，LED 灯处于亮的状态。

1) LED 灯字符设备驱动程序

Linux 操作系统给出字符设备驱动程序的框架。开发人员首先将设备驱动的功能进行分解，然后在字符设备驱动框架接口函数中实现对应功能，最终开发出驱动程序，实现设备操作。

(1) 驱动模块入口函数。在入口函数中，主要完成 LED 灯的初始化工作。首先，将 GPIO 口相关寄存器的物理地址映射为虚拟地址；然后，配置 GPIO 口相关寄存器，使管脚工作于输出模式，以便输出高低电平，控制 LED 灯的亮灭。驱动模块入口函数如程序清单 8-5 所示。

程序清单 8-5　驱动入口函数

```
1    #define LED_PA14_MAJOR      159              /*主设备号*/
2    #define LED_PA14_NAME       "stm32paled"     /*设备名字*/
3    #define LED_PA14_OFF        0                /*关灯*/
4    #define LED_PA14_ON         1                /*开灯*/
     /*STM32 GPIO 寄存器结构      */
5    struct stm32_gpio_regs{
6        u32 moder;
7        u32 otyper;
```

```
8       u32 ospeeder;
9       u32 pupdr;
10      u32 idr;
11      u32 odr;
12      u32 bsrr;
13      u32 lckr;
14      u32 afrl;
15      u32 afrh;
16    };
    /*寄存器物理地址*/
17  #define PERIPH_BASE                  (0x40000000)
18  #define MPU_AHB4_PERIPH_BASE         (PERIPH_BASE + 0x10000000)
19  #define RCC_BASE                     (MPU_AHB4_PERIPH_BASE + 0x0000)
20  #define RCC_MP_AHB4ENSETR            (RCC_BASE + 0xA28)
21  #define GPIOABASE                    (MPU_AHB4_PERIPH_BASE + 0x2000)
   /*GPIOA 的管脚 7 */
22  #define PIN14       14
   /*端口 A 使能*/
23  #define GPIOAEN    0
   /*管脚设置专用宏定义*/
24  #define GPIO_MODE_OUT        1          //普通输出模式
25  #define GPIO_OTYPE_PP        0          //推挽输出
26  #define GPIO_SPEED_100M      3          //GPIO 速度高速
27  #define GPIO_PUPD_PU         1          //上拉
   /*映射后的寄存器虚拟地址*/
28  volatile u32 __iomem *pRCC_MP_AHB4ENSETR;
29  volatile struct stm32_gpio_regs __iomem *pgpioa_regs;
    /**********************************
    * 函数名: gpio_led_init
    * 描述:驱动初始化函数
    * 参数:无
    *
    * 返回值:0 成功;
    *        1 失败
    *
    ***********************************/
30  static int __init   gpio_led_init(void)
31  {
32     int result = 0;
```

```
33      u32 tmp_val = 0;
34      pgpioa_regs = ioremap(GPIOABASE, sizeof(struct stm32_gpio_regs));
35      if(!(pgpioa_regs))
36      {
37          printk("stm32_gpio_regs ioremap failed!\r\n");
38          return -EFAULT;
39      }
40      else
41      {
42          printk("stm32_gpio_regs ioremap success!\r\n");
43      }
44      pRCC_MP_AHB4ENSETR = ioremap(RCC_MP_AHB4ENSETR, 4);
45      if(!(pRCC_MP_AHB4ENSETR))
46      {
47          printk("RCC_AHB4ENRSETR ioremap failed!\r\n");
48          return -EFAULT;
49      }
50      else
51      {
52          printk("RCC_AHB1ENRSETR ioremap success!\r\n");
53      }
54      /*使能 GPIOA 的时钟*/
55      tmp_val = readl(pRCC_MP_AHB4ENSETR);
56      tmp_val &= ~(0x01 << GPIOAEN);
57      tmp_val |= (0x01 << GPIOAEN);
58      writel(tmp_val, pRCC_MP_AHB4ENSETR);
59    /*将 GPIOA 的 14 脚设置为输出*/
60      tmp_val = readl(&(pgpioa_regs->moder));
61      tmp_val &= ~(0x11 <<(PIN14 * 2));
62      tmp_val |= GPIO_MODE_OUT <<(PIN14 * 2);           //设置为输出模式
63      writel(tmp_val, &(pgpioa_regs->moder));
64      /*将 GPIOA 的 14 脚设置为推挽输出*/
64      tmp_val = readl(&(pgpioa_regs->otyper));
65      tmp_val &= ~(0x01 << PIN14);
66      tmp_val |= (GPIO_OTYPE_PP << PIN14);
67      writel(tmp_val, &(pgpioa_regs->otyper));
68      /*将 GPIOA 的 14 脚的速度设置为高速*/
69      tmp_val = readl(&(pgpioa_regs->ospeeder));
70      tmp_val &= ~(0x11 << ( PIN14 * 2 ));
```

```
71      tmp_val |= GPIO_SPEED_100M << ( PIN14 * 2 );
72      writel(tmp_val, &(pgpioa_regs->ospeeder));
73      /*将 GPIOA 的 14 脚设置为上拉*/
74      tmp_val = readl(&(pgpioa_regs->pupdr));
75      tmp_val &= ~(0x11 << ( PIN14 * 2 ));
76      tmp_val |= GPIO_PUPD_PU << ( PIN14 * 2 );
77      writel(tmp_val, &(pgpioa_regs->pupdr));
78      /*默认灯亮*/
79      tmp_val = readl(&(pgpioa_regs->bsrr));
80      tmp_val = 0;
81      tmp_val |= (0x01 << (16 + PIN14));
82      writel(tmp_val, &(pgpioa_regs->bsrr));
83      //注册字符设备驱动
84      result = register_chrdev(LED_PA14_MAJOR,LED_PA14_NAME, &gpio_led_fops);
85      if(result < 0)
86      {
87          printk("register the chrdev failed!\r\n");
88          return -EIO;
89      }
90      return 0;
91  }
```

代码详解		
	第 1～4 行	定义一些宏，其中包括主设备号、设备名字及 LED 开/关宏。
	第 17～27 行	处理器 GPIO 控制寄存器宏定义。
	第 30～43 行	编写驱动初始化函数，其中通过 ioremap 函数实现将端口 A(GPIOA)的控制寄存器、数据寄存器以及状态寄存器的物理地址映射到 Linux 操作系统的虚拟地址，并用指针 pgpioa_regs 指向该虚拟地址的起始位置。
	第 44～53 行	将寄存器 RCC_MP_AHB4ENSETR 的物理地址映射到虚拟地址空间，并用指针 pRCC_MP_AHB4ENSETR 指向起始地址。ARM 处理器通过时钟控制不同功能部件的工作状态，并通过关闭对应部件的时钟，使其处于关闭状态，以达到低功耗运行的目的。
	第 54～77 行	使能 GPIOA 的时钟，在该工程实例中，通过控制处理器管脚 PA14 输出高低电平，实现 LED 灯的亮灭。在 ARM 处理器中，通过合理配置相关寄存器使 I/O 口正常工作，主要包括：模式寄存器(GPIOx_MODER)、输出类型寄存器(GPIOx-OTYPER)、上拉/下拉寄存器(GPIOx_PUPDR)等。
	第 84～89 行	使用 register_chrdev 函数进行设备驱动程序注册。

寄存器 RCC_MP_AHB4ENSETR 各位功能如图 8.5 所示。该寄存器主要控制端口 A～K 的时钟使能，对应位置 1，使能对应端口的时钟，并使其进入工作状态。该代码主要将该寄存器第 0 位置 1，使能端口 A 的时钟，使其处于工作状态。

31	30	29	28	27	26	25	24	23	22	21	20	19	18	17	16
—	—	—	—	—	—	—	—	—	—	—	—	—	—	—	—
15	**14**	**13**	**12**	**11**	**10**	**9**	**8**	**7**	**6**	**5**	**4**	**3**	**2**	**1**	**0**
—	—	—	—	—	GPIOKEN	GPIOJEN	GPIOIEN	GPIOHEN	GPIOGEN	GPIOFEN	GPIOEEN	GPIODEN	GPIOCEN	GPIOBEN	GPIOAEN
					rs	rs	rs	rs	rs	rs	rs	rs	rs	rs	rs

图 8.5　RCC_MP_AHB4ENSETR 寄存器

ARM 处理器 I/O 口的工作模式主要有输入模式(0x00)、通用输出模式(0x01)、复用功能模式(0x10)以及模拟模式(0x11)。端口工作模式寄存器如图 8.6 所示。在该工程实例中，将寄存器位 28 和 29 设置为 0x01，管脚 PA14 工作于通用输出模式。

31	30	29	28	27	26	25	24	23	22	21	20	19	18	17	16
MODER15[1:0]		MODER14[1:0]		MODER13[1:0]		MODER12[1:0]		MODER11[1:0]		MODER10[1:0]		MODER9[1:0]		MODER8[1:0]	
rw	rw	rw	rw	rw	rw	rw	rw	rw	rw	rw	rw	rw	rw	rw	rw
15	**14**	**13**	**12**	**11**	**10**	**9**	**8**	**7**	**6**	**5**	**4**	**3**	**2**	**1**	**0**
MODER7[1:0]		MODER6[1:0]		MODER5[1:0]		MODER4[1:0]		MODER3[1:0]		MODER2[1:0]		MODER1[1:0]		MODER0[1:0]	
rw	rw	rw	rw	rw	rw	rw	rw	rw	rw	rw	rw	rw	rw	rw	rw

图 8.6　端口工作模式寄存器

ARM 处理器通用 I/O 口的输出模式主要有推挽输出(0x0)和开漏输出(0x1)。推挽输出的驱动能力较强，开漏输出的驱动能力较弱。图 8.7 为端口输出类型寄存器数据位示意图。在该工程实例中，由于需要驱动 LED 灯，因此将管脚 PA14 设置为推挽输出，即将端口输出类型寄存器的位 14 设置为 0。

31	30	29	28	27	26	25	24	23	22	21	20	19	18	17	16
—	—	—	—	—	—	—	—	—	—	—	—	—	—	—	—
—	—	—	—	—	—	—	—	—	—	—	—	—	—	—	—
15	**14**	**13**	**12**	**11**	**10**	**9**	**8**	**7**	**6**	**5**	**4**	**3**	**2**	**1**	**0**
OT15	OT14	OT13	OT12	OT11	OT10	OT9	OT8	OT7	OT6	OT5	OT4	OT3	OT2	OT1	OT0
rw	rw	rw	rw	rw	rw	rw	rw	rw	rw	rw	rw	rw	rw	rw	rw

图 8.7　端口输出类型寄存器

输出端口速度主要有四种：低速(0x00)、中速(0x01)、高速(0x10)和超高速(0x11)。端口输出速度寄存器如图 8.8 所示。在代码中，将寄存器位 28 和 29 设置为 0x11，使 PA14 工作于超高速状态。

31	30	29	28	27	26	25	24	23	22	21	20	19	18	17	16
OSPEEDR15[1:0]		OSPEEDR14[1:0]		OSPEEDR13[1:0]		OSPEEDR12[1:0]		OSPEEDR11[1:0]		OSPEEDR10[1:0]		OSPEEDR9[1:0]		OSPEEDR8[1:0]	
rw	rw	rw	rw	rw	rw	rw	rw	rw	rw	rw	rw	rw	rw	rw	rw
15	**14**	**13**	**12**	**11**	**10**	**9**	**8**	**7**	**6**	**5**	**4**	**3**	**2**	**1**	**0**
OSPEEDR7[1:0]		OSPEEDR6[1:0]		OSPEEDR5[1:0]		OSPEEDR4[1:0]		OSPEEDR3[1:0]		OSPEEDR2[1:0]		OSPEEDR1[1:0]		OSPEEDR0[1:0]	
rw	rw	rw	rw	rw	rw	rw	rw	rw	rw	rw	rw	rw	rw	rw	rw

图 8.8　端口输出速度寄存器

端口上拉/下拉寄存器如图 8.9 所示，主要有四种模式：无上拉和下拉(0x00)、上拉(0x01)、下拉(0x10)和预留(0x11)。在代码中，将寄存器位 28 和 29 设置为 0x01，PA14 将工作于上拉状态。

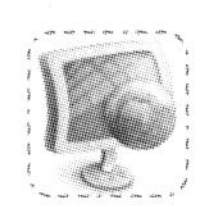

31	30	29	28	27	26	25	24	23	22	21	20	19	18	17	16
PUPDR15[1:0]		PUPDR14[1:0]		PUPDR13[1:0]		PUPDR12[1:0]		PUPDR11[1:0]		PUPDR10[1:0]		PUPDR9[1:0]		PUPDR8[1:0]	
rw	rw	rw	rw	rw	rw	rw	rw	rw	rw	rw	rw	rw	rw	rw	rw
15	14	13	12	11	10	9	8	7	6	5	4	3	2	1	0
PUPDR7[1:0]		PUPDR6[1:0]		PUPDR5[1:0]		PUPDR4[1:0]		PUPDR3[1:0]		PUPDR2[1:0]		PUPDR1[1:0]		PUPDR0[1:0]	
rw	rw	rw	rw	rw	rw	rw	rw	rw	rw	rw	rw	rw	rw	rw	rw

图 8.9　端口上拉/下拉寄存器

端口设置/复位寄存器如图 8.10 所示。位 0～15 设置为 1，对应管脚将输出高电平，设置 0 无效；位 16～31 设置为 1，对应管脚将输出低电平，设置 0 无效。在代码中，将位 30 设置为 1，因此 PA14 输出低电平，LED 灯处于亮的状态。

31	30	29	28	27	26	25	24	23	22	21	20	19	18	17	16
BR15	BR14	BR13	BR12	BR11	BR10	BR9	BR8	BR7	BR6	BR5	BR4	BR3	BR2	BR1	BR0
w	w	w	w	w	w	w	w	w	w	w	w	w	w	w	w
15	14	13	12	11	10	9	8	7	6	5	4	3	2	1	0
BS15	BS14	BS13	BS12	BS11	BS10	BS9	BS8	BS7	BS6	BS5	BS4	BS3	BS2	BS1	BS0
w	w	w	w	w	w	w	w	w	w	w	w	w	w	w	w

图 8.10　端口设置/复位寄存器

(2) 驱动模块出口函数。在驱动模块出口函数中，释放驱动程序运行过程中所申请的资源，如程序清单 8-6 所示。

程序清单 8-6　驱动出口函数

```
/**********************************
* 函数名: gpio_led_exit
* 描述:驱动销毁函数
* 参数:
*        无
*
* 返回值:
*          0 成功;
*          1 失败
*
***********************************/
1 static void __exit gpio_led_exit(void)
2 {
3    iounmap(pgpioa_regs);
4    iounmap(pRCC_MP_AHB4ENSETR);
5    unregister_chrdev(LED_PA14_MAJOR,LED_PA14_NAME);
6 }
```

代码详解	第 1～6 行	在 Linux 操作系统中，地址空间也属于系统资源，使用完毕及时释放。在示例代码中，通过 iounmap 撤销地址空间的映射关系，并通过函数 unregister_chrdev 注销字符设备驱动，同时将设备号资源归还给系统。

(3) 驱动模块写函数。在 LED 灯字符设备驱动程序中，Linux 内核需要获取应用程序传递过来的控制命令，进而实现 LED 灯的控制，如程序清单 8-7 所示。

程序清单 8-7　字符设备驱动程序写接口函数实现

```
   /**********************************
    * 函数名: gpio_led_write
    * 描述:向设备写数据
    * 参数: filp  打开的设备文件
    *       buf   写入到设备的数据缓冲区
    *       cnt   要写入设备的数据长度
    *       offt  相对于文件首地址的偏移
    * 返回值:写入的字节数,如果为负值,则表示读取失败
    *
    **********************************/
1   static ssize_t gpio_led_write(struct file *filp, const   char __user *buf,
2                                  size_t cnt, loff_t *offt)
3   {
4     int result;
5     unsigned char tmpbuf[1];
6     unsigned char ledflag;
7     result = copy_from_user(tmpbuf, buf, cnt);
8     if(result < 0)
9     {
10        printk("Kernel write failed!\r\n");
11        return -EFAULT;
12     }
13     ledflag = tmpbuf[0];
14     if(ledflag == LED_PA14_ON)
15     {
16        printk("Turn on the led in kernel !\r\n");
17        pgpioh_regs->bsrr |= (1 << (16 + PIN14);
18     }
19     else if(ledflag == LED_PA14_OFF)
20     {
21        printk("Turn off the led in kernel !\r\n");
22        pgpioh_regs->bsrr |= (1 << PIN14);
23     }
24     return 0;
25  }
```

<table>
<tr><td rowspan="2">代码详解</td><td>第 7～12 行</td><td>通过函数 copy_from_user 读取用户写入的数据，并保存到数组变量 tmpbuf 中。</td></tr>
<tr><td>第 13～23 行</td><td>当 tmpbuf[0]取值 1 时，则表示用户给出开灯命令，此时将端口 A 位设置/复位寄存器的位 30 设置为 1，PA14 输出低电平，LED 灯亮；当 tmpbuf[0]取值为 0 时，则表示用户给出关灯命令，此时将端口 A 位设置/复位寄存器的位 14 设置为 1，PA14 输出高电平，LED 灯灭。</td></tr>
</table>

2) *测试应用程序编写*

在测试应用程序中，文件操作的 open 函数打开对应字符设备，并通过 write 函数向驱动程序传递开灯和关灯的命令，如程序清单 8-8 所示。

程序清单 8-8　字符设备驱动测试程序

```
1 #include "stdio.h"
2 #include "unistd.h"
3 #include "sys/types.h"
4 #include "sys/stat.h"
5 #include "fcntl.h"
6 #include "stdlib.h"
7 #include "string.h"
8 #define LEDON        1
9 #define LEDOFF       0
10 #define MAXTIMES    10
11 #define DEV_NAME "/dev/stm32paled"

  /**********************************
  * 函数名: main
  * 描述:测试字符设备驱动程序
  * 参数:
  *          arc   参数的个数
  *          arv   参数的列表
  * 返回值: int
  *          0   正常结束
  *          1   异常结束
  ***********************************/
12 int main(int arc, char* arv[])
13 {
14     int fd = 0, result = 0;
15     int index = 0;
16     unsigned char buffer[1];
17     /*打开控制 LED 灯的字符设备*/
```

```
18   fd = open(DEV_NAME, O_RDWR);
19   if(fd < 0)
20   {
21       printf("%s 打开失败\r\n", DEV_NAME);
22       return -1;
23   }
24
25   while(index < MAXTIMES)
26   {
27       /*LED 灯关闭*/
28           buffer[0] = LEDOFF;
29              result = write(fd, buffer,sizeof(buffer));
30       if(result < 0)
31       {
32           printf("关闭 LED 灯失败!\r\n");
33           close(fd);
34           return -1;
35       }
36       sleep(10);
37       buffer[0] = LEDON;
38       result = write(fd, buffer,sizeof(buffer));
39       if(result < 0)
40       {
41           printf("打开 LED 灯失败!\r\n");
42           close(fd);
43           return -1;
44       }
45       sleep(10);
46       index ++;
47   }
48   result = close(fd); /*关闭文件*/
49   if(result < 0){
50       printf("%s 关闭失败!\r\n", DEV_NAME);
51       return -1;
52   }
53
54   return 0;
55 }
```

代码详解		
	第 18～23 行	以读/写方式打开设备文件/dev/stm32paled。
	第 25～47 行	通过 while 循环控制 LED 灯亮 10 s，灭 10 s，并且循环 10 次。在每一次循环中，通过 write 函数将控制 LED 灯亮灭的命令传递给驱动程序。
	第 48～52 行	调用 close 函数关闭设备文件/dev/stm32paled。通过 Linux 内核映射调用设备驱动程序的 gpio_led_exit 函数，释放掉驱动程序所使用的系统资源。

3) 字符设备驱动编译和测试

与应用程序编译和测试相比，字符设备驱动程序编译测试更加复杂。首先，字符设备驱动程序运行于 Linux 内核，需要与宿主内核版本保持一致；然后，单独编译的字符设备驱动模块需要通过专用命令加载和运行；最后，测试结果无法实时显示，只能通过调试日志进行查看。下面将给出上述 LED 灯字符设备驱动程序编译、测试和验证的过程。

(1) 字符设备驱动程序编译。字符设备驱动程序编译过程复杂，需要融入相关内核文件，无法通过具体命令分步编译，需要借助自动化工程管理工具 make，因此需要开发人员提供 Makefile 文件。该字符设备驱动程序编译过程中采用的 Makefile 文件如程序清单 8-9 所示。

程序清单 8-9　字符设备驱动 Makefile 文件

```
1  KERNELDIR := /home/book/st-dk1/linux-stm32mp-4.19-r0/build
2  CURRENT_PATH := $(shell pwd)
3  obj-m := stm32_pa14_led.o
4  build : kernel_modules
5  kernel_modules:
6          $(MAKE) -C $(KERNELDIR) M=$(CURRENT_PATH) modules
7  clean:
8          $(MAKE) -C $(KERNELDIR) M=$(CURRENT_PATH) clean1 #include "stdio.h"
```

与前述内核模块工程的 Makefile 文件相比，仅仅替换了第 3 行。准备好编译所需文件，执行 make 命令，按照 Makefile 文件规定操作进行编译，生成 stm32_pa14_led.ko 文件。

(2) 测试应用程序编译。测试应用程序的编译可以通过两种方法完成：第一，直接使用交叉编译工具进行编译，然后通过网络文件系统发送到开发板执行；第二，编写 Makefile 文件通过 make 工具进行编译。该测试应用程序非常简单，可以直接通过以下命令进行编译生成，生成可执行文件 test。

```
root@STM32MP157#$CC stm32_pa14_led_app.c -o test
```

(3) 加载字符设备驱动程序模块。Linux 操作系统提供命令 insmod，能够将单独编译的内核模块链接到正在运行的内核中。通过 insmod 命令将 stm32_pa14_led.ko 内核模块链接到当前内核中运行，命令如下：

```
root@stm32mp-dk1#insmod stm32_pa14_led.ko
```

首先，从命令行中读取要链接的模块名 stm32_pa14_led.ko，读取对应的模块目标代码；然后，执行系统调用 init_module()，将模块二进制文件复制到 Linux 内核；最后，执行内核函数 sys_init_module()加载模块的剩余任务。

(4) 创建设备文件。在 Linux 操作系统中，设备文件是硬件设备驱动程序的接口。应用程序能够通过标准 I/O 系统调用访问设备驱动程序，进而实现与硬件设备的交互。将设备驱动内核模块加载到 Linux 内核后，用户可以通过命令 mknod 创建设备文件。下面将通过 mknod 命令生成设备文件/dev/stm32paled，命令如下：

```
root@stm32mp-dk1#mknod /dev/stm32paled c 159 0
```

设备文件 /dev/stm32paled 通过设备号与 LED 灯字符设备驱动程序建立映射关系。针对该设备文件的所有操作，将被 Linux 操作系统重定向到字符设备驱动程序，并执行驱动框架中对应接口函数。

(5) 执行应用程序。在命令提示符下，输入“./test”执行测试应用程序，执行情况如图 8.11 所示。LED 灯亮 10 s，然后灭 10 s，循环 10 次，达到设计预期。

图 8.11　字符设备驱动程序实验结果

8.3.3　基于 cdev 的字符设备驱动编程

传统字符设备驱动编程

基于 cdev 的新型字符设备驱动程序能够自动分配设备号，并在系统 udev 机制的支持下，实现自动创建设备文件。如果没有 udev 机制，则用户必须手动创建设备文件节点。虽然新型字符设备驱动程序能够提供极大便利，但是需要驱动开发人员掌握相关操作函数。下面介绍主要操作函数。

1. 设备号操作函数

传统字符设备驱动程序调用函数 register_chrdev()进行设备注册时，需要给出主设备号，同时该主设备号对应的 $2^{20}-1$ 个次设备号也将被占用，不能够被其他设备使用，因此将造成设备号资源的极大浪费。

如果在设备注册时，能够根据需要向 Linux 内核申请所需的设备号，则可实现资源利

用的最大化。在 Linux 内核中，设备号注册主要分为静态注册和动态注册。

1) 静态注册设备号

在静态注册设备号时，驱动程序开发人员需要使用宏 MKDEV 构造设备号。如果构造的设备号已经被其他设备使用，那么向 Linux 内核申请该设备号时将会失败。函数原型如表 8.3 所示。

表 8.3　register_chrdev_region 函数原型

类　别	描　　述
函数	int register_chrdev_region(dev_t from, unsigned int count, const char * name)
参数	from　　指定起始设备号 count　　指定设备的数量 name　　指定主设备号的名称
返回值	0　　设备号注册成功 非零值　　执行错误

2) 动态注册设备号

静态注册设备号时，驱动程序开发人员需要确定未被使用的设备号范围，但驱动程序动态加载的过程中，无法事先确定可用的设备号。动态注册设备号函数能够向 Linux 内核提出设备号申请请求，由 Linux 内核给出设备驱动程序所需要的设备号。函数原型如表 8.4 所示。

表 8.4　alloc_chrdev_region 函数原型

类　别	描　　述
函数	int alloc_chrdev_region(dev_t * dev, unsigned int baseminor, unsigned int count, const char * name)
参数	dev　　返回系统分配的设备号 baseminor　指定动态分配的起始次设备号 count　　指定设备的数量 name　　指定设备的名称
返回值	0　　设备号注册成功 非零值　　执行错误

3) 设备号注销函数

在新型字符设备驱动程序中，通过 cdev_del 函数删除字符设备后，需要注销掉设备号，以完成传统字符设备驱动程序中 unregister_chrdev 函数的功能。函数原型如表 8.5 所示。

表 8.5　unregister 函数原型

类　别	描　　述
函数	void unregister_chrdev_region(dev_t from, unsigned count)
参数	from　　被注销的起始设备号 count　　被注销的设备数目
返回值	无

2. 字符设备操作函数

1) 字符设备结构体及初始化

在新型字符设备驱动程序中，通过结构体 cdev 表示一个字符设备。该结构体定义在 include/linux/cdev.h 头文件中，如程序清单 8-10 所示。

程序清单 8-10　cdev 结构体定义

```
1 struct cdev {
2         struct kobject kobj;
3         struct module *owner;
4         const struct file_operations *ops;
5         struct list_head list;
6         dev_t dev;
7         unsigned int count;
8 } __randomize_layout;
```

在字符设备驱动程序注册的过程中，首先定义上述结构体变量并对其部分成员进行赋值，然后通过函数 cdev_init 将该结构体与文件操作函数结构体变量联系起来，以完成结构体初始化。函数原型如表 8.6 所示。

表 8.6　cdev_init 函数原型

类　别	描　　述	
函数	void cdev_init(struct cdev * cdev, const struct file_operations * fops)	
参数	cdev	需要初始化的 struct cdev 结构体变量
	fops	指向字符设备文件操作函数集合的指针
返回值	无	

2) 字符设备添加函数

在完成字符设备结构体变量(struct cdev)的初始化工作后，通过 cdev_add 函数向 Linux 内核添加字符设备。函数原型如表 8.7 所示。

表 8.7　cdev_add 函数原型

类　别	描　　述	
函数	int cdev_add(struct cdev * cdev, dev_t dev, unsigned count)	
参数	cdev	需要添加到系统的字符设备
	dev	字符设备所使用的设备号
	count	本次添加的字符设备的数量
	unsigned count	设备范围号大小
返回值	0	字符设备添加成功
	非零值	错误码

3) 字符设备删除函数

在字符设备驱动程序注销的过程中，需要删除使用 cdev_add 添加的字符设备。在 Linux

设备驱动中，可以通过函数 cdev_del 实现。函数原型如表 8.8 所示。

表 8.8　cdev_del 函数原型

类　别	描　　述
函数	void cdev_del(struct cdev * cdev)
参数	cdev　　　　被删除的字符设备
返回值	无

3. 设备节点操作函数

在传统字符设备驱动程序开发过程中，设备驱动内核模块加载后，往往通过命令“mknode”来手动创建设备文件，建立设备文件到字符设备驱动程序的映射。应用程序开发人员可以通过设备文件读/写的系统调用实现从字符设备中读取和写入数据。

在新型字符设备驱动程序中，能够在设备驱动模块加载时，通过设备节点操作函数，自动创建设备节点，并能够在/dev 目录下创建对应的设备文件。为了实现自动创建设备节点，执行函数 cdev_add 完成字符设备添加后，需要创建设备类，并完成设备的创建。相应地，在驱动模块卸载的过程中，首先需要删除设备，然后删除设备类。

1）创建和删除设备类

设备类创建的宏定义和设备类删除的函数声明均在文件 include/linux/device.h 中，如程序清单 8-11 所示。

程序清单 8-11　class_create 宏定义

```
511
512    extern struct class * __must_check __class_create(struct module *owner,
513                                                      const char *name,
514                                                      struct lock_class_key *key);
515    extern void class_destroy(struct class *cls);
516
517    /* This is a #define to keep the compiler from merging different
518      * instances of the __key variable */
519    #define class_create(owner, name) \
520    ({                                    \
521            static struct lock_class_key __key; \
522            __class_create(owner, name, &__key); \
523    })
```

在设备类创建的宏定义中，owner 为指向结构体 struct module 变量的指针，而 name 表示设备类名的字符串。在设备类注销函数 class_destroy 中，参数 cls 指向将被删除的设备类。

2）创建和删除设备

为实现自动创建设备节点，需要在设备类下面创建设备。Linux 操作系统提供函数 device_create 创建设备。函数原型如表 8.9 所示。

表 8.9 device_create 函数原型

类 别	描 述
函数	struct device * device_create(struct class * cls, struct device * parent, dev_t devt, void * drvdata, const char * fmt, ...)
参数	cls 指定设备类 parent 指定父设备，一般为 NULL devt 设备号 drvdate 设备数据 fmt 设备名字
返回值	创建成功的设备

该函数为可变参数函数，字符串 fmt 的值将作为/dev 目录下的设备文件的名字，并返回创建成功的设备。

与设备创建相对应，在驱动模块卸载的过程中，需要通过函数 device_destroy 删除设备。函数原型如表 8.10 所示。

表 8.10 device_destroy 函数原型

类 别	描 述
函数	void device_destroy(struct class *cls, dev_t devt)
参数	cls 指定被删除设备所属的设备类 devt 被删除设备的设备号
返回值	无

4. 新型字符设备驱动案例实战

为了降低工程案例难度，使读者尽快掌握新型字符设备驱动开发技术，本工程案例将通过新型字符设备驱动框架完成上述 LED 灯的驱动开发。下面将详细讲解新型字符设备驱动开发。

1) 字符设备结构体

新型字符设备驱动程序中，每个字符设备包括特有属性，如设备号、设备类、设备本身等。为了便于对字符设备相关属性进行管理，可将所有属性集中在一起，设计字符设备结构体，如程序清单 8-12 所示。

程序清单 8-12 字符设备结构体

```
1  struct stm32led_cdev{
2      dev_t device_id;                    /*设备号*/
3      struct cdev char_dev;               /*字符设备*/
4      struct class *char_class;           /*字符设备类*/
5      struct device *char_device;         /*字符设备信息*/
6      int major_dev_no;                   /*设备主设备号*/
7      int minor_dev_no;                   /*设备次设备号*/
8  };
```

该结构体包括字符设备的基本信息，用户可以根据自己的需要添加新的结构体成员，并且驱动程序开发人员可以在驱动框架的 open 函数中将该结构体作为私有数据添加到设备文件中，以便于数据操作。

2) 驱动模块加载函数

与传统字符设备驱动程序相比，新型设备驱动程序模块加载函数采用不同的方法完成设备号的分配及设备的注册，并在 udev 机制的支持下实现自动创建设备节点。驱动模块加载函数如程序清单 8-13 所示。

程序清单 8-13　驱动模块加载函数

```
203  /*********************************
204  * 函数名:gpio_led_init
205  * 描述:驱动初始化函数
206  * 参数:无
207  *
208  * 返回值:0 成功;
209  *          1 失败
210  *
211  ***********************************/
212  static int __init gpio_led_init(void)
213  {
214      int result = 0;
215      u32 tmp_val = 0;
216      pgpioa_regs = ioremap(GPIOABASE, sizeof(struct stm32_gpio_regs));
217      if(!(pgpioa_regs))
218      {
219         printk("stm32_gpio_regs ioremap failed!\r\n");
220         return -EFAULT;
221      }
222      else
223      {
224         printk("stm32_gpio_regs ioremap success!\r\n");
225      }
226      pRCC_MP_AHB4ENSETR = ioremap(RCC_MP_AHB4ENSETR, 4);
227      if(!(pRCC_MP_AHB4ENSETR))
228      {
229         printk("RCC_AHB4ENRSETR ioremap failed!\r\n");
230         return -EFAULT;
231      }
232      else
233      {
```

```
234         printk("RCC_AHB1ENRSETR ioremap success!\r\n");
235     }
236     /*使能 GPIOA 的时钟*/
237     tmp_val = readl(pRCC_MP_AHB4ENSETR);
238     tmp_val &= ~(0x01 << GPIOAEN);
239     tmp_val |= (0x01 << GPIOAEN);
240     writel(tmp_val, pRCC_MP_AHB4ENSETR);
241     /*将 GPIOA 的 14 脚设置为输出*/
242     tmp_val = readl(&(pgpioa_regs->moder));
243     tmp_val &= ~(0x11 <<(PIN14 * 2));
244     tmp_val |= GPIO_MODE_OUT <<(PIN14 * 2);        //设置为输出模式
245     writel(tmp_val, &(pgpioa_regs->moder));
246     /*将 GPIOA 的 14 脚设置为推挽输出*/
247     tmp_val = readl(&(pgpioa_regs->otyper));
248     tmp_val &= ~(0x01 << PIN14);
249     tmp_val |= (GPIO_OTYPE_PP << PIN14);
250     writel(tmp_val, &(pgpioa_regs->otyper));
251     /*将 GPIOA 的 14 脚的速度设置为高速*/
252     tmp_val = readl(&(pgpioa_regs->ospeeder));
253     tmp_val &= ~(0x11 << ( PIN14 * 2 ));
254     tmp_val |= GPIO_SPEED_100M << ( PIN14 * 2 );
255     writel(tmp_val, &(pgpioa_regs->ospeeder));
256     /*将 GPIOA 的 14 脚设置为上拉*/
257     tmp_val = readl(&(pgpioa_regs->pupdr));
258     tmp_val &= ~(0x11 << ( PIN14 * 2 ));
259     tmp_val |= GPIO_PUPD_PU << ( PIN14 * 2 );
260     writel(tmp_val, &(pgpioa_regs->pupdr));
261     /*默认灯亮*/
262     tmp_val = readl(&(pgpioa_regs->bsrr));
263     tmp_val = 0;
264     tmp_val |= (0x01 << (16 + PIN14));
265     writel(tmp_val, &(pgpioa_regs->bsrr));
266     /*注册字符设备驱动*/
267     result = alloc_chrdev_region(&stm32_cdev_led.device_id, 0, LED_COUNT, LED_PA14_NAME);
268     if(result < 0)
269         goto fail_alloc_dev;
270     /*初始化字符设备*/
271     stm32_cdev_led.char_dev.owner = THIS_MODULE;
272     cdev_init(&stm32_cdev_led.char_dev, &gpio_led_fops);
273     result = cdev_add(&stm32_cdev_led.char_dev, stm32_cdev_led.device_id,LED_COUNT);
```

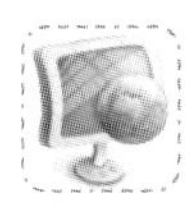

```
274     if(result < 0)
275         goto fail_add_dev;
276     /*创建字符设备类*/
277     stm32_cdev_led.char_class = class_create(THIS_MODULE, LED_PA14_NAME);
278     if(IS_ERR(stm32_cdev_led.char_class))
279     {
280         goto fail_create_class;
281     }
282
283     stm32_cdev_led.char_device = device_create(stm32_cdev_led.char_class, NULL, stm32_cdev_led.device_id,
        NULL, LED_PA14_NAME);
284     if(IS_ERR(stm32_cdev_led.char_device))
285     {
286         goto fail_create_device;
287     }
288
289     return 0;
290
291     fail_create_device:
292         class_destroy(stm32_cdev_led.char_class);
293
294     fail_create_class:
295         cdev_del(&stm32_cdev_led.char_dev);
296
297     fail_add_dev:
298         unregister_chrdev_region(stm32_cdev_led.device_id, LED_COUNT);
299
300     fail_alloc_dev:
301         iounmap(pgpioa_regs);
302         iounmap(pRCC_MP_AHB4ENSETR);
303     return -EIO;
304 }
305
```

代码详解		
	第 216～265 行	将 ARM 处理器 I/O 端口控制寄存器的物理地址映射到驱动程序所需的虚拟地址，并根据 I/O 端口工作方式进行合理配置。
	第 267～269 行	在新型字符设备驱动程序中，通过 alloc_chrdev_region 动态分配设备号，完成字符设备结构体的初始化工作，并与文件操作函数集合关联起来。
	第 271～302 行	使用 cdev_add 向 Linux 内核添加该字符设备，创建字符设备类，随后自动创建设备节点，并生成设备文件/dev/stm32_cdev_led。

3) 驱动模块卸载函数

基于 cdev 的字符设备驱动编程

在驱动模块卸载函数中，主要完成与加载函数相反的操作，如撤销地址映射、删除字符设备、释放设备号、删除设备、删除设备类等，如程序清单 8-14 所示。

程序清单 8-14　驱动模块卸载函数

```
306  /**********************************
307  * 函数名: gpio_led_exit
308  * 描述:驱动销毁函数
309  * 参数:无
310  *
311  * 返回值: 0 成功;
312  *          1 失败
313  *
314  **********************************/
315  static void __exit gpio_led_exit(void)
316  {
317      iounmap(pgpioa_regs);
318      iounmap(pRCC_MP_AHB4ENSETR);
319      cdev_del(&stm32_cdev_led.char_dev);
320      unregister_chrdev_region(stm32_cdev_led.device_id, LED_COUNT);
321      device_destroy(stm32_cdev_led.char_class, stm32_cdev_led.device_id);
322      class_destroy(stm32_cdev_led.char_class);
323  }
324
```

4) 驱动程序测试

新型字符设备驱动程序能够自动分配设备号，并在驱动模块加载的过程中自动生成设备文件，主要测试过程如下：

首先，修改驱动程序的 Makefile 文件，将 obj-m := stm32_pa14_led.o 修改为 obj-m := cdevleddriver.o，其他保持不变。执行 make 命令生成设备驱动内核模块 cdevleddriver.ko。

然后，修改测试应用程序，将#define DEV_NAME "/dev/stm32paled"修改为#define DEV_NAME "/dev/stm32_cdev_led"，与驱动程序中的设备文件名保持一致，其他保持不变，编译生成可执行程序 stm32_cdev_led。

最后，执行命令 insmod cdevleddriver.ko，将驱动模块注册到 Linux 内核，同时产生设备文件/dev/stm32_cdev_led，执行应用程序 stm32_cdev_led。通过实验结果分析可知，执行模块能够自动分配设备号和创建设备节点，并能够达到设计预期。

8.4　Linux 平台设备驱动

目前，Linux 操作系统所管理的外围设备越来越多，设备驱动程序的代码在 Linux 内

核中比重越来越大。同类外围设备仅部分参数不同，每种外围设备均开发驱动程序，并将驱动程序加载进 Linux 内核，将会使 Linux 操作系统越来越臃肿。

8.4.1　Linux 设备驱动模型

为了实现 Linux 驱动程序有序管理，Linux 操作系统的维护团队提出设备驱动模型，采用分层思想解决复杂的工程问题。该模型主要由总线、设备和驱动三部分构成。将整个设备驱动程序分解为设备和驱动，实现驱动操作和硬件资源的分层，在不同的层面解决不同的问题，达到分而治之的目的。

在计算机中，物理总线作为通信通道，连接处理器与一个或者多个外设。外设挂接在物理总线上，形成层次结构。驱动介于应用程序和设备之间，实现对设备的配置和操作。

在计算机系统中，有些外围设备并未挂载到某一总线上。为了便于统一管理，Linux 操作系统提出平台虚拟总线(Platform 总线)，实现该类设备统一操作。同样，该类设备称为平台设备，设备驱动被称为平台驱动。

8.4.2　平台总线

在 Linux 内核中，总线由结构体 bus_type 来表示，该结构体位于文件 include/linux/device.h 中。在该结构体中，最重要的函数是 match 函数，主要完成设备与驱动匹配工作。当新的设备注册到 Linux 内核时，总线 match 函数将搜索与之配对的驱动；同样，当新的驱动加载到系统时，总线 match 函数也会被调用，搜索与之配对的设备。

在内核源码文件 drivers/base/platform.c 中，定义了结构体 bus_type 的变量 platform_bus_type，如程序清单 8-15 所示。

程序清单 8-15　平台总线

```
1154  struct bus_type platform_bus_type          = {
1155          .name                              = "platform",
1156          .dev_groups                        = platform_dev_groups,
1157          .match                             = platform_match,
1158          .uevent                            = platform_uevent,
1159          .dma_configure                     = platform_dma_configure,
1160          .pm                                = &platform_dev_pm_ops,
1161  };
```

在 platform_bus_type 中，最重要的函数是 platform_match。该函数的功能是将平台设备和平台驱动进行匹配。在函数 platform_match 中，主要通过四种方式进行匹配，只要有一种方式匹配成功即可，如程序清单 8-16 所示。

程序清单 8-16　函数 platform_match

```
963  static int platform_match(struct device *dev, struct device_driver *drv)
964  {
```

```
965         struct platform_device *pdev = to_platform_device(dev);
966         struct platform_driver *pdrv = to_platform_driver(drv);
967 
968         /* When driver_override is set, only bind to the matching driver */
969         if (pdev->driver_override)
970                 return !strcmp(pdev->driver_override, drv->name);
971 
972         /* Attempt an OF style match first */
973         if (of_driver_match_device(dev, drv))
974                 return 1;
975 
976         /* Then try ACPI style match */
977         if (acpi_driver_match_device(dev, drv))
978                 return 1;
979 
980         /* Then try to match against the id table */
981         if (pdrv->id_table)
982                 return platform_match_id(pdrv->id_table, pdev) != NULL;
983 
984         /* fall-back to driver name match */1154 struct bus_type
985         return (strcmp(pdev->name, drv->name) == 0);
986 }
987 
```

代码详解		
	第 965～966 行	根据参数指定的设备和设备驱动的结构体变量，分别通过函数 to_platform_device 和 to_platform_driver 获得指向平台设备和平台驱动的指针。
	第 973～982 行	在设备和驱动匹配过程中，依次执行设备树中的匹配函数(of_driver_match_device)、ACPI 模式的匹配函数(acpi_driver_match_device)以及基于 id_table 的匹配函数(platform_match_id)。只要有一个匹配函数执行成功，则直接返回，不再执行后续匹配函数。如果上述三个匹配函数均失败，则通过设备和驱动中给出的 name 字段值，进行设备和驱动匹配。如果值相等，则匹配成功；否则设备和驱动将匹配失败。

8.4.3 平台设备

在 Linux 操作系统中，平台设备主要对设备进行描述，主要包括配置和操作设备所需的信息，包括内存资源、中断资源、DMA 资源等。最终，平台设备将作为模块注册到 Linux

内核。平台设备(platform_device)结构体定义在文件 include/linux/platform_device.h 中，如程序清单 8-17 所示。

程序清单 8-17　平台设备结构体

```
23  struct platform_device {
24          const char          *name;
25          int                  id;
26          bool                 id_auto;
27          struct device      dev;
28          u32                  num_resources;
29          struct resource *resource;
30
31          const struct platform_device_id *id_entry;
32          char *driver_override; /* Driver name to force a match */
33
34          /* MFD cell pointer */
35          struct mfd_cell *mfd_cell;
36
37          /* arch specific additions */
38          struct pdev_archdata       archdata;
39  };
40
```

在该结构体中，name 字段表示平台设备的名称；num_resources 给出设备资源的数量；resource 指针指向该设备所占用的资源，包括内存地址、中断号、寄存器、DMA 等。在 platform_match 函数中，将通过该 name 字段寻找与之匹配的平台设备驱动。

结构体 struct resource 的详细信息如程序清单 8-18 所示，定义在 include/linux/ioport.h 文件中。

程序清单 8-18　resource 结构体

```
19  struct resource {
20          resource_size_t start;
21          resource_size_t end;
22          const char *name;
23          unsigned long flags;
24          unsigned long desc;
25          struct resource *parent, *sibling, *child;
26  };
```

在该结构体中，start、end 分别表示设备占用资源的起始值和终止值，name 表示资源的名称。flag 表示资源的类型，如程序清单 8-19 所示。

程序清单 8-19　资源类别

```
34  #define IORESOURCE_BITS             0x000000ff          /* Bus-specific bits */
35
36  #define IORESOURCE_TYPE_BITS        0x00001f00          /* Resource type */
37  #define IORESOURCE_IO           0x00000100          /* PCI/ISA I/O ports */
38  #define IORESOURCE_MEM              0x00000200
39  #define IORESOURCE_REG              0x00000300          /* Register offsets */
40  #define IORESOURCE_IRQ              0x00000400
41  #define IORESOURCE_DMA              0x00000800
42  #define IORESOURCE_BUS              0x00001000
43
44  #define IORESOURCE_PREFETCH         0x00002000          /* No side effects */
45  #define IORESOURCE_READONLY         0x00004000
46  #define IORESOURCE_CACHEABLE        0x00008000
47  #define IORESOURCE_RANGELENGTH      0x00010000
48  #define IORESOURCE_SHADOWABLE       0x0002000019 struct resource {
…
```

在 Linux 驱动程序开发中，平台设备作为模块，需要在 Linux 内核中注册。函数原型如表 8.11 所示。

表 8.11　platform_device_register 函数原型

类　别	描　　述	
函数	int platform_device_register(struct platform_device * pdev)	
参数	pdev	指向平台设备的指针
返回值	0	平台设备注册成功
	负数	执行失败

不再使用的平台设备，应该及时从 Linux 内核注销。函数原型如表 8.12 所示。

表 8.12　platform_device_unregister 函数原型

类　别	描　　述	
函数	void platform_device_unregister(struct platform_device * pdev)	
参数	pdev	指向平台设备的指针
返回值	无	

8.4.4　平台驱动

平台驱动作为驱动模块注册到 Linux 内核后，平台总线的 platform_match 将寻找与之匹配的平台设备。如果找到匹配的平台设备，平台驱动将调用平台驱动的 probe 函数，从

平台设备中得到硬件资源，完成驱动初始化的相关工作。平台驱动的结构体定义于文件 include/linux/platform_device.h 中，如程序清单 8-20 所示。

程序清单 8-20　资源类别

```
180  struct platform_driver {
181          int (*probe)(struct platform_device *);
182          int (*remove)(struct platform_device *);
183          void (*shutdown)(struct platform_device *);
184          int (*suspend)(struct platform_device *, pm_message_t state);
185          int (*resume)(struct platform_device *);
186          struct device_driver driver;
187          const struct platform_device_id *id_table;
188          bool prevent_deferred_probe;
189  };
```

在平台总线找到匹配的平台设备和平台驱动后，probe 函数将被 Linux 内核调用，完成传统字符设备驱动程序中模块加载的工作。remove 函数将执行字符设备注销的工作，执行与 probe 函数相反的动作。

平台驱动在使用之前，也需要注册到 Linux 内核。函数原型如表 8.13 所示。

表 8.13　platform_driver_register 函数原型

类　别	描　　述
函数	int platform_driver_register(struct platform_driver * pdriver)
参数	pdriver　　指向平台驱动的指针
返回值	0　　平台驱动注册成功 负数　　执行失败

与平台驱动注册相对应，当平台驱动不再使用时，应该及时注销。函数原型如表 8.14 所示。

表 8.14　platform_driver_unregister 函数原型

类　别	描　　述
函数	void platform_driver_unregister(struct platform_driver * pdriver)
参数	pdriver　　指向平台驱动的指针
返回值	无

8.5　Linux 设备树

虽然设备驱动模型实现驱动和设备硬件资源信息的分离，但是设备硬件信息仍然被硬编码到 Linux 内核，并作为 Linux 内核的一部分，导致 Linux 内核臃肿。如果能够像 PowerPC 架构一样，将平台硬件信息从内核中分离出来，那么 Linux 内核将更加精练。新版本的 Linux 将平台硬件信息从内核中分离出来，用专门的文件格式来描述硬件信息，该文件被称作设备树(Flattened Device Tree)。

8.5.1 设备树的语法

设备树文件语法结构不同于传统编程语言，也不同于任何脚本语言。设备树文件仅仅是普通的文本文件，具有自己独特的语法结构。

设备树主要将开发板设备信息以树形结构来表示。整个设备树从根开始，表示整个开发板。每一个硬件设备表示成一个设备节点，并且每个设备节点通过一系列的属性进行描述，属性通过键值对进行表示。

1. 设备节点

在设备树中，设备节点的命令格式如下：

```
lable:node-name@unit-address
```

node-name 表示节点名字，除根节点外，其他节点均有名字；unit-address 表示节点所表示设备占有的寄存器或内存起始地址，如果设备没有相关地址，可以为空；label 表示的标号，可以在设备树的其他位置通过标号引用该节点。

2. 设备属性

在面向对象程序设计中，通过属性对对象进行描述。在设备树，也是通过设备属性对设备节点进行描述。设备树中的属性主要包括标准属性和用户自定义属性。设备树中的主要标准属性如下：

1) compatible 属性

compatible 属性即“兼容性”属性，该属性的值为字符串列表。Linux 内核通过该属性实现设备和驱动的配对。该属性值的格式如下：

```
compatible = "manufacture, model"
```

Manufacture 表示设备生产厂商，而 model 对应驱动中的名字。compatible 属性为字符串列表，当存在多个字符串时，通过第一个字符串查找与之匹配的驱动，如果没有找到，则通过第二个字符串继续查找，以此类推。

2) model 属性

model 属性值也用字符串表示，用于指定设备模块名字信息。在作者使用的开发板 stm32mp157a-dk1 中，其 model 属性表示为 model = "STMicroelectronics STM32MP157A-DK1 Discovery Board"。

3) reg 属性

reg 属性表示该设备节点所代表设备占有的地址空间资源，属性值形式为地址和长度数对。在程序清单 8-21 中，定时器 2 的寄存器地址从 x040000000 开始，地址空间的长度为 0x400。

程序清单 8-21 设备树文件

```
…
185    timers2: timer@40000000 {
186            #address-cells = <1>;
```

```
187             #size-cells = <0>;
188             compatible = "st,stm32-timers";
189             reg = <0x40000000 0x400>;
190             clocks = <&rcc TIM2_K>;
191             clock-names = "int";
192             dmas = <&dmamux1 18 0x400 0x5>,
193                     <&dmamux1 19 0x400 0x5>,
194                     <&dmamux1 20 0x400 0x5>,
195                     <&dmamux1 21 0x400 0x5>,
196                     <&dmamux1 22 0x400 0x5>;
197         dma-names = "ch1", "ch2", "ch3", "ch4", "up";
198                     status = "disabled";
199
200                     pwm {
201                                 compatible = "st,stm32-pwm";
202                                 #pwm-cells = <3>;
203                                 status = "disabled";
204                         };
205
206                 timer@1 {
207                                 compatible = "st,stm32h7-timer-trigger";
208                                 reg = <1>;
209                                 status = "disabled";
210                             };
211         };
…
```

4) #address-cells 和#size-cells 属性

这两个属性指定该设备节点的子节点中 reg 属性的地址和长度信息所占用的字长。在程序清单 8-26 中，标号为 timer2 的设备节点的#address-cells 和#size-cells 的属性值分别为 1 和 0，表示地址的数为 32 位的整数，没有长度信息，因此其子节点 timer@1 的 reg 的属性值为<1>。

下面以设备树文件 stm32mp157a-dk1.dts 为例，学习设备树的语法，如程序清单 8-22 所示。

程序清单 8-22　设备树文件

```
9   #include "stm32mp157c.dtsi"
10  #include "stm32mp157c-m4-srm.dtsi"
11  #include "stm32mp157cac-pinctrl.dtsi"
12  #include <dt-bindings/input/input.h>
```

```
13  #include <dt-bindings/mfd/st,stpmic1.h>
14
15  / {
16          model = "STMicroelectronics STM32MP157A-DK1 Discovery Board";
17          compatible = "st,stm32mp157a-dk1", "st,stm32mp157";
18
19          aliases {
20                  ethernet0 = &ethernet0;
21                  serial0 = &uart4;
22                  serial1 = &usart3;
23                  serial2 = &uart7;
24          };
25
26          chosen {
27                  stdout-path = "serial0:115200n8";
28          };
29
30          memory@c0000000 {
31                  reg = <0xc0000000 0x20000000>;
32          };
…

94          led {
95                  compatible = "gpio-leds";
96                  blue {
97                          label = "heartbeat";
98                          gpios = <&gpiod 11 GPIO_ACTIVE_HIGH>;
99                          linux,default-trigger = "heartbeat";
100                         default-state = "off";
101                 };
102         };
…
125 };
```

代码详解	第 9～13 行	该设备树文件引用的 stm32mp157c.dtsi，该文件给出主控芯片 STM32MP1 硬件资源，如 CPU、内存、片上外设等。两个设备树文件中都有“/”节点，但在编译后生成的 .dtb 文件中两个“/”节点将合并为一个根节点。

第 16～17 行	整个开发板 stm32mp157a-dk1 设备树的根节点没有名字，根节点里面包含子节点，层层包含构成设备树。该根节点有两个属性 model 和 compatible。属性 model 给出开发板的名称，即 STMicroelectronics STM32MP157A-DK1 Discovery Board；属性 compatible，即“兼容性”属性，值的类型为字符串，通过该属性能够在 Linux 内核中搜索与之相匹配的驱动。
第 19～24 行	aliases 节点，即“别名”节点，并不表示具体的设备，仅给出设备标号的别名，如串口 4 的别名为 serial0。
第 26～28 行	chosen 节点并不代表开发板上的硬件，而是保存传递给 Linux 内核的参数，并且在系统启动的过程中，uboot 能够修改该节点，以便向 Linux 内核传递配置参数。
第 30～32 行	根据设备树节点的命令格式，在设备节点 memory@c0000000 中，节点名字为 memory，内存的首地址为 0xC0000000。
第 94～102 行	如果节点没有地址，也没有相关寄存器，可以不给出地址，而仅给出节点名称，如第 94 行的设备节点 led。

8.5.2 设备节点及操作函数

在设备树规范中，操作设备节点的 OF 函数很多，下面将主要学习在例程中使用到的操作函数，对于其他函数，读者可以参考设备树规范文件。

1. of_find_node_by_path 函数

该函数将根据用户提供的路径来查找设备节点。函数原型如表 8.15 所示。

表 8.15　of_find_node_by_path 函数原型

类　别	描　　述
函数	struct device_node * of_find_node_by_path(const char * path)
参数	path　　从根节点开始的设备节点的路径
返回值	设备节点的信息

2. of_find_property 函数

该函数用于返回设备节点指定的属性。函数原型如表 8.16 所示。

表 8.16　of_find_property 函数原型

类 别	描　　述
函数	struct property * of_find_property(const struct device_node * np, const char * name, int * lenp)
参数	np　　设备节点 name　　属性名字 lenp　　属性值的字节数
返回值	设备节点中指定的属性

3. of_property_read_string 函数

该函数用于读取属性中的字符串值。函数原型如表 8.17 所示。

表 8.17　of_property_read_string 函数原型

类　别	描　　述
函数	int　of_property_read_string(struct device_node * np, const char * propname, const char ** out_string)
参数	np　　设备节点 propname　　要读取的属性名字 outstring　　读取到的字符串值
返回值	0　　读取成功 非零值　　执行失败

4. of_property_read_u32_array 函数

该函数用于读取属性中的 u32 类型数组数据，通过该函数能够一次性读取出 reg 属性中的所有数据。函数原型如表 8.18 所示：

表 8.18　of_property_read_u32_array 函数原型

类　别	描　　述
函数	int of_property_read_u32_array(const struct device_node * np, const char *propname, u32 * out_values, size_t sz)
参数	np　　设备节点 propname　　要读取的属性名字 out_values　　读取到的数组值 sz　　要读取的数组元素数量
返回值	0　　读取成功 非零值　　执行失败

8.5.3　设备树驱动示例

1. 生成设备树

复制原设备树文件 stm32mp157a-dk1.dts，得到新的设备树文件 stm32mp157a-hyit-dk1.dts。在根节点“/”下创建一个名为 dts_platform_led 节点，如程序清单 8-23 所示。

程序清单 8-23　dts_platform_led 节点

```
1  dts_platform_led {
2              compatible = "dts_hyit_led";
3              status = "okey";
4              reg = < 0x50000A28 0x04
5                     0x50002000 0x28 >;
6  };
```

2. 编译设备树

修改完设备树，需要重新编译得到文件 stm32mp157a-hyit-dk1.dtb 文件。进入设备树所在目录，修改当前目录下的 Makefile 文件，添加 stm32mp157a-hyit-dk1.dtb，如程序清单 8-24 所示。

程序清单 8-24　dts_platform_led 节点

```
1  dtb-$(CONFIG_ARCH_STM32) += \
2          stm32f429-disco.dtb \
3          stm32f469-disco.dtb \
4          stm32f746-disco.dtb \
5          stm32f769-disco.dtb \
6          stm32429i-eval.dtb \
7          stm32746g-eval.dtb \
8          stm32h743i-eval.dtb \
9          stm32h743i-disco.dtb \
10         stm32mp157a-dk1.dtb \
11         stm32mp157a-hyit-dk1.dtb \
12         stm32mp157c-dk2.dtb \
13         stm32mp157c-dk2-a7-examples.dtb \
14         stm32mp157c-dk2-m4-examples.dtb \
15         stm32mp157c-ed1.dtb \
16         stm32mp157c-ev1.dtb \
17         stm32mp157c-ev1-a7-examples.dtb \
18         stm32mp157c-ev1-m4-examples.dtb
```

然后，进入内核源码所在目录，执行如下命令，完成设备树的编译，如图 8.12 所示。

```
book@STM32MP157: ~
File  Edit  View  Search  Terminal  Help
root@STM32MP157#pwd
/home/book/st-dk1/linux-stm32mp-4.19-r0/linux-4.19.49
root@STM32MP157#make ARCH=arm dtbs LOADADDR=0xC2000040 O="$PWD/../build"
make[1]: Entering directory '/home/book/st-dk1/linux-stm32mp-4.19-r0/build'
  Using /home/book/st-dk1/linux-stm32mp-4.19-r0/linux-4.19.49 as source for kernel
  GEN     ./Makefile
  CALL    /home/book/st-dk1/linux-stm32mp-4.19-r0/linux-4.19.49/scripts/checksyscalls.sh
  DTC     arch/arm/boot/dts/stm32mp157a-hyit-dk1.dtb
make[1]: Leaving directory '/home/book/st-dk1/linux-stm32mp-4.19-r0/build'
root@STM32MP157#
```

图 8.12　编译设备树

最后，将生成的 stm32mp157a-hyit-dk1.dtb 复制到/media/book/bootfs 中，并修改文件 ./mmc0_stm32mp157a-dk1_extlinux/extlinux.conf，如图 8.13 所示。

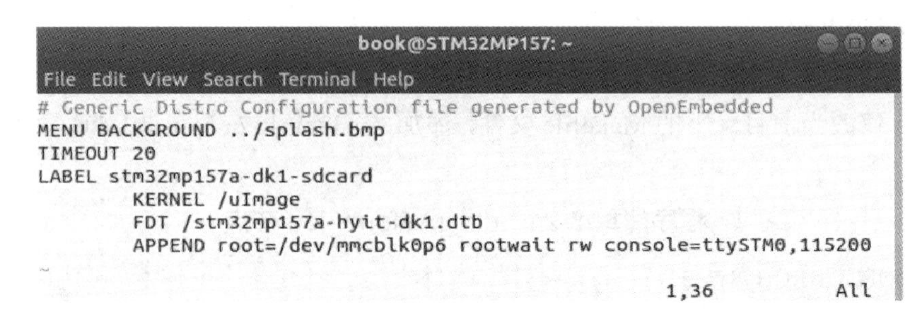

图 8.13　修改后的 extlinux.conf

使用新的设备树 stm32mp157a-hyit-dk1.dtb 启动 Linux 内核。成功引导 Linux 内核后，打开目录 /proc/device-tree/，找到 dts_platform_led，该节点就是作者添加的设备信息，如图 8.14 所示。

```
root@stm32mp-dk1#cd /proc/device-tree/
root@stm32mp-dk1#ls
#address-cells  cpus                            model            serial-number
#size-cells     dts_platform_led                name             soc
aliases         firmware                        pm_domain        sound
arm-pmu         interrupt-controller@a0021000   psci             sram@10050000
chosen          led                             reboot           thermal-zones
clocks          m4@0                            replicator       timer
compatible      memory@c0000000                 reserved-memory  usb-phy-tunin
root@stm32mp-dk1#
```

图 8.14　dts_platform_led 节点

3. 编写驱动程序

为了充分展示 Linux 内核驱动获取设备树信息的过程，下面将通过平台设备驱动模型完成设备树的驱动示例。与平台设备驱动模型的驱动例程相比，仅平台设备文件不同，其他代码完全一样。

在程序清单 8-22(platform_led_device)中，与 LED 灯相关的硬件信息全部硬编码到平台设备文件中。在设备树的驱动示例中，作者将在平台设备文件中通过设备树节点和属性操作函数获取设备硬件信息，生成硬件资源结构体。

1) 基于设备树的平台设备结构

与前述平台设备结构体相比，平台设备的名字设置为 stm32_dts_platform_led，后续将根据该字符串，寻找与之匹配的平台驱动程序。保存 LED 灯相关寄存器地址信息的数组 platform_led_resources 并没有被赋值，需要在初始化过程中，从设备树中获取相关信息进行填充。基于设备树的平台设备结构如程序清单 8-25 所示。

程序清单 8-25　dts_platform_led_device

```
48  /*
49   * 平台设备结构体
50   */
51  static struct platform_device platform_led_device = {
52          .name = "stm32_dts_platform_led",
53          .id = -1,
54          .dev = {
```

```
55                  .release = &platform_led_release,
56          },
57          .num_resources = ARRAY_SIZE(platform_led_resources),
58          .resource = platform_led_resources,
59  };
```

2) 基于设备树的平台设备初始化

本工程实例模拟 Linux 操作系统根据设备树生成平台设备的过程，如程序清单 8-26 所示。

程序清单 8-26　平台设备初始化函数

```
62  /**********************************
63  * 函数名: platform_led_init
64  * 描述:平台设备模块加载函数
65  * 参数:无
66  *
67  * 返回值: 0 成功;
68  *          1 失败
69  *
70  **********************************/
71  static int __init platform_led_init(void)
72  {
73          struct device_node *dts_dev_node;
74          struct property *dts_dev_proper;
75          u32 dts_dev_regdata[4];
76          int result = 0;
77          u32 index = 0;
78          const char *tmp_str;
79          dts_dev_node = of_find_node_by_path("/dts_platform_led");
80          if(dts_dev_node == NULL)
81          {
82                  printk("dts_hyit_led cann't be found!\r\n");
83                  return -EINVAL;
84          }
85          else
86          {
87                  printk("dts_hyit_led can be found!\r\n");
88          }
89          dts_dev_proper = of_find_property(dts_dev_node, "compatible", NULL);
90          if(dts_dev_proper == NULL)
91          {
92                  printk("Can not find compatible property!\r\n");
```

```
93          }
94          else
95          {
96                  printk("compatible = %s.\r\n", (char *)dts_dev_proper->value);
97          }
98          result = of_property_read_string(dts_dev_node, "status", &tmp_str);
99          if(result < 0)
100          {
101                  printk("Can not find status string!\r\n");
102          }
103          else
104          {
105                  printk("status = %s!\r\n",tmp_str);
106          }
107          result = of_property_read_u32_array(dts_dev_node,"reg",dts_dev_regdata, 4);
108          if(result < 0)
109          {
110                  printk("Can not find reg property!\r\\n");
111          }
112          else
113          {
114                  printk("Now the reg data are:\r\n");
115                  for(index = 0; index < 4; index++)
116                          printk("%#X ",dts_dev_regdata[index]);
117                  printk("\r\n");
118          }
119          platform_led_resources[0].start = dts_dev_regdata[0];
120          platform_led_resources[0].end = dts_dev_regdata[0] + dts_dev_regdata[1] -1;
121          platform_led_resources[0].flags = IORESOURCE_MEM;
122          platform_led_resources[1].start = dts_dev_regdata[2];
123          platform_led_resources[1].end = dts_dev_regdata[2] + dts_dev_regdata[3] -1;
124          platform_led_resources[1].flags = IORESOURCE_MEM;
125          return platform_device_register(&platform_led_device);
126  }
```

代码详解		
	第 79～118 行	通过设备树根开始的路径名"/dts_platform_led"找到设备节点。设备节点 dts_platform_led 的属性主要有三个：compatible、status 以及 reg。驱动开发人员可以选择合适的函数获取不同类型的属性值。
	第 119～124 行	主要获取与 LED 灯控制相关的寄存器地址信息，填充平台设备资源结构体 platform_led_resources。
	第 125 行	向 Linux 内核注册该平台设备。

3) 基于设备树平台设备驱动测试

在模拟设备树工作过程的工程实例中，平台设备内核模块通过设备树操作函数获取设备信息，并进行平台设备的初始化，而平台驱动内核模块并没有变化。下面将给出工程实例详细的测试过程。

(1) 平台设备驱动内核模块编译。在该驱动例程中，平台设备文件为 dts_platform_led_device.c，平台驱动文件为 dts_platform_led_driver.c。该实例工程的 Makefile 文件如程序清单 8-27 所示。

程序清单 8-27　实例工程 Makefile 文件

```
1  KERNELDIR := /home/book/st-dk1/linux-stm32mp-4.19-r0/build
2  CURRENT_PATH := $(shell pwd)
3  obj-m := dts_platform_led_device.o
4  obj-m += dts_platform_led_driver.o
5  build : kernel_modules
6  kernel_modules:
7          $(MAKE) -C $(KERNELDIR) M=$(CURRENT_PATH) modules
8  clean:
9          $(MAKE) -C $(KERNELDIR) M=$(CURRENT_PATH) clean
10
```

完成项目的 Makefile 文件，配置好交叉编译工程，输入命令 make 进行驱动程序的编译，最终生成平台设备内核模块 dts_platform_led_device.ko 和平台驱动内核模块 dts_platform_led_driver.ko，如图 8.15 所示。

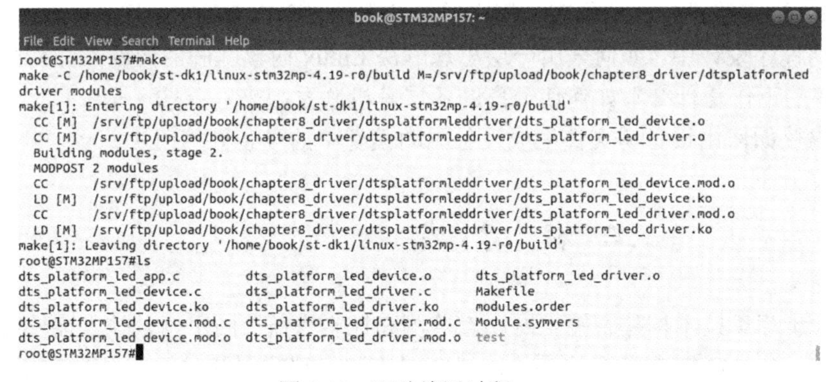

图 8.15　驱动编译过程

基于设备树的平台设备驱动编程

(2) 安装平台设备和驱动内核模块。准备好开发板，并将模块文件下载到开发板，分别执行命令 insmod dts_platform_led_device.ko 和 insmod dts_platform_led_driver.ko 加载平台设备和平台驱动模块，自动创建设备文件/dev/stm32_dts_platform_led，如图 8.16 所示。

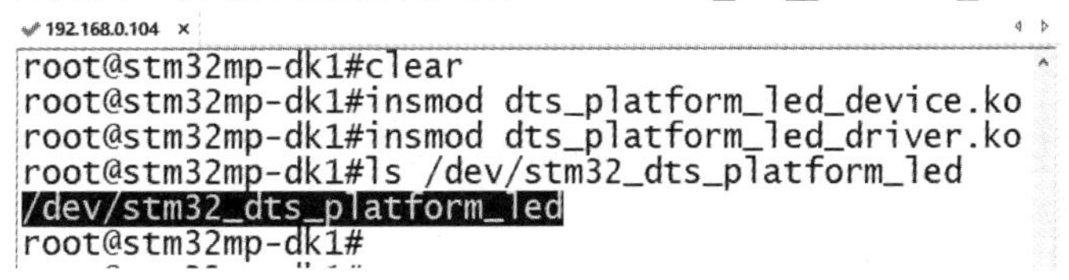

图 8.16　平台设备驱动加载过程

(3) 实验结果。在测试应用程序中，设置 open 函数打开的设备文件为/dev/stm32_dts_platform_paled，以便与驱动程序中的设备文件名保持一致，执行如下命令生成可执行程序 stm32_platform_paled_test。

```
root@STM32MP157#$CC dts_platform_led_app.c -o stm32_dts_platform_led_test
```

在开发板中，执行可执行程序 stm32_dts_platform_led_test，即可得到与传统字符设备驱动程序相同的测试结果。

本章小结

在操作系统中，设备驱动程序是操作系统内核和硬件设备联系的桥梁，为上层应用程序屏蔽了硬件控制的细节，使得应用程序可以像普通文件一样对硬件设备进行读/写，实现硬件设备的控制。

本章以 stm32mp157a-dk1 开发板为实验板，先后讲述了简单的内核模块、传统的字符设备驱动、基于 cdev 的字符设备驱动、平台设备驱动、设备树驱动等工程案例，读者通过学习可掌握嵌入式 Linux 驱动程序开发技术。

复习思考题

1. Linux 内核模块入口函数前的修饰符__init 的作用是什么？

2. Linux 操作系统中设备驱动程序主要有哪些类型？工作方式有哪些不同？

3. 基于 cdev 的新型字符设备驱动程序如何实现设备文件自动创建？

4. 在 Linux 驱动程序设计中，如何采用分层思想解决 Linux 内核臃肿的问题？如何分层，每一层主要完成的工作是什么？如何使分离的各层有机联系起来？

5. 详述 Linux 内核如何由设备树文件生成设备驱动模型中的设备内核模块。

工程实战

国网公司基于同步相量技术构建智能电网动态监测和控制系统。同步相量技术需要高精度的同步项目测量。通过 GPS/北斗模块不仅能够获得监测终端位置和时间信息，还能够得到秒脉冲信号(Pulse Per Second, PPS)，用于同步电网信号的测量。试基于设备树驱动开发技术实时获取秒脉冲信号。

第 9 章

嵌入式 Linux 物联网网关

本章学习目标

知识目标

了解物联网网关的作用及其重要性；熟悉 ZigBee 和 MQTT 协议及实现。

能力目标

掌握 Linux 系统下协议网关设计方法；掌握 JSON 的数据封装和解析技术；进一步掌握 Linux 内核配置和裁剪方法；掌握异步模式 MQTT 协议实现方法；掌握 cJSON 和 MQTT 静态库制作。针对具体需求，独立设计嵌入式网关硬件和软件系统。

素质目标

通过对本章的学习，培养学生工程实践意识，能够综合应用已学知识解决实际工程难题。

课程思政目标

引导学生灵活运用协议转换思想解决数据高效传输问题。

微电子技术的飞速发展，使得芯片性价比不断得到提升，也促进了物联网的发展。物联网通过各种传感器感知周围环境，并通过通信技术实现万物互联。连接感知网络和传统通信网络的物联网网关能够实现感知网络与传统互联网的无缝对接。用户可以随时掌握环境情况，并通过控制网关来进行高效率工作。

目前，开发人员大都是针对具体应用场景进行物联网网关的设计和开发的，因此物联网网关设备千差万别。通常物联网网关主要功能包括：感知层数据收发、数据解析封装和网络层数据传输。

9.1　嵌入式 Linux 网关项目背景介绍

本项目采用意法半导体公司最新微处理器 STM32MP157A，设计 ZigBee 和 MQTT 协议转换网关，如图 9.1 所示。在该网关中，协调器通过 ZigBee 协议实时收集各传感器节点采集的数据，并通过串口将数据提交给网关。嵌入式 Linux 网关对数据进行解析，并按照 MQTT 协议要求对数据进行重新封装，然后通过传统互联网将数据上传至云服务器。

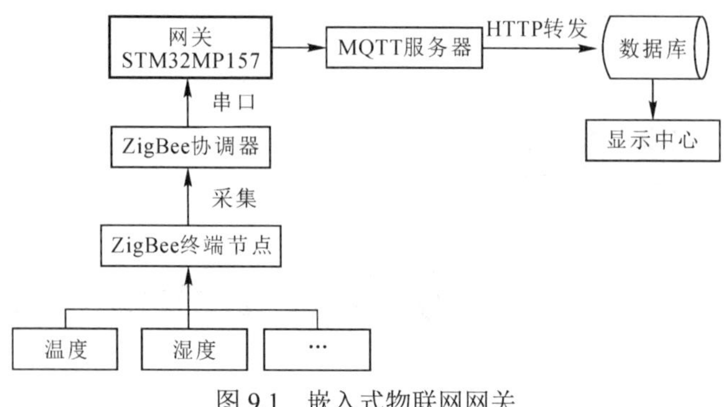

图 9.1　嵌入式物联网网关

9.2　网关硬件系统设计

嵌入式 Linux 协议网关硬件系统除最小嵌入式系统所必须具有的处理器、存储设备(内存/外存)、电源电路以及时钟电路外，还要包括运行 ZigBee 协议的 CC2530、USB 转串口电路以及网络通信模块。

9.2.1　CC2530 协调器硬件电路设计

TI 公司的 CC2530 是增强型 8051 单片机内核，拥有 256 KB Flash ROM 和 8 KB RAM，集成了高性能射频收发器，并实现了 IEEE802.15.4(ZigBee)无线传感器网络协议。图 9.2 给出了 CC2530 单片机的最小系统。外部电源 VCC 通过电感 L1 后，向最小系统提供稳定的 3.3V 电源。晶振 Y1 为最小系统提供时钟，系统在统一的时钟节拍下有序地工作。射频收发器通过 SMA 外接天线，接收来自无线传感网络的数据，也能够通过天线将数据发送到无线传感器网络。

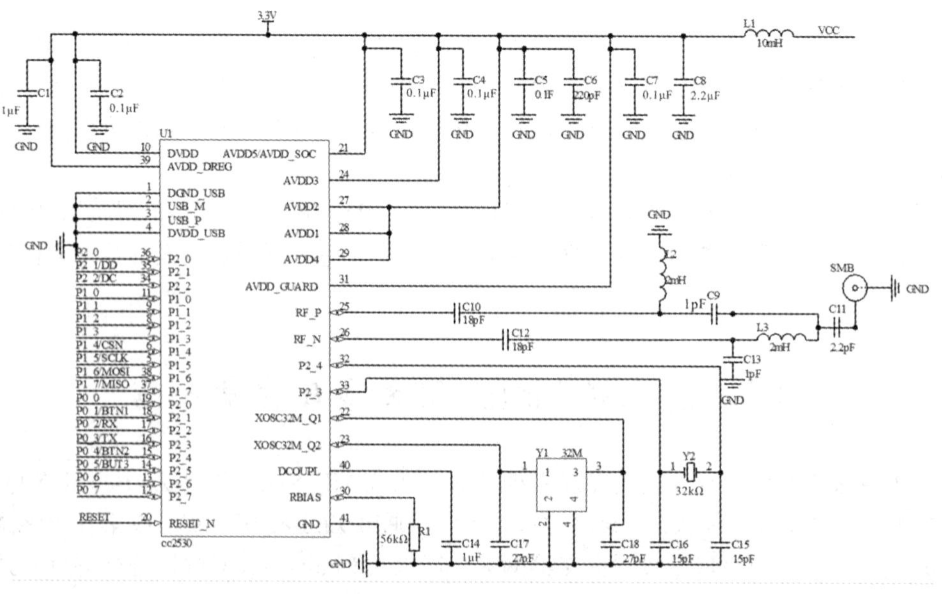

图 9.2　CC2530 最小系统

9.2.2 USB 转串口电路设计

无线传感器网络中的协调器通过 USB 转串口与 STM32MP157A 处理器进行数据发送和接收。该数据传输模块采用了 USB 转串口芯片 CH340，其具体电路图如图 9.3 所示。在 CH340 芯片中，管脚 2 和管脚 3 分别连接 CC2530 的串口接收和发送端口，实现数据的高效传输；而管脚 5 和管脚 6 分别连接 USB 接口的差分信号线。

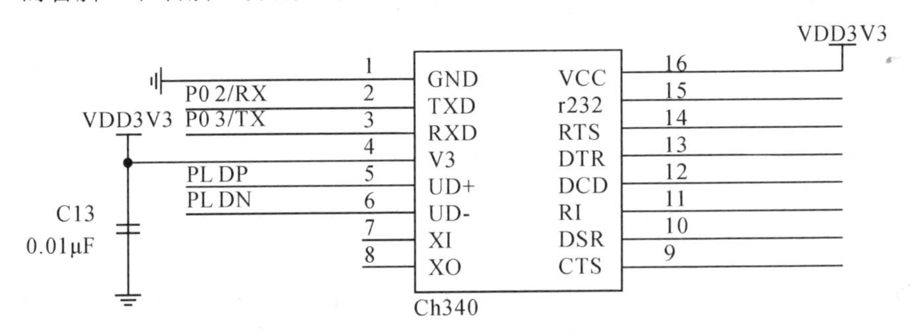

图 9.3　基于 CH340 数据传输模块

9.2.3 网络通信电路设计

STM32MP157A 处理器集成了千兆以太网控制器，其支持 RMII(Reduced Medis Independent) 和 MII(Media Independent Interface) 两种标准的 PHY(Physical Layer)，stm32mp157a-dk1 开发板外接千兆以太网 PHY 芯片 RTL8211F，其原理图如图 9.4 所示。

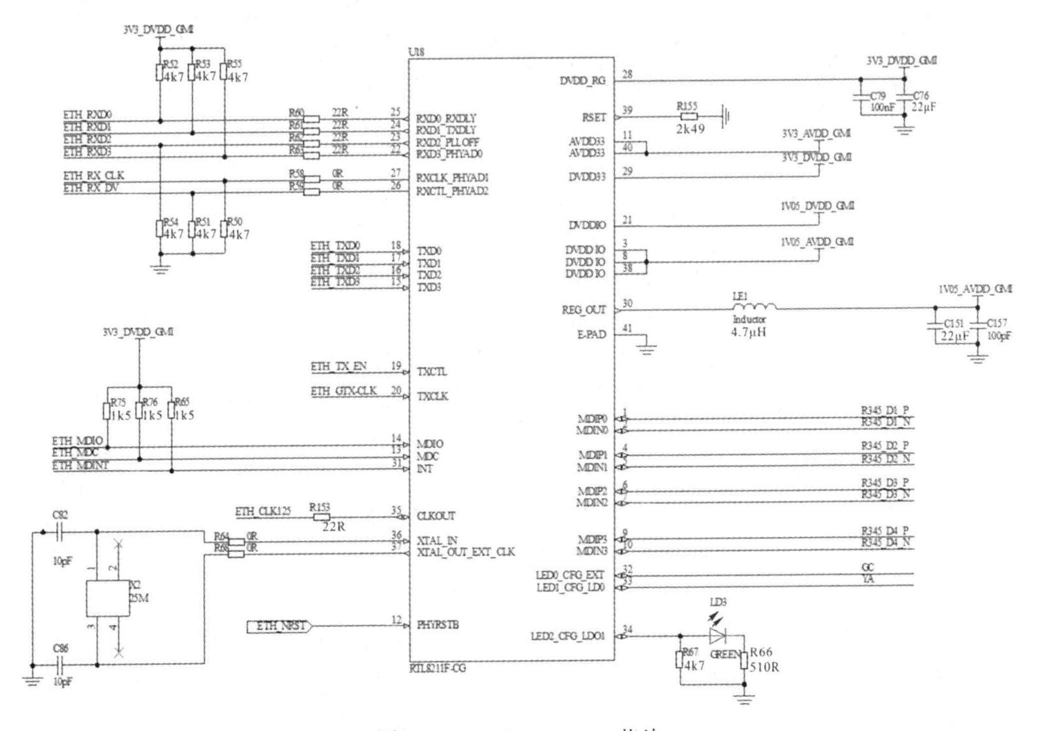

图 9.4　RTL8211F PHY 芯片

9.3　嵌入式 Linux 系统移植

系统移植将为应用程序提供运行环境。嵌入式 Linux 系统移植主要包括：引导程序移植、Linux 内核移植以及根文件系统移植。下面将结合嵌入式网关硬件电路进行嵌入式 Linux 系统移植。

网关系统移植

9.3.1　Linux 内核移植

在项目开发过程中，开发人员根据实际需要对 Linux 内核进行配置和裁剪，以得到精简的内核。下面将结合嵌入式物联网网关实现的功能对 Linux 内核进行裁剪和移植。

1) USB 转串口芯片驱动移植

本项目中无线传感器网络协调器通过 USB 转串口芯片 CH340 与 ARM 处理器 STM32MP157A 进行数据交换，因此需要对 Linux 内核进行配置，以增加芯片 CH340 的驱动程序，具体过程如下：

```
root@stm32mp-dk1#make ARCH=arm CROSS_COMPILE=arm-none-linux-gnueabihf- menuconfig
```

在 Linux 内核目录下，执行命令 make menuconfig，打开内核配置界面，找到 Device Drivers→USB support→USB Serial Converter support，并选中 USB Winchiphead CH341 Single Port Serial Driver，如图 9.5 所示。

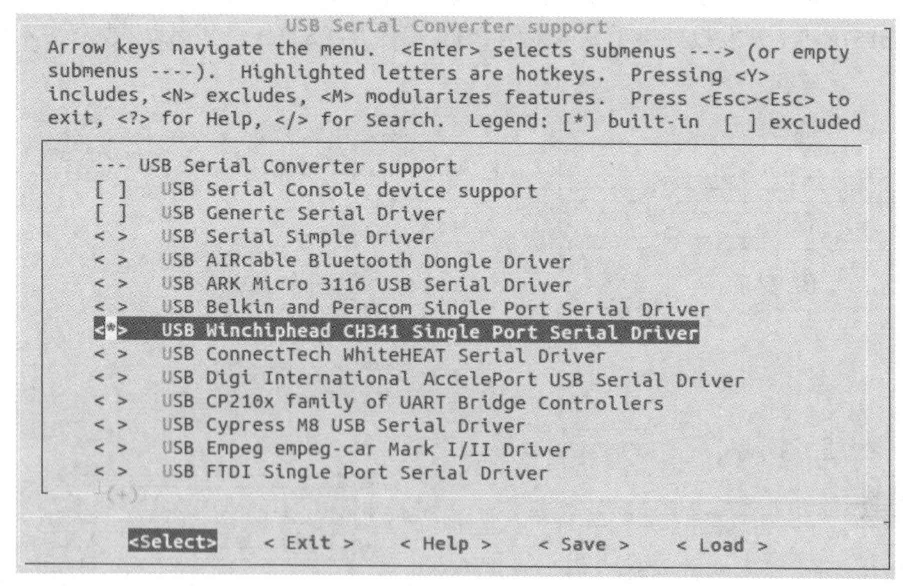

图 9.5　Linux 配置 CH340 驱动

2) 网络文件系统功能设置

在嵌入式 Linux 系统开发过程中，通过网络文件系统(NFS)能够将上位机交叉编译生成的可执行应用程序直接复制到开发板，并进行测试。为实现该功能，需要对 Linux 内核进行配置，使其具有网络文件系统客户端的功能。具体配置如下：

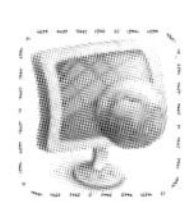

在 File Systems→Network File Systems 中，选中相关选项，使能其网络文件系统客户端的功能，如图 9.6 所示。

```
                    Network File Systems
 Arrow keys navigate the menu.  <Enter> selects submenus ---> (or empty
 submenus ----).  Highlighted letters are hotkeys.  Pressing <Y>
 includes, <N> excludes, <M> modularizes features.  Press <Esc><Esc> to
 exit, <?> for Help, </> for Search.  Legend: [*] built-in  [ ] excluded

      --- Network File Systems
      <*>   NFS client support
      <*>     NFS client support for NFS version 2
      <*>     NFS client support for NFS version 3
      [*]       NFS client support for the NFSv3 ACL protocol extension
      <*>     NFS client support for NFS version 4
      [ ]     Provide swap over NFS support
      [ ]   NFS client support for NFSv4.1
      [*]   Root file system on NFS
      [ ]   Use the legacy NFS DNS resolver
      <*>   NFS server support
      -*-     NFS server support for NFS version 3
      [*]       NFS server support for the NFSv3 ACL protocol extension
      [*]     NFS server support for NFS version 4
      ↓(+)

        <Select>    < Exit >    < Help >    < Save >    < Load >
```

图 9.6　使能 NFS 客户端功能

9.3.2　Ubuntu 根文件系统的移植

为了便于开发板 stm32mp157a-dk1 用于 ZigBee 和 MQTT 协议网关，并方便开发人员使用，将对 ubuntu 根文件系统进行移植，具体过程如下。

1) 源码获取和安装准备

登录 ubuntu 官网，下载基于 32 位 ARM 处理器的 ubuntu 根文件系统 ubuntu-base-16.04.6-base-armhf.tar(http://cdimage.ubuntu.com/ubuntu-base/releases/16.04.6/release/)。

创建 ubuntu 根文件系统的目录(/home/book/st-dk1/ubuntu-base-16)，并对下载的源码进行解压，为 ubuntu 根文件系统制作做好准备工作。

在根文件系统制作的过程中，需要在计算机上对 ARMv7 架构的开发板进行模拟，需要下载并安装 qemu-user-static 软件包。通过如下命令将 qemu-arm-static 复制到 ubuntu 根文件系统的/usr/bin/目录，以实现对开发板的模拟。

```
root@stm32mp-dk1#cp /usr/bin/qemu-arm-static ./usr/bin/
```

2) 配置网络和更新软件包源

采用 QEMU 软件模拟 ARMv7 的嵌入式开发板后，模拟系统需要单独联网，因此需要将本地网络配置信息复制到 ubuntu 根文件系统目录中，命令如下：

```
root@stm32mp-dk1#cp /etc/resolv.conf ./etc/resolv.conf
```

模拟系统联网后，需要对系统进行更新。为了加快更新的速度，一般选择 ubuntu 国内的 ARM 软件源，如清华、阿里、中科大等。通过修改软件更新的配置文件 etc/apt/sources.list 来实现，如程序清单 9-1 所示。

程序清单 9-1　中科大软件源

```
1  deb http://mirrors.ustc.edu.cn/ubuntu-ports/ xenial main multiverse restricted universe
2  deb http://mirrors.ustc.edu.cn/ubuntu-ports/ xenial-backports main multiverse restricted universe
3  deb http://mirrors.ustc.edu.cn/ubuntu-ports/ xenial-proposed main multiverse restricted universe
4  deb http://mirrors.ustc.edu.cn/ubuntu-ports/ xenial-security main multiverse restricted universe
5  deb http://mirrors.ustc.edu.cn/ubuntu-ports/ xenial-updates main multiverse restricted universe
6  deb-src http://mirrors.ustc.edu.cn/ubuntu-ports/ xenial main multiverse restricted universe
7  deb-src http://mirrors.ustc.edu.cn/ubuntu-ports/ xenial-backports main multiverse restricted universe
8  deb-src http://mirrors.ustc.edu.cn/ubuntu-ports/ xenial-proposed main multiverse restricted universe
9  deb-src http://mirrors.ustc.edu.cn/ubuntu-ports/ xenial-security main multiverse restricted universe
10 deb-src http://mirrors.ustc.edu.cn/ubuntu-ports/ xenial-updates main multiverse restricted universe
```

3) 模拟系统挂载 ubuntu 根文件系统

模拟系统独立运行，需要根文件系统的支持，因此可通过如下脚本将根文件系统的 /dev、/dev/pts、/proc、/sys 挂载到对应目录上。同时，需要将当前目录设置为模拟系统的根目录。执行该脚本前，需要将交叉编译环境配置好。执行如程序清单 9-2 所示的脚本，完成根文件系统的挂载，并设置模拟系统的根目录为当前目录。

程序清单 9-2　根文件系统挂载的脚本(ubuntu_mount.sh)

```
1  #!/bin/bash
2  echo "Mounting ubuntu root file system"
3  sudo mount -t proc   /proc        ./proc
4  sudo mount -t sysfs  /sys         ./sys
5  sudo mount -o bind   /dev/        ./dev
6  sudo mount -o bind   /dev/pts     ./dev/pts
7  sudo chroot .
```

4) 更新 ubuntu 文件系统

官网下载的 ubuntu base 是最小的根文件系统，需要安装基本的应用软件，以方便使用。在 QEMU(Quick EMVlator)模拟的系统中，通过 apt install 的方法，安装常用的命令和软件，主要有 vim、net-tools、ethtool、ifupdown、iputils-ping、ssh 以及 sudo。用户也可以将文件系统烧写到开发板，然后进行文件系统的更新。

5) 根文件系统配置

首先，需要配置 root 用户的密码，以便能够登录到系统中。与计算机中的操作一样，可以通过命令 passwd root 实现。然后，配置主机名称和本机 IP 地址，具体操作如程序清单 9-3 所示。

程序清单 9-3　主机名称及 IP 配置

```
1  echo "stm32mp157a-dk1"            > /etc/hostname
2  echo "127.0.0.1 localhost"        >> /etc/hosts
3  echo "127.0.0.1 stm32mp157a-dk1"  >> /etc/hosts
```

由于根据文件系统启动的过程中，用户主要通过串口连接开发板，并通过超级终端等串口调试工具，与开发板进行交互，因此需要对文件系统中的终端服务进行设置，如程序清单 9-4 所示。由于开发板为 stm32mp157 系列，因此创建链接时使用 ttySTM0。

程序清单 9-4　终端服务配置

```
1  ln -s /lib/system/system/getty@.service\
   /etc/system/system/getty.target.wants/getty@ttySTM0.service
```

为了加快根文件系统启动的速度，可以配置 DHCP(Dynamic Host Configuration Protocol)，实现自动获取 IP 地址，如程序清单 9-5 所示。

程序清单 9-5　DHCP 配置

```
1  echo auto eth0 > /etc/network/interfaces.d/eth0
2  echo iface eth0 inet dhcp >> /etc/network/interfaces.d/eth0
```

在 stm32mp157a-dk1 开发板启动的过程中，默认打开了看门狗，因此在 ubuntu 根文件系统加载和运行过程中，需要定时“喂狗”，否则就会使系统重新启动。需要修改的文件是/etc/systemd/system.conf，如程序清单 9-6 所示。

程序清单 9-6 看门狗配置

```
26  RuntimeWatchdogSec=30
27  ShutdownWatchdogSec=10min
```

6) 退出 chroot 并执行卸载脚本

完成根文件系统的更新和配置，通过命令 exit 退出 chroot 模式。执行如程序清单 9-7 所示的卸载脚本，完成 ubuntu 根文件系统的制作。

程序清单 9-7　根文件系统卸载的脚本(ubuntu_umount.sh)

```
1  #!/bin/bash
2  echo "Umounting the ubuntu root file system"
3  sudo umount    ./proc
4  sudo umount    ./sys
5  sudo umount    ./dev/
6  sudo umount    ./dev/pts
```

9.3.3　应用程序运行环境配置

为避免重复擦写开发板固定存储设备，本项目实战将按照第五章内容制作启动 SD 卡，并将上述制作的 ubuntu 16.04 根文件系统复制到 SD 卡的 rootfs 目录下。下面将对制作的嵌入式 Linux 网关进行配置，使其工作于 SSH(Secure Shell)服务器模式，便于后续项目开发。

1) 更新根文件系统软件源并升级

将根文件系统复制到 SD 卡，并设置开发板从 SD 卡启动，依次执行系统引导程序 uboot、 Linux 内核和 ubuntu 根文件系统，执行情况如图 9.7 所示。

```
COM4 - PuTTY

Ubuntu 16.04.7 LTS stm32mp-dk1 ttySTM0

stm32mp-dk1 login: root (automatic login)

Welcome to Ubuntu 16.04.7 LTS (GNU/Linux 5.4.31 armv7l)

 * Documentation:  https://help.ubuntu.com
 * Management:     https://landscape.canonical.com
 * Support:        https://ubuntu.com/advantage
root@stm32mp-dk1:~#
```

图 9.7　ubuntu 根文件系统执行

为便于系统更新，在该 ubuntu 根文件系统中将软件源设置为国内的中科大源。为保证根文件系统中的软件处于最新状态，执行如下命令进行软件源更新和软件升级。

```
root@stm32mp-dk1#apt update
root@stm32mp-dk1#apt upgrade
```

2) 安装 NFS 文件系统客户端软件

在交叉编译开发过程中，通过网络文件系统能够非常方便地将文件在虚拟机和开发板之间进行互传。执行如下命令在 ubuntu 根文件系统中安装网络文件系统的客户端，以便将本地目录映射到虚拟机中。

```
root@stm32mp-dk1#apt-get install nfs-common
```

3) 安装 SSH 服务器软件

嵌入式网关在运行的过程中，不通过界面与用户进行交互，因此没有显示屏。为实现对嵌入式网关的远程控制，可以在嵌入式网关中安装 SSH 服务器软件，实现远程控制嵌入式网关，安装 SSH 服务器，查看其工作状态，并设置登录用户 root 的密码信息，根据提示将密码设置为 123456。执行情况如图 9.8 所示。

```
root@stm32mp-dk1#apt-get install openssh-server
root@stm32mp-dk1#service ssh status
root@stm32mp-dk1#passwd root
```

```
COM4 - PuTTY
root@stm32mp-dk1:~# service ssh status
* ssh.service - OpenBSD Secure Shell server
   Loaded: loaded (/lib/systemd/system/ssh.service; enabled; vendor p
reset: enab
led)
   Active: active (running) since Fri 2022-07-15 03:54:19 UTC; 10min
ago
 Main PID: 3578 (sshd)
   CGroup: /system.slice/ssh.service
           `-3578 /usr/sbin/sshd -D

Jul 15 03:54:18 stm32mp-dk1 systemd[1]: Starting OpenBSD Secure Shell
 server...
Jul 15 03:54:19 stm32mp-dk1 sshd[3578]: Server listening on 0.0.0.0 p
ort 22.
Jul 15 03:54:19 stm32mp-dk1 systemd[1]: Started OpenBSD Secure Shell
server.
root@stm32mp-dk1:~#
```

图 9.8　SSH 服务器工作状态

思考：如何以 root 用户身份登录？

4) 配置静态 IP 地址

远程登录嵌入式网关，需要提前知道其 IP 地址，因此在调试阶段，可以设置静态 IP 地址，以方便嵌入式网关调试。修改文件/etc/network/interfaces.d/eth0，具体内容如程序清单 9-8 所示。

程序清单 9-8　配置静态 IP 地址

```
1 auto eth0
2 iface eth0 inet static
3 address 192.168.1.88
4 netmask 255.255.255.0
5 gateway 192.168.1.1
6 dns-nameservers 8.8.8.8
```

除配置嵌入式网关的静态 IP 地址外，为保证能够让嵌入式网关顺利上网，还需要配置 DNS(Domain Name System)信息，即修改文件/etc/resolv.conf，如程序清单 9-9 所示。

程序清单 9-9　配置网关 DNS 信息

```
1 nameserver 192.168.1.1
2 nameserver 8.8.8.8
```

9.4　网关软件系统设计与实现

嵌入式网关通过串口读取无线传感器网络协调节点收集的数据，并将数据进行分割从而可以封装成 JSON 格式的数据，然后通过 MQTT(Message Queuing Telemetry Transport)协议将其上传至服务器或云平台。本节主要讲解嵌入式 Linux 网关软件系统的设计。

9.4.1　数据分割与封装

无线传感器协调节点收集的环境数据主要格式是逗号分隔的十进制数据串。数据分割模块的主要作用就是将字符串中的十进制数据读取出来，数据分割过程如图 9.9 所示。

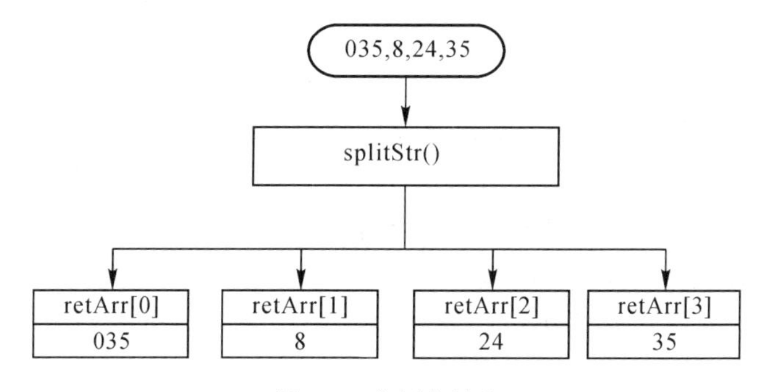

图 9.9　分割字符串

首先，遍历待分析的字符串，确定逗号分隔的子字符串的数目及最长子字符串的长度；然后，依据上述信息分配二维数组保存分离出来的子字符串；最后，再次遍历字符串，将逗号分隔的数据保存到二维数组中，交由数据封装模块以 JSON 格式保存。

在 MQTT 协议中，一个数据包的消息体(Payload)主要用于保存协议传输的数据，对数据格式没有限制使用开源的 cJSON 库封装传感器采集的数据。

9.4.2 基于异步 MQTT 协议的数据传输

MQTT 是基于客户端-服务器的消息发布/订阅传输协议，具有轻量化、简单、开放以及易于实现的特点。该协议作为低开销、低带宽占用的即时通信协议，在资源受限的物联网、嵌入式终端以及移动应用等场景中广泛应用。

MQTT 的控制报文主要由三部分组成，分别为固定报头、可变报头以及信息体。固定报文头最少有两个字节，第一字节包含消息类型和 QoS(Quality of Serrice，服务质量)级别等标志位，第二字节开始是当前报文剩余部分的长度；可变报头包含了协议名称、版本号、连接标志、用户授权、心跳时间等内容；信息体指的是报文传输的应用消息。

关于 MQTT 协议的报文格式，在这里不做深入讲解，感兴趣的读者可以使用网络封包分析工具进行抓包对数据包进行简单分析。

MQTT 协议有多种类型，如连接、发布、订阅、心跳等。在本次项目实战中主要使用到的类型包括连接(CONNECT)和发布(PUBLISH)。连接报文包含的信息有客户端 ID、心跳时间间隔、清除会话、用户名(可选)、密码(可选)、遗嘱主题(可选)等。其中，客户端 ID 是 MQTT 客户端的名字，MQTT 服务器可通过客户端 ID 进行识别；心跳时间间隔用于检查客户端和服务器是否保持着连接状态；清除会话(Cleansession)用于控制客户端与服务器在连接和断开连接时的行为，比如通过设置可以收到离线消息。

当客户端与服务器端连接之后，可以向服务器端发布或者订阅消息。在本次项目实战中发布报文包含的信息有报文标识符、主题名字、有效载荷、服务质量等级、保留标志、重发标志等。其中报文标识符用于 MQTT 设备识别不同的报文；主题名字是发布消息时所对应的主题的名字；有效载荷是 MQTT 设备所发送的实际内容，格式可以是文本和图像等；服务质量等级包括三个，分别为最多发一次、最少发一次和保证收一次，这也标志着通信保障；保留标志决定有关服务器端是否保存报文；重发标志指示该信息是否重复。

由于 MQTT 通信的基本原理，在 MQTT 通信中，服务端和多个不同客户端之间围绕“主题”进行了通信，如果客户端发送的报文中主题的形式有错误或者客户端订阅时主题不一致都会造成信息传送失败。这在实际操作中需要注意。

在实际情况中，如果在同一个线程中实现 MQTT 协议的数据接收和发送，即同步模式的 MQTT，则容易发生连接断开的问题。而异步模式的 MQTT 协议以非阻塞的方式运行。在该模式中，首先设置相关结构体及其回调函数，当某一线程执行操作时某些动作会调用结构体中对应的回调函数调用子线程。与同步模式相比，异步模式实现稍微复杂一些，但执行效率更高。本工程实战以异步模式执行 MQTT 协议，如程序清单 9-10 所示。

网关软件系统代码介绍

程序清单 9-10 异步 MQTT 机制

```
1  int main(int argc, char* argv[])
```

```
2  {
3      int   res_code;
4      int   res;
5      int   uart_fd = 0;
6      char buf[256];
7      char buffer[100];
8      MQTTAsync asyn_client;
9      MQTTAsync_connectOptions asyn_conn_opts = MQTTAsync_connectOptions_initializer;
10     MQTTAsync_message asyn_pubmsg = MQTTAsync_message_initializer;
11     MQTTAsync_responseOptions asyn_pub_opts = MQTTAsync_responseOptions_initializer;
12     uart_fd = zigbee_uart_configure();
13     if ((res_code= MQTTAsync_create(&asyn_client, ADDRESS, CLIENTID, MQTTCLIENT_PERSISTENCE_
       NONE, NULL)) != MQTTASYNC_SUCCESS)
14     {
15         printf("创建异步客户端失败,错误码: %d\n", res_code);
16         exit(EXIT_FAILURE);
17     }
18     if ((res_code = MQTTAsync_setCallbacks(asyn_client, NULL, async_connlost, async_messageArrived,
       NULL)) != MQTTASYNC_SUCCESS)
19         {
20                 printf("设置回调函数失败,错误码: %d\n", res_code);
21                 exit(EXIT_FAILURE);
22         }
23         asyn_conn_opts.keepAliveInterval = 20;
24         asyn_conn_opts.cleansession = 1;
25         asyn_conn_opts.onSuccess = onConnect;
26         asyn_conn_opts.onFailure = onConnectFailure;
27         asyn_conn_opts.context = asyn_client;
28         if ((res_code = MQTTAsync_connect(asyn_client, &asyn_conn_opts)) != MQTTASYNC_
           SUCCESS)
29         {
30                 printf("连接服务器失败,错误码: %d\n", res_code);
31                 exit(EXIT_FAILURE);
32         }
33         while (!connected) {
34                 usleep(100000L);
35         }
36         while (!finished) {
37                 int64_t t = getTime();
```

```
38                  tcflush(uart_fd, TCIFLUSH);
39                  printf("\r\n 接收主机发送的字符串: ");
40                  memset(buffer, 0 , BUFFER_SIZES);
41                  res = read(uart_fd, buffer, BUFFER_SIZES);
42                  if(res > 0)
43                  {
44                          printf("\r\n 收到的字符串: %s\n",buffer);
45                  }
46                  if(0 == strncmp(buffer, "exit", 4))
47                  {
48                          printf("\r\n 完成数据发送,将退出!!!\r\n");
49                          break;
50                  }
51                  int arrlen;
52                  char ** splitted_str = splitStr(buffer, ',', &arrlen);
53                  int index = 0;
54                  for(index = 0; index < arrlen; index++)
55                  {
56                          printf("\r\n 第%d 个字符串: %s,代表的数据为: %d\r\n", index, splitted_
                        str[index], atoi(splitted_str[index]));
57                  }
58                  //将数据封装成 JSON 格式
59                  cJSON *usr = cJSON_CreateObject();
60                  cJSON_AddNumberToObject(usr,"temperature",atoi(splitted_str[0]));
61                  cJSON_AddNumberToObject(usr,"humidity",atoi(splitted_str[1]));
62                  cJSON_AddNumberToObject(usr,"volume",44.5);
63                  cJSON_AddNumberToObject(usr,"PM10",23);
64                  cJSON_AddNumberToObject(usr,"PM25",61);
65                  cJSON_AddNumberToObject(usr,"SO2",14);
66                  cJSON_AddNumberToObject(usr,"NO2",4);
67                  cJSON_AddNumberToObject(usr,"CO",5);
68                  cJSON_AddStringToObject(usr,"id","10-c6-1f-1a-1f-47");
69                  cJSON_AddNumberToObject(usr,"ts",t);
70                  char *pstr;
71                  pstr = cJSON_Print(usr);
72                  printf("json is :\r\n %s \r\n",pstr);
73                  for(index = 0; index < arrlen; index++)
74                  {
75                          free(splitted_str[index]);
```

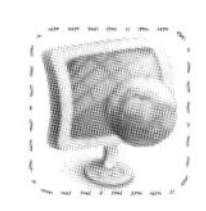

```
76                  }
77                  free(splitted_str);
78                  asyn_pub_opts.onSuccess = onSend;
79                  asyn_pub_opts.onFailure = onSendFailure;
80                  asyn_pub_opts.context = asyn_client;
81                  asyn_pubmsg.payload = pstr;
82                  asyn_pubmsg.payloadlen = (int)strlen(pstr);
83                  asyn_pubmsg.qos = QOS;
84                  asyn_pubmsg.retained = 0;
85                  if ((res_code = MQTTAsync_sendMessage(asyn_client, TOPIC, &asy n_pubmsg, &asyn_
                    pub_opts)) != MQTTASYNC_SUCCESS)
86                  {
87                      printf("发送消息失败,错误码: %d\n", res_code);
88                      exit(EXIT_FAILURE);
89                  }
90                  cJSON_Delete(usr);
91                  free(pstr);
92                  usleep(SAMPLE_PERIOD * 1000);
93          }
94          MQTTAsync_destroy(&asyn_client);
95          return res_code;
96 }
```

代码详解

第 8～11 行	创建 MQTT 客户对象 async_client、异步连接选项变量 asyn_conn_opts、用于消息的负载和属性的变量 asyn_pubmsg、用于表示操作响应配置的变量 asyn_pub_opts。
第 13～17 行	调用函数 MQTTAsync_create 将用户给定 MQTT 服务器地址、客户端 ID 号等参数保存到 async_client 变量中。这里服务器地址和客户端 ID 号都是全局变量。
第 18～23 行	调用函数 MQTTAsync_setCallbacks 为程序设置回调函数，可设置多个回调函数，包括断开连接时的回调函数 connlost 和接收消息的回调函数 messageArrived。需要注意的是，必须在连接服务器之前完成调用函数 MQTTAsync_setCallbacks 的设置。
第 23～32 行	设置异步连接选项变量 asyn_conn_opts 的相关属性，包括客户端 keepAlive 间隔时间、cleansession 标志以及连接成功和失败时调用的回调函数等。随后调用 MQTTAsync_connect 建立连接。
第 36～77 行	连接成功后，将通过串口实时读取无线传感器网络协调节点收集的传感器数据，并采用 JSON 格式对数据进行封装。最后，封装后的数据随异步消息发布到 MQTT 服务器。

代码详解		
	第 78～80 行	设置 asyn_pub_opts 的相关属性，包括信息发送成功或失败的回调函数等。
	第 81～84 行	配置用于消息的负载和属性的变量 asyn_pubmsg 的相关属性，包括需要有效载荷 pstr、有效载荷的长度以及 QoS。保留消息设置为 0，这意味着服务器端不保留客户端发布的数据消息，当新客户端进行订阅时，接收不到订阅之前的消息，直到发布客户端再次发送信息。
	第 85～89 行	调用函数 MQTTAsync_sendMessag 指定客户端向服务器端的指定主题发送数据 pubmsg。

9.5 系统编译和测试

在项目研发的过程中，合理利用开源代码能够提高项目开发的进度。嵌入式 Linux 网关项目主要使用两个开源的代码：数据封装的 cJSON 和 MQTT 源码 paho.mqtt.c。下面介绍系统编译和测试过程。

9.5.1 cJSON 静态库制作

网关系统编译和测试

虽然 cJSON 开源库中源代码文件较多，但是在数据封装过程中仅需要源代码 cJSON.c 和 cJSON.h 文件。通过交叉编译工具制作静态库 libcjson.a，以便于重复使用。编译的 Makefile 文件如程序清单 9-11 所示。

程序清单 9-11　cJSON 静态库制作

```
1 CC=arm-none-linux-gnueabihf-gcc
2 AR=arm-none-linux-gnueabihf-ar
3 libcJSON.a:cJSON.o
4           $(AR) rcsv $@ $^
5 cJSON.O:cJSON.c
6           $(CC) $< -c $@
```

输入 make 执行编译脚本 Makefile，生成 cJSON 静态库文件 libcJSON.a，如图 9.10 所示。

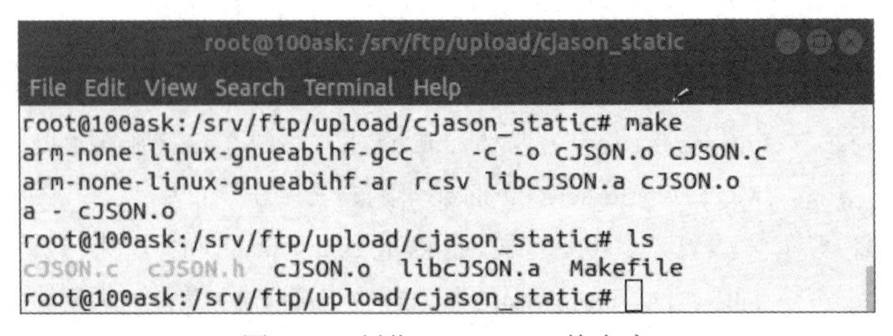

图 9.10　制作 libcJSON.a 静态库

9.5.2 paho.mqtt.c 静态库制作

与 cJSON 开源代码相比，paho.mqtt.c 更加复杂，并且该开源代码通过 cmake 进行管

理。paho.mqtt.c 静态库的制作过程如下。

1) 创建编译目录

解压 paho.mqtt.c 源代码，进入源代码文件所在目录，并创建编译文件保存的目录 build_arm，具体执行的命令如下：

```
root@stm32mp-dk1#unzip paho.mqtt.c-master.zip
root@stm32mp-dk1#cd paho.mqtt.c-master
root@stm32mp-dk1#mkdir build_arm
root@stm32mp-dk1#cd build_arm
```

2) 生成编译环境并制作 MQTT 静态库

在编译目录下，执行如下命令，生成 MQTT 静态库 libpaho-mqtt3a.a，如图 9.11 所示。

```
root@stm32mp-dk1#cmake .. -DPAHO_BUILD_STATIC=TRUE
-DCMAKE_C_COMPILER=/opt/gcc-arm-9.2-2019.12-x86_64-arm-none-linux-gnueabihf/bin/arm-n
one-linux-gnueabihf-gcc -DPAHO_WITH_SSL=OFF
root@stm32mp-dk1#make
```

主要选项说明如下：

(1) -DPAHO_BUILD_STATIC=TRUE：生成 MQTT 静态为编译的环境。

(2) -DCMAKE_C_COMPILER=/opt/gcc-arm-9.2-2019.12-x86_64-arm-none-linux-gnueabihf/bin/arm-none-linux-gnueabihf-gcc：指定交叉编译工具。

(3) -DPAHO_WITH_SSL=OFF：关闭 SSL 功能。

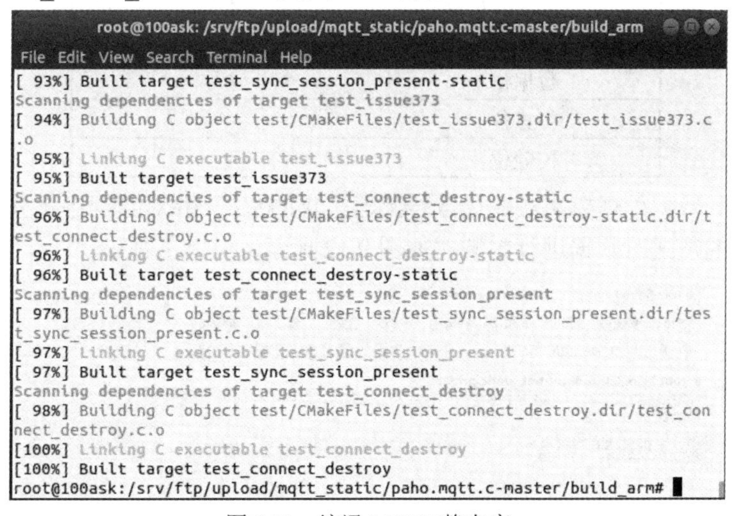

图 9.11　编译 MQTT 静态库

9.5.3 主程序编译

应用程序的运行需要库文件的支持，用户可以在制作嵌入式根文件系统时将库文件复制到根文件系统的相应目录下。该工程案例使用 ubuntu 16.04 的根文件系统，因此可以通过如下命令直接安装编译工具。

```
root@stm32mp-dk1#apt-get install gcc
```

进一步扩展程序清单 9-10，完成嵌入式网关的主程序 zigbee_mqtt.c。该工程的 Makefile 文件如程序清单 9-12 所示。

程序清单 9-12　主程序 Makefile 文件

```
1  CC=gcc
2  zigbee_mqtt:zigbee_mqtt.o uart_read.o
3          $(CC) $^ -o $@ -lpthread -lpaho-mqtt3a -lcJSON -L.
4  zigbee_mqtt.o:zigbee_mqtt.c
5          $(CC) -c $< -o $@
6  uart_read.o:uart_read.c
7          $(CC) -c $< -o $@
```

9.5.4　嵌入式网关软硬件系统测试

嵌入式网关通过串口连接无线传感器网络协调节点，获取无线传感器网络中传感器采集的数据；同时，它通过有线或无线移动网络与云服务器连接，并将现场数据实时上传。

1. 串口通信测试

嵌入式网关通过 USB 转串口(CH340)与协调器节点通信，并将 USB 转串口的驱动程序编译进嵌入式 Linux 内核。串口通信参数设置如表 9.1 所示。

表 9.1　串口通信参数设置

通信参数	参数值
波特率	9600
数据位	8
停止位	0
校验位	无

串口通信和数据处理模块实时读取传感器采集的数据，并对数据进行分割，采用 JSON 格式以键值对的形式对数据进行封装，如图 9.12 所示。

图 9.12　串口模块测试

2. 与 MQTT 服务器 EMQX 通信测试

EMQX(Erlang/Enter prise/Elastic MQTT Broker)是全球领先的 MQTT 服务器，提供高性能、高可靠的实时双向物联网数据通信，连接数以亿计的物联网设备。嵌入式网关通过 MQTT 协议与 EMQX 服务器进行通信，实时上传数据。EMQX 服务器分为企业版、Cloud 版与开源版。企业版与 Cloud 版有 15 天免费使用期，并且无 Windows 版，所以本工程实战在 Windows 操作系统下安装免费开源版本的 EMQX 服务器(emqx-windows-4.3-rc5)，可以在官网上进行下载，建议使用 4.X 版本，安装好后通过以下命令启动 EMQX 服务器。

```
root@stm32mp-dk1#./bin/emqx start
```

随后运行 Web 界面控制端，打开浏览器登录 http://虚拟机的 IP 地址 18083，进入登录界面，其中用户名为 admin，密码为 public。登录界面如图 9.13 所示。

LOG IN

Username

admin

Password

••••••

Remember　　Log In

图 9.13　EMQX 登录界面

在“工具”下的“WebSocket”选项中输入相对应的主题进行订阅，订阅成功后该界面执行情况如图 9.14 所示。

Topic	QoS	Payload	时间
sensor/data	0	{"temperature":93.49,"humic	2022-09-19 15:45:57
sensor/data	0	{"temperature":27.79,"humic	2022-09-19 15:45:57
sensor/data	0	{"temperature":72.73,"humic	2022-09-19 15:45:57
sensor/data	0	{"temperature":55.4,"humidi	2022-09-19 15:45:57

图 9.14　EMQX 执行情况

本 章 小 结

本章结合具体应用开发嵌入式 Linux 物联网网关，主要实现 ZigBee 协议和 MQTT 协议转换。该网关能够将 ZigBee 协议中传输的数据进行解析和重新封装，并通过 MQTT 协议上传至云服务器。

通过嵌入 Linux 物联网网关设计，能够掌握 Linux 内核配置和裁剪、ubuntu 根文件系统移植以及静态库制作及应用。在应用程序开发过程中，进一步熟悉 Linux 操作系统下串口编程，能够掌握开源代码的应用。经过测试，嵌入式 Linux 物联网网关达到了预期设计要求。

复习思考题

1. 如何修改 Linux 内核添加 USB 转串口芯片驱动？
2. 请选择一款传感器，通过 JSON 格式文件保存传感器采集的数据？
3. MQTT 协议采用发布和订阅机制有哪些优势？还有哪些平台采用这种通信模式？
4. MQTT 协议提供哪三种服务质量等级，如何指定？
5. MQTT 通信协议分同步模式和异步模式，有哪些区别？分别应用的场景是什么？

工程实战

1. 安装 TDengine 数据库，了解并配置 EMQX 服务器规则引擎，将 EMQX 接收到的数据实时发送到数据库 TDengine。

2. 使用 TDengine 与开源数据可视化系统 Grafana 搭建数据检测报警系统。

3. 目前 MQTT 比较主流的版本有两个，分别是 MQTT3.1.1 和 MQTT5.0，本项目实战中使用的是 MQTT3.1.1，而 MQTT5.0 在此基础上添加了更多的功能，越来越多的物联网设备也开始支持 MQTT5，读者可以使用 MQTT5.0 协议对本章相关代码进行改写，从而更加深入地了解 MQTT 协议。

参 考 文 献

[1] 梁庚，陈明，马小陆. 高质量嵌入式 Linux C 编程[M]. 北京：电子工业出版社，2015.

[2] 华清远见嵌入式学院. 从实践中学嵌入式 Linux C 编程[M]. 北京：电子工业出版社，2012.

[3] 曹忠明，程姚根. 从实践中学嵌入式 Linux 操作系统[M]. 北京：电子工业出版社，2012.

[4] 华清远见嵌入式学院. 从实践中学嵌入式 Linux 应用程序开发[M]. 北京：电子工业出版社，2012.

[5] 韦东山. 嵌入式 Linux 应用开发完全手册[M]. 北京：人民邮电出版社，2008.

[6] 朱兆祺，李强，袁晋蓉. 嵌入式 Linux 开发实用教程[M]. 北京：人民邮电出版社，2014.

[7] 孙琼. 嵌入式 Linux C 语言应用程序设计[M]. 北京：人民邮电出版社，2014.

[8] 周立功，王祖麟，陈明计，等. ARM 嵌入式系统基础教程[M]. 北京：北京航空航天大学出版社，2008.

[9] 王天苗. 嵌入式系统设计与实例开发[M]. 北京：清华大学出版社，2005.

[10] 田泽. 嵌入式系统开发与应用[M]. 北京：北京航空航天大学出版社，2005.

[11] 徐诚. Linux 环境 C 程序设计[M]. 北京：清华大学出版社，2014.

[12] 吴岳. Linux C 程序设计大全[M]. 北京：清华大学出版社，2009.

[13] 何尚平，陈艳，万彬，等. 嵌入式系统原理与应用[M]. 重庆：重庆大学出版社，2019.